21 世纪全国应用型本科计算机案例型规划教材

多媒体技术基础

贾银洁　许鹏飞
于永彦　李　芳 编著

北京大学出版社

PEKING UNIVERSITY PRESS

内 容 简 介

本书以应用型本科教育宗旨为出发点,吸收了多媒体教学研究的最新成果,难易适中,既注重介绍多媒体技术的基本理论和方法,又具体讲解多媒体软件的应用。

本书共分 8 章,主要内容包括多媒体技术概述、文本媒体的获取和处理、音频信息的获取、音频信息处理技术、图像技术基础、视频的获取与编辑处理、动画技术基础、数据压缩技术。

本书内容丰富,论述系统全面,具有较强的可读性、知识性和可操作性。本书编写深入浅出,利用案例串联各知识点,突出应用性,强化读者对多媒体技术的实际应用能力,是一本学习和掌握多媒体技术、学习多媒体制作工具的实用教材。

本书可作为高等院校多媒体技术课程的入门教材,同时也适用于学习多媒体制作技术的自学者。

图书在版编目(CIP)数据

多媒体技术基础/贾银洁等编著. —北京:北京大学出版社,2014.12
(21 世纪全国应用型本科计算机案例型规划教材)
ISBN 978 - 7 - 301 - 25340 - 3

Ⅰ.①多… Ⅱ.①贾… Ⅲ.①多媒体技术—高等学校—教材 Ⅳ.①TP37

中国版本图书馆 CIP 数据核字(2015)第 005577 号

书　　　名	多媒体技术基础
著作责任者	贾银洁 许鹏飞 于永彦 李 芳 编著
策 划 编 辑	郑 双
责 任 编 辑	李娉婷
标 准 书 号	ISBN 978 - 7 - 301 - 25340 - 3
出 版 发 行	北京大学出版社
地　　　址	北京市海淀区成府路 205 号　100871
网　　　址	http://www.pup.cn　新浪微博:@北京大学出版社
电 子 信 箱	pup_6@163.com
电　　　话	邮购部 62752015　发行部 62750672　编辑部 62750667
印 刷 者	北京飞达印刷有限责任公司
经 销 者	新华书店
	787 毫米×1092 毫米　16 开本　15.5 印张　350 千字
	2014 年 12 月第 1 版　2014 年 12 月第 1 次印刷
定　　　价	32.00 元

前　　言

多媒体技术（Multimedia Technology）是利用计算机对文本、图形、图像、声音、动画、视频等多种信息综合处理，建立逻辑关系和人机交互作用的技术。在现实生活中多媒体技术涉及面相当广泛，如智能手机、平板电脑、PC、MP4/MP5 等都会用到。我们观看的视频、听到的声音、看到的美丽图片，这些在计算机里面只是"0"和"1"这类的数字信号，我们根本没有办法去识别出来，这时候就需要结合多媒体技术，用它提供的产品来为人们排忧解难。

多媒体技术目前在多个领域正在发挥着重要的作用。使读者了解多媒体技术的由来，熟悉多媒体技术的理论，掌握多媒体制作技术，进而独立进行多媒体产品的设计和开发，是本书要达到的目标。编者结合已有的工作基础和教学实践，编写了本书。书中实例选取多媒体制作中的典型内容，图文并茂，由浅入深，使读者能快速掌握所学内容。

本书各章节内容编排如下。

第 1 章介绍多媒体的基本概念及其在各个领域中的应用和发展方向。

第 2 章介绍文本媒体的概念、格式、特点以及文本媒体的获取和处理方法。

第 3 章介绍音频信息的概念、音频卡的工作原理以及音频信息的获取方法。

第 4 章介绍音频信息处理技术，包括音频压缩的可行性，压缩分类、方法和标准。

第 5 章介绍图像技术基础，包括图像分类、属性和格式，图像获取及图像处理。

第 6 章介绍数字视频的获取与编辑处理。

第 7 章介绍动画技术基础，包括动画建模和制作方法。

第 8 章介绍数据压缩技术，包括数据压缩概述、无损压缩和有损压缩算法，以及图像、视频、音频压缩标准。

本书最突出的特点，是通过大量的实例来体现实战性。书中所涉及的实例精彩而有趣，能够有效地巩固和加深读者对相关软件的使用技术，使本来枯燥的软件学习变得相对轻松愉快。实例之前的基本知识点能够使读者掌握相关理论基础，明确实例操作的目的和知识要点，做到有的放矢；实例部分讲述详细、语言生动、可操作性强，读者可以对照着进行练习，从而达到最佳的学习效果。

本书由于永彦统筹规划全书结构，贾银洁、许鹏飞、李芳执笔编写。在编写过程中于永彦老师仔细审阅了全稿，提出了很多宝贵的意见和建议，在此表示衷心感谢！

由于编者水平有限，书中难免有疏漏和不足之处，恳请广大读者批评指正。

编　者
2014 年 10 月

目　　录

第1章　多媒体技术概述 ……………… 1

1.1　基本概念 ………………………… 2

 1.1.1　媒体 ……………………… 2

 1.1.2　媒体分类 ………………… 2

 1.1.3　多媒体 …………………… 4

 1.1.4　多媒体信息的特点 ……… 4

1.2　多媒体系统 ……………………… 5

 1.2.1　多媒体硬件系统 ………… 5

 1.2.2　多媒体软件系统 ………… 7

1.3　多媒体技术的关键技术 ………… 8

 1.3.1　多媒体信息存储技术 …… 8

 1.3.2　多媒体压缩及压缩技术 … 9

 1.3.3　多媒体数据库技术 ……… 9

 1.3.4　多媒体网络技术 ………… 10

 1.3.5　多媒体协同技术 ………… 11

 1.3.6　大规模集成电路多媒体专用

   芯片技术 ………………… 11

 1.3.7　超文本及超媒体技术 …… 11

 1.3.8　计算机虚拟现实技术 …… 12

1.4　多媒体技术的应用与发展 …… 13

 1.4.1　多媒体技术研究内容 …… 13

 1.4.2　多媒体技术应用领域 …… 14

 1.4.3　多媒体技术发展方向 …… 15

1.5　本章小结 ………………………… 16

思考题 …………………………………… 18

练习题 …………………………………… 19

第2章　文本媒体的获取和处理 …… 20

2.1　文本媒体概述 …………………… 21

 2.1.1　什么是文本媒体 ………… 21

 2.1.2　文本媒体的格式 ………… 22

 2.1.3　文本媒体的特点 ………… 22

2.2　文本媒体的获取 ………………… 23

2.3　文本媒体处理 …………………… 25

 2.3.1　常用文本媒体处理软件

   简介 ……………………… 26

 2.3.2　文本媒体处理实例 ……… 28

 2.3.3　文本媒体实例解析 ……… 35

2.4　本章小结 ………………………… 36

思考题 …………………………………… 36

练习题 …………………………………… 37

第3章　音频信息的获取 ……………… 38

3.1　音频概述 ………………………… 39

 3.1.1　模拟音频与数字音频 …… 39

 3.1.2　音频信号数字化过程 …… 40

 3.1.3　数字音频的质量与数据量… 41

 3.1.4　常见数字音频文件格式 … 43

3.2　音频卡的工作原理 ……………… 44

 3.2.1　音频卡的功能 …………… 44

 3.2.2　音频卡的组成 …………… 45

 3.2.3　音频卡的分类 …………… 47

 3.2.4　音频卡的原理 …………… 47

3.3　音频信息的获取概述 …………… 48

 3.3.1　音频信息的获取途径 …… 48

 3.3.2　音频信息获取实例 ……… 49

 3.3.3　音频信息获取实例解析 … 57

3.4　本章小结 ………………………… 58

思考题 …………………………………… 60

练习题 …………………………………… 60

第4章　音频信息处理技术 …………… 62

4.1　音频压缩技术 …………………… 63

 4.1.1　什么是音频压缩 ………… 63

 4.1.2　音频压缩的可行性 ……… 63

 4.1.3　音频压缩编码分类 ……… 65

 4.1.4　常用压缩编码方法 ……… 68

 4.1.5　音频压缩编码标准 ……… 70

4.2　音频编辑与处理 ………………… 74

 4.2.1　音频编辑 ………………… 74

 4.2.2　降噪处理 ………………… 77

 4.2.3　其他音效处理 …………… 78

 4.2.4　实例解析 ………………… 81

4.3　本章小结 ………………………… 83

思考题 …………………………………… 84

练习题 ………………………… 84

第5章 图像技术基础………… 85

5.1 图像概述 …………………… 87
  5.1.1 图像的数字化 ………… 87
  5.1.2 数字图像分类 ………… 88
  5.1.3 数字图像基本属性 …… 89
  5.1.4 数字图像文件格式 …… 92
5.2 图像获取 …………………… 93
5.3 图像处理 ………………… 102
  5.3.1 图像处理常用软件 … 102
  5.3.2 Photoshop 图像处理实例… 103
  5.3.3 实例分析 …………… 112
5.4 本章小结 ………………… 115
思考题 ……………………… 116
练习题 ……………………… 116

第6章 视频的获取与编辑处理 … 118

6.1 视频概述 ………………… 119
  6.1.1 基本术语 …………… 119
  6.1.2 视频分类 …………… 120
  6.1.3 视频文件的格式 …… 121
6.2 视频信息的获取 ………… 123
  6.2.1 视频采集卡 ………… 123
  6.2.2 数字视频的获取 …… 123
6.3 视频文件的编辑 ………… 125
  6.3.1 视频编辑基本概念 … 125
  6.3.2 视频处理软件介绍 … 128
6.4 Premiere 视频制作与编辑 … 129
  6.4.1 Adobe Premiere 简介 … 129
  6.4.2 视频编辑制作流程 … 138
  6.4.3 视频制作与编辑实例 … 139
  6.4.4 实例分析 …………… 149
6.5 本章小结 ………………… 151
思考题 ……………………… 152
练习题 ……………………… 152

第7章 动画技术基础 ………… 155

7.1 动画概述 ………………… 157
  7.1.1 动画的视觉原理 …… 157
  7.1.2 动画与视频的区别 … 157
  7.1.3 应用领域 …………… 157
7.2 传统动画 ………………… 157

7.2.1 常用动画术语 ……… 157
  7.2.2 传统动画制作流程 … 158
7.3 计算机动画 ……………… 159
  7.3.1 概念 ………………… 159
  7.3.2 分类 ………………… 159
  7.3.3 技术参数 …………… 159
7.4 动画建模 ………………… 160
  7.4.1 动画建模理论基础 … 160
  7.4.2 基础建模 …………… 161
  7.4.3 高级建模 …………… 164
  7.4.4 特殊建模 …………… 165
7.5 动画制作 ………………… 165
  7.5.1 常用动画制作软件 … 166
  7.5.2 3ds Max 动画制作实例… 167
  7.5.3 实例分析 …………… 198
7.6 本章小结 ………………… 198
思考题 ……………………… 202
练习题 ……………………… 202

第8章 数据压缩技术 ………… 204

8.1 数据压缩概述 …………… 210
  8.1.1 什么是数据压缩 …… 210
  8.1.2 多媒体信息的数据量 … 210
  8.1.3 多媒体信息的冗余 … 211
  8.1.4 数据压缩的过程 …… 212
  8.1.5 数据压缩技术的分类 … 212
8.2 无损压缩算法 …………… 213
  8.2.1 游程编码 …………… 213
  8.2.2 LZW 算法 …………… 213
  8.2.3 哈夫曼算法 ………… 216
  8.2.4 算术编码 …………… 216
8.3 有损压缩算法 …………… 217
  8.3.1 预测编码 …………… 217
  8.3.2 变换编码 …………… 219
  8.3.3 基于模型编码 ……… 220
  8.3.4 分形编码 …………… 221
  8.3.5 其他编码 …………… 221
8.4 压缩算法的评价指标 …… 223
8.5 图像压缩标准 …………… 223
  8.5.1 JPEG 标准 …………… 223
  8.5.2 JPEG-2000 标准 …… 224
  8.5.3 JPEG-LS 标准 ……… 224
  8.5.4 二值图像压缩标准 … 225
8.6 视频压缩标准 …………… 226

目　录

8.6.1　视频编码 ······················ 226

8.6.2　视频压缩标准 ············· 227

8.7　音频压缩标准 ······················ 228

8.7.1　ITU-TG 系列声音压缩

标准 ···················· 228

8.7.2　MP3 压缩技术 ············· 230

8.7.3　MP4 压缩技术 ············· 231

8.8　本章小结 ······················ 231

思考题 ······························ 232

练习题 ······························ 232

参考文献 ···························· 234

第 1 章

多媒体技术概述

学习目标

☞ 掌握媒体、多媒体、多媒体技术的含义。
☞ 熟悉媒体的类型、多媒体信息的特点。
☞ 理解多媒体计算机系统的组成。
☞ 了解多媒体的关键技术、相关技术。
☞ 了解多媒体技术的应用领域与发展趋势。

导入案例

多媒体技术是当今信息技术领域发展最快、最活跃的技术，正潜移默化地改变着人们的生活。多媒体技术与传统课堂教学相结合，为教育的发展开辟了新天地。

从教育心理学来看，学生在获得知识的时候若仅仅靠听觉，那么 3 小时后能保持70%，3 天后仅能保持 30%；若仅靠视觉，则 3 小时后能保持 72%，3 天后仅可保持20%；若综合依靠视觉和听觉，3 小时后可以保持 85%，3 天后能保持的信息量高达65%。可见综合应用多种信息媒体可以极大地提高教学的效果。

多媒体技术将声、文、图集成于一体，使传递的信息更丰富、形象，这是一种更自然的交流环境和方式。人们在这种环境中通过多种感觉器官来接受信息，可以加速理解和接受知识信息的过程，并有助于接受者的联想和推理等思维行动。此外，多媒体的形式还可以激发信息接受者的兴趣和注意力。所有这些因素可以大大地提高知识信息传递中的效率，使人们能在较短的时间内获得更多的信息量，并能留下深刻的印象，从而提高吸收的比率。由于多媒体技术中包含了计算机交互技术和大容量存储管理技术，在系统设计中采用了超文本结构，更有助于人们对信息进行灵活地选择和组织。这样，知识信息的包装就不再像以前那样，一旦组织好就一成不变了，学生可以完全摆脱课表的限制，按照自己的实际能力和具体情况来安排学习的进度，教学内容可以因人而异地改变和调整。所以，整个教学过程中的组织是动态的。这种动态的特征对教学来说是非常有利的，它使学习者在接受知识的过程中不再处于被灌输的被动状态，而是处于主动的地位，可以根据自己的特殊需求做到对知识的选择，从而实现真正意义上的"因材施教"。

教师在课堂中利用多媒体课件进行教学。因为多媒体的数据类型不仅包括数字和文本，还包括仿真图形、立体声音响、运动视频图像等人类最习惯的视听媒体信息。多媒体使学生的感官和想象力相互结合，产生前所未有的思想和创造空间。教育软件的多媒体化能进一步满足学生心理上的不同要求。通过课件传递信息比较直观、明了，可以从视听方面刺激学生的感官，提高学生的学习兴趣，增强学生观察问题、理解问题和分析问题的能力，从而提高教学质量和教学效率。

另外，教师和学生每天都要花大量的时间和精力在教室之间奔波，如果应用多媒体技术进行交互性的远程学习，不但可以极大地减轻这样的负担，同时还有传统的课堂教学方法不具备的其他优点。例如，由伦敦大学研究的一个叫 Livenet 的远程学习系统通过光纤网连接各个学院的主要建筑物以传送音频和视频信息，通过安装在手术室里的摄像机可以把手术情况传送到教室，摄像机可由教室遥控，以便于随时观察所需的情形。这样，学生不出教室就可以观察到手术进行的情况，或在手术过程中与外科大夫进行讨论。这样的远程学习系统可以显著地改进学生的学习效果和提高教学过程的效率，因此颇具发展前途。

多媒体技术（Multimedia Technology）是利用计算机将文本、图形、图像、声音、动画、视频等多种媒体信息进行处理和综合集成，以供人机交互使用的一个计算机应用分支。它是一种迅速发展的综合性信息技术，是目前高效率地掌握知识、获取信息、利用信息、传播信息的有效手段。它的兴起给传统的计算机系统、音频和视频设备带来了方向性的革命。

1.1　基　本　概　念

多媒体技术是多种媒体集成交互的一种技术，下面分别介绍媒体和与其相关的几个基本概念。

1.1.1　媒体

在日常生活中，被称为媒体的东西有许多，如蜜蜂是传播花粉的媒体、苍蝇是传播病菌的媒体。但准确地说，这些所谓的"媒体"是传播媒体，并非人们所说的多媒体中的"媒体"，人们在计算机和通信领域所说的"媒体"（medium，复数 media，中介、媒质），是信息存储、传播和表现的载体，并不是一般的媒介和媒质，如日常生活中的报纸、杂志、广播、电影和电视等。报纸和杂志以文字、图形等作为媒体；广播以声音作为媒体；电影和电视以文字、声音、图形和图像作为媒体。

媒体在计算机领域中有两种含义：一是指存储信息的物理实体，如磁带、磁盘、光盘和半导体存储器等；二是指表示信息的逻辑载体，如文字、音频、视频、图形、图像和动画等，是信息的表示形式。多媒体技术中的媒体是指后者。

1.1.2　媒体分类

国际电信联盟（International Telecommunication Union，ITU）1993 年曾对媒体做如下分类。

(1) 感觉媒体(Perception Medium)。指能直接作用于人的感觉器官，能使人产生直接感觉的媒体，如语音、音乐、各种图像、动画、文本等。

(2) 表示媒体(Representation Medium)。是为了传送感觉媒体而人为研究出来的媒体，是感觉媒体的数字化编码。例如：文本字符用 ASCII 或 EBCDIC 码表示；图像可以用 JPEG 格式 BMP 格式编码；组合音频/视频序列可以用不同的 TV 标准格式(PAL、SECAM 等)编码。借助于表示媒体，便能更有效地存储或传送感觉媒体。

(3) 表现媒体(Presentation Medium)。通信中电信号和感觉媒体之间转换所用的媒体，即信息输入/输出的工具和设备，又称为 I/O 工具与设备。信息输入设备如键盘、鼠标、麦克风、扫描仪、摄像机等，信息输出设备如显示器、喇叭、打印机、绘图仪等。

(4) 传输媒体(Transmission Medium)。指用来将表示媒体从一处传送到另一处的物理传输介质，如电缆、光纤、电磁空间等。

(5) 存储媒体(Storage Medium)。指用于存放表示媒体的媒体，以便于计算机随时处理、加工和调用信息编码，如纸张、磁带、磁盘、光盘、纸张、唱片、录音带、录像带、胶片、内存等。

为了更直观地说明以上 5 种媒体，用图 1.1 表示出这 5 种媒体间的关联。

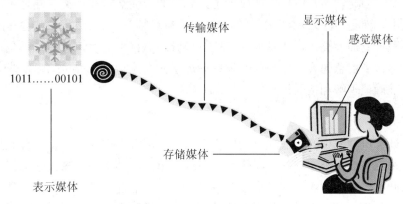

图 1.1 媒体间的关联

在多媒体技术中，人们所说的媒体一般是指感觉媒体。感觉媒体的种类很多，有视觉、听觉、嗅觉、味觉、触觉等。据统计，人类主要通过眼睛和耳朵来接受外部的视觉与声音信息，在人的感知系统中，视觉所获取的信息占 80％以上，听觉获取的信息占 10％左右，另外还有触觉、嗅觉、味觉、脸部表情、手势等共占 10％左右(参见表 1-1)，由于视觉和听觉占了其中绝大部分的比重，因此目前的计算机主要处理文本、图形、图像、声音、动画、视频 6 种视觉和听觉媒体。气味(嗅觉)和压力(触觉)媒体也有少量应用(如仿真影院、游戏操纵杆、虚拟现实等)，但不太普及；味觉媒体至今仍未见应用。

表 1-1 感觉媒体分类与其所占百分比

感觉媒体(感官)	占 比
视觉媒体(眼)	80％
听觉媒体(耳)	10％
嗅觉媒体(鼻)、味觉媒体(舌)、触觉媒体(皮肤)	10％

1.1.3 多媒体

多媒体（multimedia）是指融合两种或两种以上媒体的人-机交互式信息交流和传播媒体。它是文字、图形、图像、动画、声音和视频等各种媒体的统称，即多种信息载体的表现形式和传递方式。

1.1.4 多媒体信息的特点

多媒体的关键特性主要包括信息媒体的多维性、集成性、交互性、实时性、非线性五个方面，这是多媒体的主要特征，也是在多媒体技术研究与应用中需解决的主要问题。

1. 多样性

人类对于信息的接收与产生有多个感觉空间，如视觉、听觉、触觉、嗅觉、味觉、身体感觉等，但早期的计算机主要用于处理数值运算，后来逐渐地转向处理文字信息和辅助进行绘图并发展了三维图形动画技术，一直发展到今天已可以处理数字视频、音频等多种数字媒体信息。因此，多媒体扩展和放大了计算机的处理空间和种类，使之不再仅仅局限于数值和文本，而是广泛采用图像、图形、视频和音频等信息形式来表达思想。这样一来，信息的表现更加人类化，使思维的表达更充分、更自由，使信息的处理更广泛、更灵活，极大地丰富了信息的表现能力和效果，满足了人类感官的全方位信息需求，使用户能够更全面、准确地理解和接受信息。

2. 集成性

多媒体计算机技术中的集成性有两层含义：第一层含义指的是可将多种媒体信息有机地进行同步，综合成一个完整的多媒体信息系统；第二层含义是把输入输出设备集成为一个整体。因此，多媒体的集成性是指以计算机为中心，综合处理多种信息媒体的特性，它包括信息媒体的集成和处理这些信息媒体的设备与软件的集成。多媒体的集成性应该说是计算机体系结构的一次飞跃，以往多媒体中的各项技术都可以单独使用，如单一的音响（声音）、交互技术等。但当它们统一在多媒体计算机系统下时，一方面意味着各项单独的技术已经发展到了一个相当成熟的阶段；另一方面也意味着以往各自独立的发展受到了一定的局限，不能满足不断发展的应用需求，必须通过各种媒体信息的集成才能达到现实要求的应用目标。

3. 交互性

交互性是多媒体计算机技术的特色之一。所谓交互性，是指人的行为与计算机的行为互为因果关系，它是多媒体的特色之一，可让技术和使用者作交互性沟通，这也正是它和传统媒体最大的不同。在传统媒体单向的信息空间中，用户很难自由地控制和干预信息的获取与处理过程，只能被动地"使用"信息。多媒体的交互行为用户提供了更加有效地控制和使用信息的手段，交互可以增加对信息的注意和理解，延长信息保留的时间。以目前的多媒体软件为例，它们允许用户自行选择所学习的内容，还可以按不同方式与屏幕显示内容进行沟通，从而实现"人机对话"。

4. 实时性

在多媒体中，声音及活动视频图像是与时间密切相关的信息，很多场合要求实时处理，例如声音和视频图像信息的实时压缩、解压缩、传输与同步处理等。多媒体系统必须提供对这些实时媒体进行实时处理的能力。另外在交互操作、编辑、检索、显示等方面也都要有实时性。正是借助多媒体的实时性，才使人们在进行即时媒体交互时，就好像面对面（Face to Face）一样，图像和声音等各种交互媒体信息都很连续，也很逼真。

5. 非线性

通常而言，用户对非线性、跳跃式的信息存取、检索和查询的需求几率要远大于线性信息的存取、检索和查询。过去，在查询信息时，用户将大部分时间用在寻找资料及接收重复信息上。多媒体系统能够克服这个缺点，使得以往人们依照章、节、页线性结构，循序渐进地获取知识的方式得到了改观，借助"超文本"，人们可以跨越式、跳跃式地高效阅读和学习。所谓"超文本"，简单地说就是非线性文字集合，它可以简化使用者查询资料的过程，这也是多媒体特有的功能之一。

1.2　多媒体系统

多媒体技术就是指运用计算机综合处理多媒体信息的技术。多媒体系统是指利用计算机技术和数字通信网技术来处理和控制多媒体信息的系统。多媒体技术的应用基于多种媒体的交互处理与大信息量的高度集成，这就要求有支持声音、图形、图像、文本等各种信息处理与多种媒体共同工作的设备，如使声音与图像等信号在播放时保持连续与同步，要实现此功能，就必须有相应的硬件与软件支持，现在，随着计算机技术的迅速发展，实现这一功能变得十分普及与简单。

1.2.1　多媒体硬件系统

多媒体硬件系统是由传统的计算机硬件设备基础上增加多媒体相关设备组成的。典型设备为多媒体计算机，简称为 MPC，是具有多媒体处理能力的个人计算机。从硬件上来看，多媒体硬件系统是在传统计算机的硬件基础之上，增加对多媒体信息进行输入与输出等各种处理的硬件设备，如增加声卡可以用来增强计算机声音处理能力等。当然，随着多媒体技术的发展，MPC 的内容不断充实，对 MPC 也有不同的理解。

MPC 源于 1990 年 Microsoft 公司联合一些主要的计算机硬件厂家与多媒体产品开发商组成的 MPC 联盟，其主要目的是建立计算机系统硬件的最低标准，利用 Microsoft 的公司的 Windows 系统，以 PC 现有的设备作为多媒体系统的基础，有利于资源共享和数据交换。目前，MPC 特指符合 MPC 联盟标准的多媒体计算机。

1. MPC 规范

MPC 联盟规定多媒体计算机包括 5 个基本部件：个人计算机（PC）、只读光盘驱动器、声卡、Windows 操作系统和一组音箱或耳机。MPC1-MPC3 标准是 MPC 市场协会在 1990—1995 年期间陆续制订的一些性能标准，见表 1-2。

表 1-2　MPC 标准

标　准	CPU	RAM	硬　盘	CDROM	声　卡	显 示 器
MPC-1	16MHz 386SX	2MB	30MB	150Kbps 1000ms	8bit	640×480，16 色
MPC-2	25MHz 486SX	4MB	160MB	150Kbps 1000ms	16bit	640×480，16 色
MPC-3	75MHz 586	8MB	540MB	150Kbps 1000ms	16bit	640×480，16 色
流行配置	3GHz P4	256MB	80GB	150Kbps 20ms	128bit	1024×768，2^{32} 色

制订 MPC-1～MPC-3 标准的目的是规范计算机的指标要求，有利于资源共享和数据交换。它们在当时起到了积极作用，受到厂家和用户的广泛支持。但这些标准只是对多媒体计算机提出了最低标准，随着计算机和多媒体技术的发展，MPC 的标准会越来越高。目前，市场上的主流是以 P4 为 CPU 的计算机。同时，许多多媒体制作工具软件和应用软件对计算机硬件的要求也基本都以主流计算机为标准。

2．MPC 的性能

随着计算机硬件技术和多媒体的高速发展，MPC 的标准将继续不断升级，在实际应用中，不必拘泥于计算机的具体配置，只要理解 MPC 的基本性能就可以。

1）图像处理能力

多媒体计算机对图像的处理包括图像获取、编辑和变换。计算机中的图像是数字化的，分为矢量图和点阵图。

2）声音处理能力

声音的数字化方法是采样。采样频率越高，保真度就越高。声音的采样频率有 3 个标准：44.1kHz、22.05kHz、11.025kHz。每次采样数字化后的位数越多，音质就越好。8 位的采样把每个样本分为 28 等分，16 位的采样把每个样本分为 216 等分。声音的处理分单声道和立体声道两种。

3）MIDI 乐器数字接口

MIDI 规定了电子乐器之间电缆的硬件接口标准和设备之间的通信协议。MIDI 信息的标准文件格式包括音乐的各种主要信息，如音高、音长、音量、通道号等。合成器可以根据 MIDI 文件奏出相应的音乐。

4）动画处理能力

计算机动画有两种，一种叫造型动画，另一种叫帧动画。造型动画是对每个活动的物体分别进行设计，赋予每个物体一些特征（如形状、大小、颜色等），然后用这些物体组成完整的画面。造型动画的每帧由称为造型元素的有特定内容的成分组成。造型元素可以是图形、声音、文字，也可以是调色板。控制造型元素的剧本称为记分册。记分册是一些表格，它控制动画中每帧的表演和行为。帧动画由一帧帧位图组成连续的画面。

在 Windows 下有如下 3 种方法可以播放动画。

（1）使用多媒体应用程序接口 MMP DLL，这时必须写一个放映动画的程序。

（2）使用 Windows 的 Media Player 软件，该软件是直接放映动画的应用软件。

（3）使用任何含 MCI(Media Control Interface)接口并且支持动画设备的应用软件。

5）存储能力

对多媒体的数据存储考虑的基本问题是：存储介质的容量、速度和价格。有如下几类大容量存储器可以考虑。

（1）硬盘。其平均存取时间为 10～28ms，传送速度越快越好。一般要求容量在 40GB 以上。

（2）光盘。光盘可分 CD-ROM、CD-R、DVD 等类型。CD-ROM 适合大量生产；WORM 适合存档用；可擦光盘适合开发和计算机之间的数据传递。光盘介质存取时间比硬盘稍慢，约 35～180ms，用于图像的保存或计算机与计算机之间的数据传递，常用的容量 CD-ROM 有 230MB 与 650MB，DVD 最大有 4.7GB。

6）MPC 之间的通信

MPC 计算机之间的多媒体信息传递方法有以下 5 种。

（1）可移动式硬盘。包括便携式硬盘片、打印口外接硬盘、抽拉式硬盘盒。

（2）可移动光盘。CD-ROM、DVD、WORM、可擦写光盘。

（3）可移动式优盘。Flash 闪存盘。

（4）网络。电子邮件、局域网、Internet。

（5）串口或并口通信。

1.2.2　多媒体软件系统

随着硬件的进步，多媒体软件技术也在快速发展。从操作系统、编辑创作软件到更加复杂的专用软件，产生了一大批多媒体软件系统。特别是在 Internet 发展的大潮之中，多媒体的软件更是得到很大的发展。计算机软件系统是计算机系统所使用的各种程序的总体。软件系统和硬件系统共同构成实用的计算机系统，两者相辅相成。软件系统一般分为操作系统软件、程序设计软件和应用软件 3 类。

1. 操作系统

计算机能完成许多非常复杂的工作，但是它却"听不懂"人类的语言，要想让计算机完成相关的工作，必须有一个"翻译官"把人类的语言翻译给计算机。操作系统软件就是这里的翻译官。常用的操作系统有微软公司的 Windows 操作系统，以及 Linux 操作系统、UNIX 操作系统(服务器操作系统)等。

多媒体操作系统是多媒体操作的基本环境。如果一个系统是多媒体的，其操作系统必须首先是多媒体化的。将计算机的操作系统转变成能够处理多媒体信息，并不是增加几个多媒体设备驱动接口那么简单。其中基于时间媒体的处理就是最关键的环节。对连续性媒体来说，多媒体操作系统必须支持时间上的时限要求，支持对系统资源的合理分配，支持

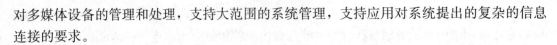

对多媒体设备的管理和处理，支持大范围的系统管理，支持应用对系统提出的复杂的信息连接的要求。

2. 程序设计软件

程序设计软件是由专门的软件公司编制，用来进行编程的计算机语言。程序设计语言主要包括机器语言、汇编语言和编程语言（C++、Java 等）。

3. 应用软件

应用软件是用于解决各种实际问题以及实现特定功能的程序。为了使普通人能使用计算机，计算机专业人员会根据人们的工作、学习、生活需要提前编写好人们常用的工作程序，在用户使用时，只需单击相应的功能按钮即可（如复制、拖动等命令）。常用的应用软件有 MS Office 办公软件、WPS 办公软件、图像处理软件、网页制作软件、游戏软件和杀毒软件等。

1.3 多媒体技术的关键技术

多媒体技术所涉及的领域相当广泛，是一门跨学科的综合性技术。它的发展是建立在许多基础技术的发展之上的。多媒体技术汇集了计算机体系结构、计算机系统软件、视音频技术以及显示输出等技术。一般而言，多媒体技术包括以下技术：多媒体信息压缩技术、多媒体信息存储技术、多媒体数据库技术、多媒体通信技术、多媒体同步技术、大规模集成电路多媒体专用芯片技术、计算机虚拟现实技术等。

1.3.1 多媒体信息存储技术

多媒体存储技术主要是指光存储技术。光存储技术发展很快，特别是近 10 年来，近代光学、微电子技术、光电子技术及材料科学的发展，为光学存储技术的成熟及工业化生产创造了条件。光存储设备以其存储容量大、工作稳定、密度高、寿命长、介质可换、便于携带、价格低廉等优点，成为多媒体系统普遍使用的设备。

一方面，数字化的媒体信息虽然经过压缩处理，仍然包含了大量的数据，比如视频图像在未经压缩处理时的每秒数据量为 25MB，经压缩处理后每分钟的数据量则为 8.4MB；另一方面，虽然硬盘容量越来越大，但不能用于多媒体信息和软件的发行并且依然满足不了人们使用多媒体数据所需要的存储需求。因此，多媒体信息存储技术也构成了多媒体的关键技术之一。大容量只读光盘存储器（CD-ROM）的出现，正好适应了这样的需要。光盘存储器包括 CD-ROM、CD-R、CD-RW 和 MO 4 种。CD-ROM 为只读光盘，不能再次擦写，多用于产品发布和电子出版领域；CD-R 允许用户自己刻录 CD，但只能写一次，而且与 CD-ROM 兼容；CD-RW 为可多次读写光盘，它采用 CD-R 的格式，因此可以与 CD-R 的刻录机公用；MO 是永磁光盘，可以重复读写，它具有很高的可靠性和耐久性，数据可保存长达 100 年。现在流行的 DVD（Digital Video Disc）存储容量比 CD 大得多，最高可达到 17GB。

1.3.2　多媒体压缩及压缩技术

通常，电视机、收音机处理的是模拟信号，而多媒体计算机系统处理的是数字信号，因此信号的数字化处理是多媒体技术的基础。多媒体系统具有综合处理声、文、图的能力，提供三维图形、立体声音、真彩色高保真全屏幕运动画面。为了达到满意的视听效果，要求实时地处理大量数字化视频、音频信息，这对计算机的处理、存储、传输能力是一个严峻的挑战。数字化的声音和图像数据量非常大，例如一幅具有中分辨率(640×480)的彩色图像，每个像素用 24 位表示，那么它的数据量约为 7.37MB，若帧速率为 25 帧/秒，则 1 秒它的数据量大约有 25MB。鉴于数字化多媒体信息量大的情况，多媒体系统必须对数据信息进行压缩，因此编码压缩技术也就成了多媒体技术的关键技术之一。目前，编码压缩技术发展主要集中在两个方面，即新型编码理论的应用和编码压缩国际标准的制订与完善。编码压缩国际标准主要包括广泛使用的 JPEG、MPEG 与 H.261 和进一步完善的 MPEG-4 及 H.263 等。

1.3.3　多媒体数据库技术

传统的数据库应用特征是：绝大多数被存储和访问的信息都是文本或数字型的数据。技术的进步为数据库系统带来了新的应用，如多媒体数据库(Multimedia Database)、地理信息系统(GIS)、数据仓库和联机分析处理(OLAP)系统。

在互联网中，数据库技术极大地提高了用户通过浏览器在 Internet 中进行信息检索的效率。

1. 数据库的概念

数据库(Database)是一个相关数据的集合。

数据指的是可以被记录并拥有确切含义的已知事实。

数据库隐含的属性：数据库是对真实世界的某些方面的描述，并且反映真实世界中的相关变化；数据库是具有某些固有含义的、在逻辑上保持一致的数据的集合，数据之间具有相关性；数据库的设计、建立和使用是基于某个特定目的进行的，具有特定的用户对象。

在通过计算机对数据库进行管理时，可以通过一个数据库管理系统来实现。数据库管理系统(Database Management System，DBMS)是一个帮助用户创建和管理数据库的应用程序的集合。因此，DBMS 也就是一个可以帮助人们完成定义、构造和操纵数据库等处理目的的通用软件系统。

2. 使用数据库保存数据的优点

(1) 一致性。在数据库中，数据添加时要遵循一个既定的格式，否则就无法输入数据，因此，在读取数据时，所有的数据都可以依照一个既定的格式输出。

(2) 避免重复。使用数据库保存数据，在写入数据库中已存在的数据时，数据库本身就会加以检查，并警告用户，这样便可避免保存冗余的数据，减少存储空间的浪费。

(3) 标准格式。在输入数据时，数据库可以保证数据一定是有意义的。

（4）安全性。在使用数据库之前，数据库会要求验证用户身份，否则其中的数据就无法打开，没有权限的用户就算拥有数据库，还是无法得到其中的数据。

（5）基于网络的方便性。当数据量多，不可能把全部的数据一并都写在网页上时，就要通过动态网页与数据库的配合，达到数据查询的目的。

3. 多媒体数据库技术及其特点

多媒体数据库是计算机多媒体技术与数据库技术的结合，它是当前最有吸引力的一种技术。

多媒体数据库系统具有的基本特性包括以下方面。

（1）多媒体数据库系统必须能表示和处理多种媒体数据。

（2）多媒体数据库系统必须保证数据库系统的数据独立性。

（3）多媒体数据库系统除了能够实现传统数据库的基本操作功能外，还需要提供某些新的操作。

1.3.4 多媒体网络技术

多媒体网络技术是多媒体技术与网络技术有机结合的产物，它集多种媒体功能和网络功能于一体，将文字、数据、图形、图像、声音、动画等信息有机地组合、交互地传递。而"多媒体"与"网络"结合使"多媒体网络教学"成为可能。多媒体与网络技术特有的优点使其对教学的介入不仅改变了教学手段，而且对传统的教学模式、教学内容、教学方法等也产生了深远影响。作为信息时代的教学媒体，多媒体网络技术所具有的集成性、交互性、可控性、信息空间主体化和非线性等特点使其与黑板、粉笔、挂图等传统媒体有本质的区别。目前这一技术正向着交互性、非线性化、智能化和全球化的方向推进。多媒体信息传输对网络技术的要求如下。

1. 要有足够的带宽

多媒体信息的数据量大，尤其是视频文件，即便是压缩过的数据，如果要达到实时传输的效果，其数据量是文本数据等无法比拟的。而实现实时的视频传输是多媒体技术必须实现的一个功能，所以要求通信网络具有足够的带宽。

2. 要有足够小的延时

多媒体数据具有实时特性，尤其是语音和视频媒体。每一媒体流为一个有限幅度样本的序列，只有保持媒体流的连续性，才能传递媒体流蕴含的意义。连续媒体的每两帧数据之间都有一个延迟极限，超出这个极限会导致图像的抖动或语音的断续，因而要求网络延时必须足够小。

3. 要有同步的控制机制

在多媒体应用中往往要对某种媒体执行加速、放慢、重复等交互处理，如音频、视频等与时间和类型有关的媒体，在不同通信路径传输会产生不同延时和损伤而造成媒体间歇通行的破坏。所以要求网络提供同步业务服务，同时要求网络提供保证媒体本身及媒体同时空同步的控制机制。

4. 要有较高的可靠性

网络中数据的传输有一项重要的性能指标，即差错率，它反映了网络传输的可靠性。要精确表示多媒体网络的可靠性需求是很困难的。由于人类的听觉比视觉更敏感一些，容忍错误的程度要相对低一些，因此，音频传输比视频传输对网络的可靠性要求更高一些。

1.3.5 多媒体协同技术

多媒体协同工作技术是近年来研究的一个热点，它是指在计算机技术支持的环境中，一个群体协同工作，共同完成一个任务。与它相关的学科通常被称为计算机支持协同工作（CSCW）。CSCW 这个概念是在 1984 年初由麻省理工学院（MIT）的 Irene Grief 和 DEC 的 Paul Cashman 提出来的。CSCW 的研究目标是利用计算机克服小组工作的时间和空间的障碍，以取得更高的工作效率。它的研究包括两方面的内容：一是协同工作的本质，这涉及群体中人们的工作习惯，是人的因素；二是支持协同工作的信息技术，这是技术的因素。从第二个方面，即技术角度来说，CSCW 是在分布计算机环境中，支持群体成员在各种条件下，包括空间上的分布、时间上的异步等条件下以协作的方式完成任务的信息技术与系统。CSCW 技术给传统的多媒体应用注入了新的思路，为多媒体应用开辟了新领域。

1.3.6 大规模集成电路多媒体专用芯片技术

多媒体计算机技术是一门涉及多项基本技术综合一体化的高新技术，特别是视频信号和音频信号数据实时压缩和解压缩处理需要进行大量复杂计算，普通计算机根本无法胜任这些工作。高昂的成本将使多媒体技术无法推广。VLSI 技术的进步使生产低廉的数字信号处理器（DSP）芯片成为可能。VLSI 技术为多媒体的普遍应用创造了条件，因此，VLSI 多媒体专用芯片是多媒体技术发展的核心技术。就处理事务来说，多媒体计算机需要快速、实时完成视频和音频信息的压缩和解压缩，图像的特技效果，图形处理，语音信息处理等。上述任务的圆满完成必须采用专用芯片才行。

1.3.7 超文本及超媒体技术

超文本技术产生于多媒体技术之前，20 世纪 80 年代末期，超文本/超媒体技术已广为欧美计算机界及相关领域科学工作者所认识，并且开展了内容广泛的研究与应用。超文本是一种将信息之间的关系，以非线性方式存储、组织、管理和浏览信息的计算机技术。它既是一种新颖的文本信息管理技术，也是一种典型的数据库技术。作为一个非线性的结构系统，它以结点为单位组织信息，在结点与结点之间通过表示它们之间关系的链加以连接，构成表达特定内容的信息网络，用户能自由地、选择性地查阅自己感兴趣的文本。超文本组织信息的方式与人类的联想记忆方式有相似之处，从而可以更有效地表达和处理信息。人们把集成了文本、数字、图形、图像、声音等表达形式的系统称为超媒体系统。

超媒体最早起源于超文本。由于多媒体十分强调人们主动参与，因此也称为"交互式多媒体"。在多媒体应用系统中，一般都提供一种机制或结构，使不同的媒体能够有机地

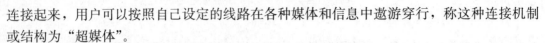

连接起来，用户可以按照自己设定的线路在各种媒体和信息中遨游穿行，称这种连接机制或结构为"超媒体"。

目前超媒体技术已经渗透到计算机学科的各个领域。例如，数字图书馆、教育多媒体、WWW、信息知识管理、知识管理的实践、智能用户接口等。

1.3.8 计算机虚拟现实技术

虚拟现实技术(Virtual Reality，VR)起源于20世纪五六十年代，在20世纪80年代末期开始被广泛应用，它具有以下3个基本特征：沉浸性(Immersion)、交互性(Interaction)和想象性(Imagination)，即通常所说的"3I"。

(1) 沉浸性。指用户借助各类先进的传感器进入虚拟环境之后，由于他所看到的、听到的、感受到的一切内容非常逼真，因此，他相信这一切都"真实"存在，而且相信自己正处于所感受到的环境中。

(2) 交互性。指用户进入虚拟环境后，不仅可以通过各类先进的传感器获得逼真的感受，而且可以用自然的方式对虚拟世界中的物体进行操作。如搬动虚拟世界中的一个物体，人们可以在搬动盒子时感受到盒子的重量及其质感。

(3) 想象性。由虚拟世界的逼真性与实时交互性而使用户产生更丰富的联想，它是获取沉浸感的一个必要条件。

虚拟现实是多媒体技术发展的更高境界，它以更加高级的智能性、集成性和交互性，给人们以更加逼真的体验，因此被广泛用于模拟训练、工程设计、商业运作、娱乐游戏等。

从本质上说，虚拟现实就是一种先进的计算机用户接口，它通过给用户同时提供诸如视、听、触等各种直观而又自然的实时感知交互手段，最大限度地方便用户的操作，从而减轻用户的负担、提高整个系统的工作效率。VR是一项综合集成技术，涉及计算机图形学、人机交互技术、传感技术、人工智能等领域，它用计算机生成逼真的三维视、听、触、嗅觉等感觉，用户通过适当装置，采用自然的方式对虚拟世界进行体验和交互作用。VR主要有3方面的含义：第一，虚拟现实是借助于计算机生成逼真的虚拟世界，"虚拟世界"是对于人的感觉(视、听、触、嗅等)而言的；第二，用户可以借助于一些三维设备和传感设备来使人以自然技能与这个虚拟世界交互，自然技能是指人的头部转动、眼动、手势等其他人体的动作；第三，虚拟现实世界会实时地产生相应的反应。虚拟现实具有沉浸性、交互性和想象性等特性。近年来，VR已逐渐从实验室的研究项目走向实际应用，目前在军事、航天、建筑设计、旅游、商业、医疗和文化娱乐及教育方面实现了不少开发。在国内，有关VR的项目已经列入计划，VR的研究和应用正在全面展开。可以预计，在不久的将来，这一技术会产生巨大的影响，它将是21世纪广泛应用的一种新技术。

VR技术的应用极为广泛，统计结果表明：目前在娱乐、教育及艺术方面的应用占据主流，其次是军事与航空、医学方面、机器人方面、商业方面，另外在可视化计算、制造业等方面也有相当的比重。可以预见，在不久的将来，虚拟现实技术将深入到人们的日常工作与生活，并影响甚至改变人们的观念与习惯。

1.4 多媒体技术的应用与发展

多媒体技术是能够对文本、声音、图形、图像、视频、动画等多媒体信息进行采集、存储、加工或集成的计算机技术。

多媒体技术具体包括：文字、图形、图像的数字信号处理技术，音频和视频技术，计算机软硬件开发和应用技术，人工智能，模拟与识别技术，网络和通信技术等。它是一门跨学科的综合性技术，涉及面非常广，但主要包括硬件技术和软件技术两个方面。

多媒体计算机在硬件上首先必须具有一台 Pentium 系列以上的微型计算机，此外还包括其他一些信息处理设备，比如多媒体数据的存储、音频信号的处理、视频信号的采集与编辑、网络连接与通信等设备。根据多媒体个人计算机工作组 1995 年 6 月制订的 MPC-3 标准，它的标准配置是：75MHz 的 Pentium 或与其兼容的 CPU 芯片，8MB 内存，540MB 硬盘，64 K 色 VGA 或以上等级加速卡/显示卡，4 倍速 CD-ROM 驱动器，16 位声卡，每秒能播放 30 帧 NTSC 制式或 24 帧 PAL 制式的 MPEG-1 压缩视频，Windows 3.1 以上操作系统。

多媒体的软件包括以下 4 个方面。

(1) 多媒体操作系统。目前比较流行的是微软公司的 Windows XP 及 Windows 7，两者都有非常强的多媒体功能，此外还有苹果公司的 Mac OS、IBM 公司的 OS/2 等。

(2) 多媒体素材编辑软件。该类软件比较多，主要用于采集、整理和编辑各种多媒体数据。比如文字软件有 Word、WPS 等，图形图像软件有 Photoshop、AutoCAD、Corel-DRAW 等，动画软件有 3ds Max、Flash 等，音频软件有 Windows 录音机、Cool Edit 等，视频软件有 Premiere 和 After Effects、Quick Time 等，本书将详细介绍最流行的多媒体编辑软件的用法。

(3) 多媒体创作工具软件。这是专业人员用于多媒体应用系统开发的工具软件。较著名的有 Macromedia 公司的 Authorware，此外我国方正公司的方正奥思、MicrosoftOffice 系列软件中的 PowerPoint 也应用得比较广泛。

(4) 多媒体应用软件。这类软件种类繁多，已广泛应用于教育、培训、广告、电子出版、影视特技、动画制作、电视会议、演示系统、人工智能系统等各个方面。多媒体应用软件是推动多媒体应用发展的动力所在。

1.4.1 多媒体技术研究内容

多媒体的研究一般分为两个主要方面。一是多媒体技术，主要关心基本技术层面的内容；二是多媒体系统，主要重心在多媒体系统的构成与实现。这两个方面的侧重点不同。还有专门研究多媒体创作与表现的，则更多地属于艺术的范畴。

多媒体技术是多学科及多技术交叉的综合性技术，主要涉及多媒体信息处理技术与多媒体开发编程技术，前者主要研究各种媒体信息(如文本、图形、图像、声音、视频、动画等)的采集、编辑、处理、存储、播放等技术；后者主要是在多媒体信息处理的基础上，研究和利用多媒体开发或编程工具，开发面向应用的多媒体系统，并通过光盘或网络发

布。本书的主要研究内容是多媒体信息处理技术。

多媒体的另一个技术基础是数据压缩。基于时间的媒体，特别是高质量的视频数据媒体，其数据量非常大，致使在目前流行的计算机产品，特别是个人计算机系列上开展多媒体应用难以实现。因此，采用相应的压缩技术对媒体进行压缩，是多媒体数据处理的必要基础。数据压缩技术，或者称为数据编码技术，不仅可以有效地减少媒体数据占用的空间，也可减少传输占用的时间，如 MPEG-1、MPEG-2 等数据编码标准；另一方面，这些编码还可用于复杂的内容处理场合，增强对信息内容的处理能力，如 MPEG-4、MPEG-7 等。

1.4.2　多媒体技术应用领域

多媒体技术已经日益渗透到不同行业的多个应用领域，影响到人们工作、学习、生活、娱乐的各个方面，使社会发生着日新月异的变化。

1. 教育培训领域

在多媒体技术的应用领域中，教育、培训占了很大比重，由文字、音频、图形、图像和视频组成的多媒体教学课件图、文、声、形并茂，能够给学习者带来更多的学习体验，交互式的学习环境充分发挥了学生学习的主动性，提高了学生学习的兴趣和接受能力。各种计算机辅助教学软件(CAI)及各类视听类教材、图书、培训材料使现代教育教学和培训的效果越来越好。随着网络技术的发展与普及，多媒体技术在远程教育中同样扮演着重要的角色。这种跨越时空的新的学习方式强烈地冲击着传统教育。利用多媒体技术所具有的高度集成性、良好的交互性、信息容量大、反馈及时等特点，将多种信息同时或交替作用给学习者感官，从根本上改变了传统教学的种种弊端，使学习更加趣味化、自然化、人性化。

2. 广告宣传领域

以多媒体技术制作的产品演示软件为商家提供了一种全新的广告形式，商家可以为客户展示新产品的造型、特点、功能等，对移动电话、新款汽车、大型机械设备等使用上较复杂的产品，运用多媒体动画能最直观、最有效地教会客户如何使用产品。

公司企业还可以利用多媒体的图像、声音、动画来充分表达自己的商业计划、年度报告、企业宣传等，具有较好的说服力。

3. 影视娱乐领域

有声信息已经广泛地用于各种应用系统中。通过声音录制可获得各种声音或语音，用于宣传、演讲或语音训练等应用系统中，或作为配音插入电子讲稿、电子广告、动画和影视中。数字影视和娱乐工具也已进入人们的生活，如人们利用多媒体技术制作影视作品、观看交互式电影等；而在娱乐领域，电子游戏软件无论是在色彩、图像、动画、音频的创作表现，还是在游戏内容的精彩程度上也都是空前的。

4. 远程医疗系统

通过远程医疗系统，医生可以利用电视会议双向或双工音频及视频，与病人面对面地交谈，进行远程咨询和检查，从而实现远程会诊，甚至在远程专家指导下进行复杂的手术，并将医院与医院之间，甚至国与国之间的医疗系统建立信息通道，达到信息共享。

5. 其他领域

目前，多媒体技术的应用领域正在不断拓宽。多媒体技术还广泛应用于工农业生产、通信业、旅游业、军事、航空航天业、各种检测系统测试等领域。

1.4.3　多媒体技术发展方向

多媒体技术是当前计算机产业的热点研究问题之一，并在持续的蓬勃发展之中。多媒体技术总的发展趋势是具有更好、更自然的交互性，实现更大范围的信息存取服务。多媒体技术与其他各种技术的完美结合，将为未来人类生活创造出一个功能、空间、时间及人与人交互更完美的崭新的世界。

1. 多媒体技术与网络通信技术结合

通信网络环境的研究和建立，将使多媒体从单机单点向分布、协同多媒体环境发展，在世界范围内建立一个可全球自由交互的通信网。有学者认为：21世纪多媒体通信将是整个通信领域的主体。高速局域网和 ISDN（综合业务数字网）是目前多媒体通信的基础，B-ISDN（宽带综合业务数字网）是未来多媒体通信的主要发展方向。

ISDN 即窄带综合业务数字网，以数字信号形式和时分多路复用方式进行通信，数据等数字信号可以直接在数字网中传输。ISDN 改变了传统电话网模拟用户环路的状态，使全网数字化变为现实，用户可以获得数字化的优异性能。简而言之，由模拟到数字化的飞跃就是 ISDN 带给人们的真正好处。

B-ISDN 指宽频 ISDN，它的宽频是相对窄频而言的，指一个服务或系统所需要的传输通道能力高于 T1（1.544 Mbps，北美系统）或 E1（2.048 Mbps，欧洲系统）速率，而网路若能提供宽频传送能力，则此网路称为宽频网路。宽频应用是利用宽频网路能力来达到端点间（End-to-End）的传送；而宽频服务是指经由网路提供者所提供的单一用户撷取界面来提供宽频应用的方式。宽频整体服务数位网路于单一网路上同时提供多种资料形态的高速传送，如数据、语音、影像、视讯等，其可利用连线导向与非连线导向方式来提供用户各种服务与应用，并能保证连线之服务品质。

"三网合一"是未来的多媒体通信网的发展方向。B-ISDN 的出现为"三网合一"的实现提供了可能。未来多媒体网络通信的应用领域也十分广泛，包括计算机支持协同工作（CSCW）、视频电子信函、远程医疗诊断、联合计算机辅助设计、数字网络图书馆系统、多媒体会议系统、超高清晰度图像系统、视频点播/多媒体点播系统等。

2. 媒体技术与仿真技术的集合

多媒体技术与仿真技术相结合而生成的新技术称为虚拟现实技术（Virtual Reality，VR）。美国一家杂志社评选出影响未来的十大科技水平：Internet 位居第一，虚拟现实技术名列第二。虚拟现实技术是一种可以创建和体验虚拟世界的计算机系统。它充分利用计算机硬件与软件资源的集成技术，提供了一种实时的、三维的虚拟世界，使用者完全可以进入虚拟世界中，观看计算机产生的虚拟世界，听到逼真的声音，在虚拟环境中交互操作，更具真实感。

3. 多媒体技术与人工智能技术的结合

1997年，徘徊了50年之久的人工智能技术在超级计算机"深蓝"与世界头号国际象棋大师卡斯帕罗夫的对弈中浮出水面时，世界为之震惊。然而现在，人工智能技术已悄然出现在人们的日常生活中，成为新世纪蓬勃发展的新技术之一。人工智能技术是指人工模拟人类大脑活动的技术，采用了人工智能技术的机器具有自行处理问题的能力。当前，人工智能技术已具有识别字迹、语音，以及自动处理动态数字的能力。

1993年12月，在英国举行的"多媒体系统和应用国际会议"上，计算机研究人员首次提出来"智能多媒体"这一概念。以此为开端，"智能多媒体"技术逐渐进入计算机科研人员的视野并日益成为研究热点和难点。多媒体技术和人工智能技术相结合，是多媒体技术长远的发展方向，也是计算机智能化发展方向。多媒体技术在计算机视觉、听觉、会话等研究急待借助人工智能技术深入下去，而人工智能技术在知识的表示与推理、机器学习与知识获取、数据挖掘等方面的研究急待借助多媒体技术深入下去。

多媒体是计算机技术的综合技术，其发展正向多学科交汇、多领域应用、智能化方向演进。目前，多媒体技术的发展方向主要有以下几方面。

（1）多媒体通信网络环境的研究和建立将使多媒体从单机单点向分布、协同多媒体环境发展，在世界范围内建立一个可全球自由交互的通信网。对该网络及其设备的研究和网上分布应用与信息服务研究将是热点。

（2）利用图像理解、语音识别、全文检索等技术，研究多媒体基于内容的处理、开发建立基于内容的处理系统是多媒体信息管理的重要方向。

（3）多媒体标准仍是研究的重点。各类标准的研究将有利于产品规范化，使应用更方便。它是实现多媒体信息交换和大规模产业化的关键所在。

（4）多媒体技术与相邻技术相结合，提供了完善的人机交互环境。多媒体仿真智能多媒体等新技术层出不穷，扩大了原有技术领域的内涵，并创造了新的概念。

（5）多媒体技术与外围技术构造的虚拟现实研究仍在继续进展。多媒体虚拟现实与可视化技术需要相互补充，并与语音、图像识别、智能接口等技术相结合，建立高层次的虚拟现实系统。

1.5 本 章 小 结

本章主要介绍了多媒体的基本概念、相关技术和多媒体的应用与发展，研究多媒体首先要研究媒体。媒体是传播信息的载体，需要了解多媒体的特点与相应的处理方法。对每种媒体的采集、存储、编辑和处理，就是多媒体技术要做的首要工作。

本章简要知识结构图如图1.2所示。

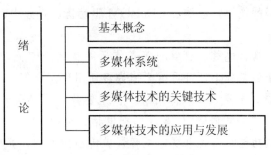

图 1.2　本章知识结构图

多媒体的起源和发展

在计算机技术和通信技术迅猛发展的基础上，20 世纪 90 年代初出现了多媒体技术这个新概念。要给多媒体一个明确的定义，目前还办不到。因为多媒体毕竟是刚刚发展起来的，人们还没有看清它的全部。多媒体是当今最活跃的话题。它不仅是信息、高速公路的终端，也是促进"计算机进入家庭"与实现"家庭影音数字化(家庭影院、家庭音乐中心等)"的关键。没有它，计算机进入家庭也只能是一句空话！自从 1994 年年底，几乎 486 以上的微机都把 CD-ROM 光盘驱动器作为基本配置。人们从 CD-ROM、音效卡、视频卡和 MPEG 解压缩卡的按入，似乎把高级音响、电视、电影、Karaoke、大百科全书、各种通信服务、各种层次的教育软件、各种计算机与信息处理功能统统引入了家庭，人们真正体会到电子计算机及相应的接口、外设确实是个"万能的机器"，不禁感慨"外面的世界虽美丽，小机(多媒体计算机)更可爱"！多媒体成了人们须臾不可缺少的伴侣。

目前人们对它的描述，可以说犹如瞎子摸象一般，摸到了什么就像是什么。当然，要给多媒体下一个粗略的定义，总还是可以办到的。

所谓多媒体，它是相对于单媒体说的，从前的个人计算机只能处理文字和数字，那便是单媒体计算机。除了能处理文字和数字之外，还能处理图形、影像、动画、声音和视频信号等多种媒体，这就是人们所说的多媒体计算机。多媒体计算机具有同时抓取、操作、编辑、储存及呈现视觉媒介和听觉媒介等不同媒体形态的能力。换句话说，它能把计算机、电视机、录像机、录音机、游戏机、传真机等的功能综合在一起。这就是多媒体计算机的"综合性"。另外，多媒体计算机还具有"交互性"，就是说它同用户之间可以进行双向交流。如何进行这种双向交流呢？在过去，电视、电影的剧情再动人，观众也只能在一旁抒发感慨，无法改变它。而现在，有了多媒体计算机，就可以在观看中随时让情节停留在某一点上，就像是一张照片呈现在眼前，让你看个够；也可以让演员把刚才的情节再重演一遍；甚至还可另编情节，让演员按照用户的要求来演出。

多媒体系统设备有没有标准呢？根据 MPC——Multimedia Product Council，多媒体的最低 PC 系统为具有 4MB 内存的 16MHz 386SX 机器，硬盘容量不得少于 40MB，有 256 色以上的 VGA 显示系统。多媒体计算机的升级是指为了使之具有综合处理文字、图形、声音、图像、动画的能力，应购置 CD-ROM 驱动器、声频卡、视频卡、压缩/解压缩卡等。

多媒体网络是融电话、电视、计算机等传媒于一体的数字网，它能传递声、像、图、文等信息，在原有功能的基础上，可再衍生出许多新用途。人们日常生活中接触很多的电话、CATV 都是模拟量，要接入多媒体网络，首先要数字化，因为只有"数字化"，才能使多种媒体之间建立起"共同语言"！当我们把电话、电视、计算机三者融入一网时，网络能将电话的双向沟通功能、有线电视的宽带影像传输能力和计算机的信息处理本领统统集于一身，使之成为能以交互方式传递多种媒体的信息网。由于模拟信息一旦转换成数字量，其数据量会随着数字化过程而猛增，若没有根据视听觉特征而开发出来的信息压缩编码技术的支持，多媒体网络的实施也只是一句空话。

目前，多媒体技术正朝着实用化、标准化方向发展，它的应用领域正在不断拓宽。除了能把各种家用电器的功能融为一体之外，还可以用于商场购物指南、旅游导向、新产品演示、印刷出版、检测、教育培训、医疗诊断、科学研究等。在通信领域中，一旦实现了多媒体技术与通信的合理搭配，人们就可以随时随地获取世界各地的信息。不过，正由于对多媒体还没有一个统一的公认的定义，所以对于什么样的计算机系统才算是多媒体系统，目前犹如林中百鸟，各鸣其声。每一家发展多媒体产品的公司都从自己公司产品的性能出发，制订一套多媒体规格。可想而知，目前这类"规格"是五花八门的。多媒体技术是一项跨世纪的高新技术，它已成为各国之间进行技术竞争的"制高点"。学术界认为，多媒体技术代表了"下一代的新潮流"，是比当年电话技术、电视技术的出现意义更为重大的一次信息革命。

未来的多媒体技术将更加完美地与通信技术结合在一起。科学家们预测，下一代通信技术将为人类覆盖上第二层皮肤，那将是一个由百万种电子测量装置组成的感觉系统，它可以为人们提供各种用人类现有的器官无法感知的信息，从任一条马路的路况到家中电冰箱里的食物供应，从本地空气污染指数到附近河流的水位，都会及时、便利地为人所知，而且就如人们的视听、嗅觉一样真切。科技技术将大大地延伸人们的感官系统，使人类置身于一个随心所欲、无所不能的天地之中。

思 考 题

1. 根据 ITU 定义，多媒体有哪几种类型？简要说明。
2. 目前多媒体所能处理的媒体对象具体有哪些？它们被分为哪两类？
3. 多媒体技术的特点有哪些？为什么传统电视不是多媒体？举出几种常见的多媒体系统与设备。
4. 多媒体信息传输对网络技术的要求有几个？
5. 多媒体的发展涉及哪些关键技术与设备？
6. 简述多媒体技术的应用。

练 习 题

1-1　单项选择题

1. 所谓媒体是指(　　)。

A. 表示和传播信息的载体　　　　　　　B. 各种信息的编码

C. 计算机输入和输出的信息　　　　　　D. 计算机屏幕显示的信息

2. 多媒体计算机技术中的"多媒体",可以认为是(　　)。

A. 磁带、磁盘、光盘等实体

B. 文字、图形、图像、声音、动画、视频等载体

C. 多媒体计算机、手机等设备

D. 互联网、Photoshop

3. 在多媒体系统中,内存和光盘属于(　　)。

A. 感觉系统　　　　B. 传输媒体　　　　C. 表现媒体　　　　D. 存储媒体

4. 多媒体技术应用主要体现在(　　)。

A. 教育与培训　　　　　　　　　　　　B. 商业领域与信息领域

C. 娱乐与服务　　　　　　　　　　　　D. 以上都是

5. 其表现形式为各种编码方式,如文本编码、图像编码、音频编码等的媒体是(　　)。

A. 感觉媒体　　　　B. 显示媒体　　　　C. 表示媒体　　　　D. 存储媒体

6. 多媒体计算机主要是指(　　)信息的计算机。

A. 能处理数值、字符、图形、声音、影像等

B. 用磁盘、光盘、磁带等存储

C. 用鼠标、键盘等多种设备输入

D. 用显示器、打印机等多种设备输出

7. 下列各组应用不是多媒体技术应用的是(　　)。

A. 计算机辅助教学　　B. 电子邮件　　　　C. 远程医疗　　　　D. 视频会议

8. 媒体在计算机领域的含义是(　　)。

A. 存储信息的实体　　　　　　　　　　B. 传递信息的载体

C. A 或 B　　　　　　　　　　　　　　D. A 和 B

1-2　填空题

1. 按照 ITU 的媒体划分方法,调制解调器属于_____媒体。

2. 文本、声音、_____、_____和_____等信息的载体中的两个或多个的组合构成了多媒体。

3. 多媒体技术具有_____、_____、_____和非线性等特性。

4. 多媒体技术就是指运用计算机综合处理_____的技术。多媒体系统是指利用_____技术和_____技术来处理和控制多媒体信息的系统。

第 2 章

文本媒体的获取和处理

- 了解文本媒体在多媒体中的主要呈现方式。
- 熟悉常见的文本文件的格式，并能正确地选择文本文件的存储格式。
- 了解文本媒体的属性及特点。
- 了解文本媒体的获取方法。
- 了解常用的文字处理软件，掌握创建文本、编辑文本、处理文本的方法。

中国文字的起源

大约一个世纪以前，我国河南安阳有一项重大的考古发现，这就是殷墟和甲骨文的发现。从此，我国殷商史的研究进入一个新时期。按我国古文字学家的意见，甲骨文是我国"目前所能看到的最早而又比较完备的文字。"它已经比较复杂，目前已发现 3000 个以上词汇，包括名词、代名词、动词、助动词、形容词等数大类，而且还能组成长达 170 多字的记叙文。

甲骨文是怎样被发现的呢？是何年发现的？按照最早收集甲骨的学者王襄的说法，甲骨文的发现是在 1898 年冬末，而它的价值为人所知则在 1899 年秋。最早认识甲骨文的人被学界公认为清末著名金石家王懿荣。王懿荣对金石素有研究，1899 年他正在北京做官。一个偶然的机会，他了解到河南安阳小屯村有一批商代铜器出土，就忙亲赴安阳。然而，他到达时铜器已为商贾运走，发掘处只剩下大批正准备作肥田和药材用的龟甲和牛骨。其中有一部分较大的龟甲，上有"行列整齐，非篆非籀"的古文字，这就是甲骨文。后来，王懿荣共收集甲骨片 1000 余片，被认为是"研究甲骨的第一人"。

甲骨文是一种什么文字呢？按照我国著名甲骨学专家胡厚宣的说法："所谓甲骨文，乃商朝后半期殷代帝王利用龟甲兽骨进行占卦时，刻写的卜辞和少量记事文字。"殷朝人迷信神鬼，不论祭祀、战争、渔猎、出入、风雨、年成、疾病、生育，都要卜问"上天"。

占卜的方法是：在甲骨的背面用锋利工具钻两个坑，然后用火烧灼，出现纵横的裂纹，就叫卜兆。再由卜人根据卜兆判断吉凶，把内容契刻在甲骨上，就成为甲骨文。甲骨文里记录了商朝后期的大量史实，具有极重要的史料价值。

从甲骨文发展到今天的汉字，已经有3000多年的历史，文字的发展经过了金文、大篆、小篆、隶书、草书、楷书、行书等几个阶段。这几种字体的通行时间有时并非截然有明显的前后划分，而是并行或交叉的。

金文又称钟鼎文和铭文，是铸刻在青铜器上的文字。它从商朝后期开始在青铜器上出现，至西周时发展起来。大体上商后期在青铜器上的铭文不超过50字，西周末年的毛公鼎上铸的文字则长达497字。现在先后出土的商周青铜器大约有1万件以上。据古文字学家容庚所编《金文编》统计，金文单字大约共3000多个，其中2000字已经认识。金文的形体和结构同甲骨文非常相近，基本上是一种字形。

春秋战国时期，中国社会经历巨大变革，经济文化蓬勃发展，文字应用也越来越广泛。这时的文字趋向简化，各诸侯国因不相统一而形成"言语异声，文字异形"的情况，大体上秦国用大篆，六国用"六国古文"。六国古文也是一种"篆"。篆的意思就是把笔画拉长，成为一种柔婉美化的长线条。公元前221年，秦始皇统一中国，在全国范围内统一文字、货币、度量衡，规定通行全国的标准字形。秦始皇命令李斯等整理文字，改定字体，由李斯书写出标准字体《仓颉篇》，赵高作出《爱历篇》，胡毋敬作《博学篇》，让全国统一用他们简化后的字体书写，这就是小篆。

随后小篆又逐渐被更方便更简化的隶书所代替。据说隶书最初是由下层低贱的人们使用的，当时"隶"指"徒隶"，本来隶书这种简便的字是写给他们看的。后来在民间用得多了，盛行起来，连统治阶级也不得不用这种字书写了，到汉朝时就成为全国范围的正式书写体。现在流传下来的汉碑，就是由这种隶书写成的。

隶书后来又演变成草书。这是一种隶书的快写体，它发展成为独立字体，大约始于东汉。与草书同时兴起的还有楷书，它又名"正书"或"真书"，成熟于东汉时期，盛行在魏晋南北朝时期。最后出现于东汉末年的一种字体是行书，基本上是楷书的样子，可以说是楷书的一个支派。楷书、行书和草书，一直流传至今。

2.1　文本媒体概述

第1章介绍了多媒体是由文本、图形、图像、声音、动画、视频等单媒体集合而成的，本章主要介绍最常用的媒体——文本媒体的基本概念及其获取和处理的方法。

2.1.1　什么是文本媒体

文本媒体是现实生活中使用最多的信息媒体，是文字、字母、数字和各种符号的集合，它是最基本的信息表示方式，主要用于对知识的描述。例如，构成一篇文章的字、词、句、符号和数字，在一本书中对概念、定义、原理和问题的阐述等内容，都属于文本的范围。

在多媒体技术中，虽然有图像、声音、视频、动画等多种媒体形式，但是对于一些复杂而抽象的事件，文本表达却有它不可替代的独到之处。

2.1.2 文本媒体的格式

目前流行的文字处理软件种类繁多，不同的软件生成的文件格式各不相同。当使用不同的文本编辑软件编辑文本时，系统通常会采用默认的文本文件格式来保存文档。如字处理软件 Microsoft Word XP/2013 的默认文档格式为 DOC，下面是比较流行的文本文件格式。

（1）TXT 格式。是纯 ASCII 码文本文件，纯文本文件除了换行和回车外，不包括任何格式化的信息，即文件里没有任何有关文字字体、大小、颜色、位置等格式化信息。Windows 系统的"记事本"就是支持 TXT 文本编辑和存储的文字工具程序。所有的文字编辑软件和多媒体集成工具软件均可直接使用 TXT 文本格式文件。

利用纯文本不含任何格式化信息的特点，可以比较方便地实现一些图形表格文字的转换，例如，从网页上下载的文字资料一般都包含有格式控制，如果直接下载到 Word 等字处理环境中，会带有一些不需要的格式符号，常含有表格形式，通过"记事本"等工具，将下载的文本资料转换为纯文本后再导入 Word 中，会使排版变得轻松快捷。

（2）WRI 格式。是 Windows 系统下的写字板应用程序所支持的文件格式。

（3）DOC 格式。是 Microsoft Word 字处理软件所使用的默认文件格式，其中可以包含不同的字符格式和段落格式。

（4）RTF 格式。是 Rich Text Format 文件格式，它是一种可以包含文字、图片和热字（超文本）等多种媒体的文档。在 Macromedia 公司的多媒体开发软件 Authorware 6.0/7.0 中就可以直接对 RTF 格式文档进行编辑，并且通过 RTF 知识对象对其使用。另外，在 Microsoft Word 字处理软件中也能将文档保存为 RTF 文件格式。

（5）WPS 格式。是金山中文字处理软件的格式，其中包含特有的换行和排版信息，称为格式化文本，通常只在 WPS 编辑软件中使用。

各种文本格式可以通过一定的方法相互转换。

2.1.3 文本媒体的特点

1. 编码形式简单

在计算机中，西文字符最常用的编码是 ASCII 码，即 American Standard Code For Information Interchange（美国信息交换标准代码）。它用 7 位二进制数进行编码，可以表示 2^7 即 128 个字符，其中包括数字字符 0～9、大小写英文字符、运算符号、标点符号、标识符号和一些控制符号。这些字符种类大致能够满足各种计算机语言、西方文字、常见命令的需要。一个 ASCII 码字符在内存中占一个字节。

汉字字符在计算机中也是以编码形式处理的，汉字输入用输入编码，汉字存储用机内码，汉字输出用字型码。在计算机中存储时，一个汉字占 2 个字节。

2. 易于获取、存储、处理和传输

多媒体计算机系统中，文本资料可以用多种方式获取，可采用多种输入编码录入，还可以用光电技术或语音识别技术输入。如果用键盘输入文字，对于一个熟练的文字录入员

来说，每分钟可以输入上百个汉字，用光电扫描和语音识别录入，其录入和处理速度更加快捷。与其他媒体相比，文字是最容易处理、占用存储空间最少、最方便利用计算机输入和存储的媒体。

西文字符和汉字在计算机中都是以一个或两个字节的二进制编码表示，占用的空间很小，处理和存储都非常方便，所生成的文本格式文件也很小，一篇 10 万字的纯中文文本仅占 200KB 左右的空间，移动和传输都很容易。

3. 在多媒体作品中的表现形式丰富

为了使文字在多媒体作品中更加美观生动，常将作品中的文字处理成多姿多彩的艺术形式。各种文字处理软件都具有较强的处理功能，能将文本设置成多种多样的形式，通过对文本字体、字号、颜色、字形（如加粗、斜体、底纹、下划线、方框、上标、下标等）、字间距、对齐等设置，使文本在多媒体作品中变得丰富多彩。

4. 可以配合其他媒体的应用而提高作品表现力

文本具有其他媒体不可替代的重要作用，它除了自身所能完成的表述功能外，还可以配合其他媒体，共同完成对事件的描述，提高多媒体作品的表现能力。它可以为图片添加说明、为视频添加字幕、为声音解说配上文字注释。

5. 建立超文本链接功能

在多媒体应用系统中，可用文本设置超链接。通过超文本建立的链接关系，实现程序的交互跳转，从而突破传统文本信息表示的线性和顺序结构，建立真正的多种媒体逻辑连接。例如：在多媒体作品中，文章的标题、导航菜单、按钮中的文本都可以建立对应的超链接，用户可通过单击超链接选择自己需要的信息，这样可满足一些教学软件联想式学习的需要及一些多媒体软件交互式操作的需要。

2.2　文本媒体的获取

文本媒体的获取有直接获取与间接获取两种方式，直接获取是指用键盘通过输入法在文字编辑处理软件中输入文本，该方式一般适用于文本内容不多的场合。间接获取是指用扫描仪或其他输入设备输入文本，常用于大量文本的获取。文本信息的输入和采集的方法主要有以下几类。

1. 键盘输入方法

键盘输入法是利用键盘，按照一定的编码规则来输入汉字。这是最早采用的文本输入方法，也是现在计算机进行文字输入最普遍的方式。其中，英文字符可以直接从键盘输入，无须编码；汉字输入则必须对汉字编码，可以根据汉字的读音或基本形状用数字或英文字符编码。汉字输入法种类繁多，而且新的输入法还在不断涌现，各种输入法各有特点，功能也不断增强。

键盘输入文本的优点是方便快捷，不需附加录入设备且容易修改。

在一般语境中，人们的说话速度一般是每分钟 100～120 字，播音员的语速一般是

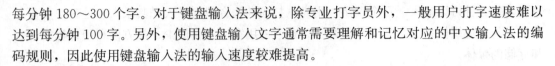

每分钟 180～300 个字。对于键盘输入法来说，除专业打字员外，一般用户打字速度难以达到每分钟 100 字。另外，使用键盘输入文字通常需要理解和记忆对应的中文输入法的编码规则，因此使用键盘输入法的输入速度较难提高。

2. 语音输入方法

语音输入法是指将要输入的文字内容用规范的语音朗读出来，通过麦克风等输入设备送到计算机中，计算机的语音识别系统对语音进行识别，将语音转换为相应的文字，完成文字的输入。利用语音识别技术，计算机能迅速、自然地把读入计算机的声音信息转换成计算机中的文本。语音识别技术使语音输入成为可能，使人们逐渐能够用语音来控制各种自动化系统，使计算机能听懂人类的语言。

语音输入法在硬件方面要求计算机必须配备能正常录音的声卡和录音设备，安装语音识别软件。在调试好麦克风后，即可以对着麦克风进行朗读录入。如果普通话不标准，可用语音识别软件提供的语音训练程序，进行一段时间的训练，让软件熟悉录入者的口音后，就可以通过讲话来实现文字输入。识别软件将录入的语音信号识别转换为数字文本，实现语音文字输入。目前，语音识别技术整合较好的软件有 IBM 公司的 Via Voice，Via Voice 标志大词汇量、非特定人和连续语音识别技术正在趋于成熟。国内推出的 Duty++ 语音识别系统、天信语音识别系统、世音通语音识别系统等也被广泛使用。

但是，目前大多数语音识别软件构建的语音识别系统是与说话者相关的，还不是一个完善的非特定人识别系统，因此，在使用语音录入系统前必须经过反复训练，使计算机熟悉讲话者的语音、语调和节奏等声音特征后再进行语音输入，正确率可达到 90% 以上，能较准确地完成语音输入转换成文本的功能。

语音输入方法的优点是简单易用、方便快捷、可减轻用户使用键盘输入的疲劳；缺点是对用户普通话的要求较高，一些未经训练的专业名词及生僻字错字率比较高，因此要求录入者发音比较标准，还需要先使系统适应录入者的语音语调。

3. 联机手写识别输入

随着各种手持设备（如掌上计算机、多媒体手机）的不断出现与普遍使用，联机手写文字的实时识别与输入方法已经得到越来越广泛的应用。联机手写汉字识别有时叫作"笔（式）输入"。顾名思义，这是用笔把汉字"写"入计算机，而不是用键盘"敲"入计算机。改敲为写，即不需要死记每个字的编码，而是像通常写字那样，用笔把字直接写入计算机，这种输入方法更符合中国人书写的习惯，也实现了汉字实时输入的要求；此外，这种输入方法既可以用于办公室内，也可以用于室外或其他特殊场合，是一种易学易用的较好的汉字输入方法。

笔输入系统中，由书写笔传送给计算机的信号是一个一维的笔画串，而不是方块汉字的二维图形。以汉字"女"字为例，在书写板写这个字时，它的笔画（包括笔画类型及其位置）就按书写顺序依次输入计算机，形成具有一定结构关系的笔画串："く、丿、一"。从原理上说，把汉字集合每个汉字的笔画串存储在计算机中，就组成笔输入系统的"字典"（标准笔画串库）。在识别某一个待识汉字时，也利用书写板把该汉字的笔画串输入计算机，然后把它跟字典中所有的笔画串逐个加以比较，求得和它最相似的笔画串，就得到识别的结果。

联机手写识别输入法中，计算机之所以能感受到手写的笔画顺序，达到识别文字的目的，这是因为手写板结构中使用的电阻或电磁感应方式，将专用笔在运动中的坐标输入计算机，计算机中的文字识别软件根据采集到的笔迹之间的位置关系和时间关系信息来识别出书写的文字，并把相应的文字显示在文字录入窗口。

联机手写识别输入的优点是，不需专门学习训练，适合于边想边写，即写即得，并且识别率较高，其录入速度取决于书写速度。缺点是不同的字体和潦草的字迹会严重影响识别系统的识别率。手写录入实际上是在 OCR(光识别技术)基础上发展的文字录入方法。

4. 扫描仪和 OCR 识别输入法

在实际办公中，有时需要进行大量文字录入，如图书、期刊、打印材料和印刷体文字等，仍用手工录入会浪费很多时间，这时，可以用扫描仪将书中的文字以图像方式扫描到计算机中，再用光学识别器(OCR)软件将图像中的文字识别出来，并转换为文本格式的文件。这样可以大大加快文字录入速度，提高工作效率。通过 OCR 技术，可以把需要的教材、文件、资料等进行扫描转换，生成电子文档，更便于编辑处理。被扫描的原稿印刷质量越高，识别的准确率就越高，一般最好是印刷体的文字，比如图书、杂志等，如果原稿的纸张较薄，那么有可能在扫描时纸张背面的图形、文字也透射过来，干扰最后的识别效果。目前，OCR 的英文识别率可达 90% 以上，中文识别率可达 85% 以上。

需要注意的是，扫描仪本身并没有文字识别功能，它只能将文稿扫描到计算机中后以图片的方式保存，文字识别则由 OCR 软件处理完成。

在各类型扫描仪中，平板式扫描仪由于扫描精度高、速度快、在家用及计算机办公中很流行。而 OCR 软件种类比较多，清华 TH-OCR、汉王 OCR、尚书 OCR、蒙恬识别王、丹青中英文辨识软件等都具有较高的声誉。专业的 OCR 中，清华 TH-OCR 2003 和尚书七号 OCR 都具有自动识别宋、仿宋、楷、黑、圆、魏碑、隶书、行楷等百余种中文简繁字体、英文、数字、表格、图片混排稿件的强大功能。目前，市场上销售的扫描仪基本都附带了 OCR 软件，如果用户发现扫描仪配置的 OCR 识别性能较弱，可以考虑采用其他功能强大的扫描仪支持的 OCR 文字识别软件来识别扫描仪扫描的图像文稿。

5. 混合输入方法

混合输入法就是以上介绍的各种自然输入法的结合。目前，手写加语音识别的输入法有汉王听写、蒙恬听写王系统等。

语音手写识别加 OCR 的输入法的有汉王"读写听"、清华"录入之星"中的 B 型(汉瑞得有线笔＋Via Voice＋清华 TH-OCR 2000)和 C 型(汉瑞得无线笔＋Via Voice＋清华 TH-OCR 2002)等。

2.3 文本媒体处理

在信息时代，用计算机打字、编辑文稿、排版印刷、管理文档等文本信息处理与人们的工作、学习和生活密不可分，优秀的文字处理软件能使用户方便自如地在计算机上编辑、修改文章，这种便利是与在纸上写文章所无法比拟的。

2.3.1　常用文本媒体处理软件简介

用户录入的文字资料需要经过编辑和排版，才能处理成多媒体作品中需要的文字形式。文本处理软件种类较多，各具特色，下面介绍几款常用的文本媒体处理软件。

1. Microsoft Word 2013

中文 Word 2013 是微软公司推出的基于 Windows 平台的文字处理软件，是 MS Office 的重要组成部分，它提供了良好的图形用户操作界面，具有强大的文本编辑和文件处理功能，是实现无纸化办公和网络办公不可或缺的应用软件之一。Word 2003 具有强大的编辑排版功能和图文混排功能，可以方便地编辑文档、生成表格、插入图片、动画和声音，可以生成 Web 文档。其操作实现了"所见即所得"的编辑效果。通过 Word 2013 的向导和模板能快速地创建各种业务文档，提高文档编辑效率。图 2.1 是 Microsoft Word 2013 应用程序主界面编辑窗口。

图 2.1　Word 2013 应用程序主界面

Word 2013 的启动速度快，操作界面友好，功能完善，使用方便，在系统可靠性、多媒体支持及网络协作、程序易用性等方面都有很好的功能。新增的剪辑管理器让用户能更方便地管理自己的多媒体剪辑；手写输入、语音控制等功能将冲击传统的输入方式，使 Word 2013 成了一个简便易用的文字处理工具。

Word 2013 是微软推出的新一代 Office 办公软件，重点加强了云服务项目，采用了全新的 Merto 界面，使用户更加专注于内容，配合 Windows 8 的触控使用，增强触屏功能，实现了云服务端、计算机、平板电脑、手机等智能设备的同步更新。并且 Office 2013 将不再支持 XP 和 Vista 操作系统，能够完美支持 Windows 7 和 Windows 8 系统。软件包括 Word、PowerPoint、Excel、Outlook、OneNote、Access、Publisher 和 Lync，能够支持包括平板电脑在内的 Windows 设备使用触控、手写笔、鼠标或键盘进行操作。同时新版 Office 2013 在支持社交网络的同时，提供包括阅读、笔记、会议和沟通等现代应用场景，并可通过最新的云服务模式交付给用户。

2. WPS Office 2013 金山文字处理软件

WPS 是英文 Word Processing System(文字处理系统)的缩写，1988 年诞生自一个叫求伯君的 24 岁年轻人之手，市场占有率一度超过 90％，这个产品也成就了这个年轻人。在中国大陆，金山软件公司在政府采购中多次击败微软公司，中国大陆很多政府机关部门、企业都装有 WPS Office 办公软件。此外 WPS 还推出了 Linux 版、Android 版，是跨平台办公软件。自 2012 年起，WPS 开始使用 Qt 框架进行开发。WPS Office 可以实现办公软件最常用的文字、表格、演示等多种功能。内存占用低，运行速度快，体积小巧，具有强大插件平台支持，免费提供海量在线存储空间及文档模板，支持阅读和输出 PDF 文件，全面兼容微软 Office 97－2010 格式(DOC/DOCX/XLS/XLSX/PPT/PPTX 等)。

金山公司在 2013 年 5 月 17 日发布了 WPS 2013 版本，更快更稳定的 V9 引擎，启动速度提升 25％；更方便更省心的全新交互设计，大大增强用户易用性；随意换肤的 WPS，4 套主题随心切换；协同工作更简单，PC、Android 设备无缝对接。其主界面窗口如图 2.2 所示。

图 2.2　WPS Office 2013 应用程序主界面

3. Ulead COOL 3D 三维文字制作软件

友立(Ulead)公司推出的 COOL 3D 是一个功能强大的三维动画文字媒体设计软件，它在制作立体文字方面功能强大、风格独特，可以为各类多媒体集成软件提供精彩生动的三维动画文字对象。COOL 3D 操作简单，不需要掌握复杂、高深的技术，即可制作出精美、专业的 3D 标题文字和动画特效，因而该软件成为网页、影片、多媒体、简报制作人员所喜爱的工具。

2.3.2 文本媒体处理实例

文本媒体的处理是通过字处理软件提供的编辑环境，进行文字的输入和编辑。录入文字后，在其编辑窗口中，可按字体、字号、颜色、形状（如加粗、斜体、底纹、下划线、方框、上标、下标等）、中文版式以及设置字符间距等来对文字进行格式编排，以满足特定的外观需要。前面介绍的 Word 2013 及 WPS 2013 都可方便地完成以上操作。而 COOL 3D 的主要用途是制作文字的 3D 效果。下面以 3 个具体的实例来分别说明 3 种字处理软件对于文字强大的处理功能。

实例 1 用 Word 2013 制作一份介绍著名音乐家贝多芬的简报。实验步骤如下。

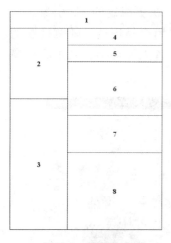

图 2.3 简报的布局

（1）新建一个名称为"音乐家贝多芬"的文档。

（2）设置简报的版面，将简报大致分成 8 块，如图 2.3 所示。

（3）设置文档的纸张大小为 B5，上下左右页边距为 2.5cm。

（4）编排各版块的内容。

版块 1。输入标题文字，设置为黑体，三号，白色，居中，为标题段落填充浅蓝色底纹。

版块 2。在版块 2 位置插入一张贝多芬图片，设置图片高度为 6cm，选中"锁定纵横比"复选框，环绕方式为四周型。插入一个文本框，设置边框为无线条颜色；在其中输入图片标注"贝多芬"，设置为宋体，小五号；放置在图片正下方。

版块 3。在版块 3 位置插入一个文本框，设置边框为无线条颜色，填充颜色为浅黄色；在其中输入图 2.4 样文所示文字，设置为楷体-GB2312，五号，首行缩进 2 字符。

版块 4。在版块 4 位置插入艺术字"著名音乐家"，设置为宋体，20 号，选择其样式为"艺术字库"第 2 行第 1 列的样式。

版块 5。在版块 5 位置插入一个文本框，设置边框为无线条颜色，在其中输入图 2.4 样文所示文字，设置为宋体，五号，首行缩进 2 字符。

版块 6。在版块 6 位置插入一个自选图形中的圆角矩形，设置边框为无线条颜色，填充颜色为浅绿色，在其中输入图 2.4 样文所示文字，设置为楷体-GB2312，五号，首行缩进 2 字符。

版块 7。在版块 7 位置插入一个文本框，设置边框为无线条颜色，填充颜色为浅黄色，选中文本框，然后单击"绘图"工具栏中的"阴影样式"按钮，在弹出的阴影样式中选择一种。这里阴影样式为第4行第2个；在其中输入图2.4样文所示文字，汉字设置为隶书，小四，英文字体设置为Datum，五号，段落首行缩进2字符。

版块8。在版块8位置插入一个文本框，设置边框为无线条颜色，在其中输入图2.4样文所示文字，设置为宋体，五号，首行缩进2字符。接着插入一张贝多芬故居图片，设置图片高度为6.5cm，选中"锁定纵横比"复选框，环绕方式为四周型。最后插入一个文本框，设置边框为无线条颜色；在其中输入图片标注"贝多芬故居"，设置为宋体，小五号，放置在图片正下方。

（5）保存文档。

（6）实验结果样式如图2.4所示。

世界的文化杰作

贝多芬

著名音乐家

德国的贝多芬是伟大的作曲家，也是一位资产阶级革命运动的热情歌颂者。

贝多芬26岁时不幸患了中耳炎，到1820年，两耳完全失聪，这对一个音乐家来说，是个沉重打击。但是，贝多芬并没有屈服。为克服失聪带来的困难，贝多芬曾用一支小木杆，一端插在钢琴箱里，一端咬在牙齿中间，在作曲时用来听音。这个特别的听音器，至今还保存在贝多芬博物院里。

德国大音乐家贝多芬是一位富有正义感的人。有一次，他的一个公爵朋友邀请贝多芬为住在他官邸的法国军官们演奏。贝多芬对侵略他国的法军非常反感，没有接受邀请。公爵很生气，下令贝多芬必须为他的军官们演奏。贝多芬断然拒绝，而且还把公爵送给他的一尊雕像摔碎。后来，他在给这位公爵的一封信中写道："公爵！您所以成为一名公爵，不过是因偶然的出身罢了。而我所以成为贝多芬，则完全靠我自己的努力；像你这样的公爵现在比比皆是，将来也少不了，而我贝多芬却只有一个。"

我要扼住命运的咽喉，它决不能使我屈服。

I will take fate by the throat, It will not bend me completely to its will.

——贝多芬

第三交响曲《英雄交响曲》是贝多芬的代表作之一，完成于1804年，是应法国驻维也纳大使的邀请为拿破仑写的。它是贝多芬第一部明确反映重大社会题材的交响乐作品，标志着贝多芬在思想上和艺术上的成熟。这首交响曲从内容到形式都离于革新精神，感情奔放，篇幅宏大。

贝多芬故居

图2.4　简报制作结果

实例 2　利用 WPS Office 2013 制作联合发文的单位红头。

在单位部门日常工作中，往往会碰到制作联合发文的红头的情况，而且很多时候联合发文都是两个单位的红头，怎样制作呢？WPS 文字处理提供了双行合一的功能，轻松实现联合发文双单位红头制作，效果如图 2.5 所示，操作步骤如下。

图 2.5　联合发文单位红头制作效果图

（1）在 WPS 文字主菜单中，执行"格式"｜"中文版式"｜"双行合一"命令，打开如图 2.6 所示的"双行合一"对话框。

（2）输入用于制作红头的文字，两个单位名称用空格隔开。按照图 2.5 示例，在"双行合一"对话框中输入文字之后如图 2.7 所示，单击"确定"按钮保存设置。

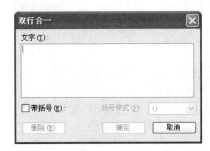
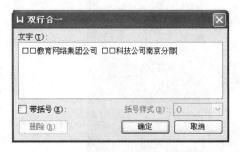

图 2.6　"双行合一"对话框　　图 2.7　输入后的"双行合一"对话框

注意：如果红头后面带有"文件"两字，不在此窗口输入。

（3）调整字体。选择已经形成的双行合一文字，在工具栏中选择相应的字体类型、字号和颜色以达到最终效果。如果字体不够大，WPS Office 2013 允许用户直接在设置字号的位置输入数字来调整字号大小。

（4）调整双行的红头。如果用户发现红头效果并不像图 2.5 那样两个单位的名称是分开独立两行，而是产生了图 2.8 所示的错位结果，第二个单位的名称有部分内容在第一行，那应该如何调整呢？

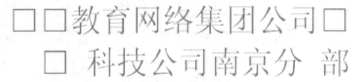

图 2.8　错位的红头

选中此双行文字，再次执行"格式"｜"中文版式"｜"双行合一"命令，打开"双行合一"对话框，在"□□教育网络集团公司"后面，适当增加空格，再单击"确定"按钮，得到如图 2.9 所示的显示效果。

（5）在双行文字后面输入"文件"，调整"文件"两字的格式，可以达到图 2.5 的效

图2.9 完成分行

果。对于"文件"二字的位置调整，通过选择后，执行主菜单中的"格式"｜"字体"命令，打开"字体"对话框，通过"字符间距"选项卡中的"位置"选项组来调整上下位置。

在电视台的大量文艺节目中，常需要用到三维文字，它们在屏幕中闪烁发光、跳跃翻转，为节目增光添彩，给人以美的享受。下面就以 COOL 3D 为例制作三维文字。

实例3 用 COOL 3D 3.5 简体中文版制作 3D 三维文字素材。

操作步骤如下。

(1) 从 Windows 任务栏的"开始"菜单中选择"程序"选项，在其下级菜单 Ulead COOL 3D 3.5 的子菜单中单击"Ulead COOL 3D 3.5"命令，启动 COOL 3D。程序启动后主界面如 2.10 所示。如果是初次启动 COOL 3D，会在 COOL 3D 主界面上打开一个提示信息窗口，只要选中"不再显示这个提示"复选框，单击"确定"按钮，以后启动 COOL 3D 时程序将不会再出现此信息提示。

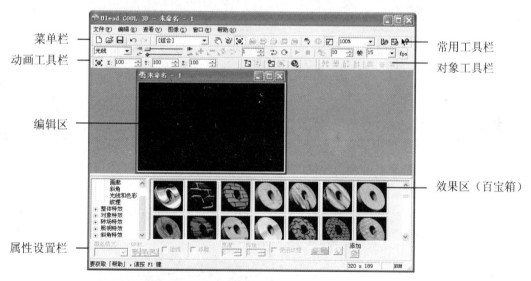

图2.10 COOL 3D 应用程序主界面

(2) 进入 COOL 3D 主界面后，程序在工作区中打开一个默认的未命名的空白图像文件窗口。若要调整文字图像的尺寸，则执行"图像"菜单中的"自定义"命令，在打开的"尺寸"对话框中设置图像的高宽尺寸，如图2.11 所示。

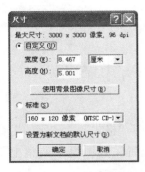

图 2.11 "尺寸"对话框

（3）单击图 2.12 所示的对象工具栏上的"插入文字"按钮，打开图 2.13 所示的"文字编辑"对话框，在文本输入区中输入文字，并选择字体和字号，也可以输入符号。输入完成后，单击"确定"按钮。此时，在图像编辑工作区就会显示输入的文字。

（4）单击图 2.14 所示的标准工具栏上的"缩放"按钮，可以缩放文字对象；单击"移动对象"按钮，鼠标变为手形，拖动图像，可以将文字对象移到合适位置；单击"旋转对象"按钮，鼠标变为环形箭头，拖动图像，可以使文字在空间旋转。

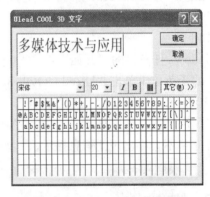

图 2.12 对象工具栏　　　图 2.13 COOL 3D 文字编辑框

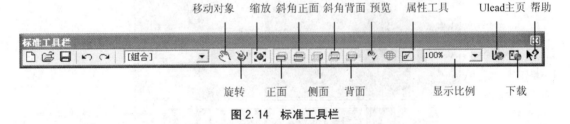

图 2.14 标准工具栏

（5）单击图 2.15 所示的文字工具栏上的"字间距"按钮或，可以调整文字间的间距。完成以上操作后，文字效果如图 2.16 所示。

图 2.15 文字工具栏　　　图 2.16 3D 文字效果图

（6）修改文字内容。单击图 2.12 所示的对象工具栏上的"编辑文字"按钮，可重新打开图 2.13 所示的 COOL 3D "文字编辑" 对话框，输入新的文字内容，如 "多媒体教学课件"，并把 "教学课件" 的字体设为 "华文行楷"，字号设为 22。

（7）执行 "编辑" 菜单中的 "文字分割" 命令，把工作区的当前文字图像分割成若干单独文字对象；接着执行 "查看" 菜单中的 "对象管理器" 命令，打开 "对象管理器" 窗口，如图 2.17 所示，在窗口中重新组合文字，把 "多媒体" 几个字合成为一个对象 "子组合 1"，把 "教学课件" 几个字合成为 "子组合 2"。

（8）在图 2.17 所示的 "对象管理器" 窗口中，分别选择各个子组合对象，然后单击常用工具栏上的 "移动对象" 按钮，分别调整文字图像在工作区上的位置。结果如图 2.18 所示。

图 2.17　"对象管理器" 窗口　　　　图 2.18　重新组合的 3D 文字效果图

（9）在效果区左边的效果类型列表中，单击 "工作室" 选项左边的加号将其展开，单击 "背景" 选项，在右边显示的背景图像的缩略样式图框中双击某个方框或直接拖曳缩略图可以为工作区添加 COOL 3D 内置背景图像，如图 2.19 所示。

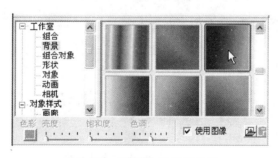

图 2.19　"背景" 效果工具栏

如果需使用外部图像文件作背景，则单击图 2.19 所示工具栏中的 "打开" 按钮，即可弹出 "打开" 对话框，如图 2.20 所示，从中挑选 JPG 或 BMP 格式的图像文件，然后单 "打开" 按钮，即可将外部图像调入作为文字背景。

（10）修饰文字。在效果工具区左边的效果类型列表中，单击 "对象样式" 选项左边的加号将其展开，选择 "光线与色彩" 选项，在右边色彩方框中双击某个色彩图例或直接拖曳该缩略图，可以为工作区中的当前文字对象设置合适的光线和色彩，并且还可通过光线与色彩的属性栏中的 "色调" 滑块和 "饱和度" 滑块微调色彩。光线与色彩的设置还可先从 "对象管理器" 窗口中分别选定子组合对象进行分别设置，不要让应用到各个子对象

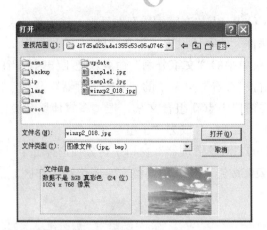

图 2.20 挑选背景图片的对话框

上的光线互相影响。用同样的操作方法也可分别为两个子组合对象设置"纹理效果"和"斜角效果"的艺术修饰。

（11）添加文字的阴影和光晕效果。在效果工具栏左边的效果类型列表中，单击"整体特效"选项左边的加号将其展开，选择"阴影"选项，从右边的阴影样式图例中挑选合适的阴影效果应用到文字对象上，然后在其属性栏进行微调，以达到满意的阴影效果，如图 2.21 所示。阴影位置通过工具栏中的 X、Y 偏移量设置；阴影颜色可单击"色彩"按钮，从打开的"颜色"对话框中设置，例如选中白色，阴影部分颜色即为白色。用同样的操作方法也可设置文字的光晕效果，"光晕"效果工具栏如图 2.22 所示。操作时应注意设置光晕的宽度、柔化边缘参数及色彩。本例中为了让光晕不影响文字的阴影，挑选色彩为灰色。完成以上设置后所得三维文字效果如图 2.23 所示。

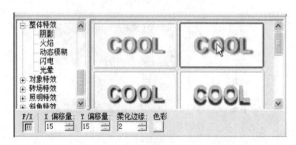

图 2.21 "阴影"效果工具栏

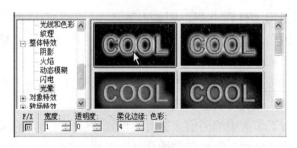

图 2.22 "光晕"效果工具栏

图 2.23 三维文字效果

（12）外挂特效的设置。执行"编辑"菜单的"外挂特效"命令，可以打开如图 2.24 所示的"外挂特效"对话框。在此，可对添加的对象特效、照明特效等进行管理。

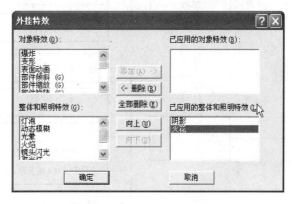

图 2.24 "外挂特效"对话框

（13）制作完成后，单击标准工具栏上的"保存"按钮，或执行"文件"菜单中的"保存"命令，打开"另存为"对话框。选择文件路径，输入文件名，单击"保存"按钮，即可将图像保存为 C3D 格式的文件。

如果执行"文件"菜单的"创建图像文件"命令，可选择以 BMP、GIF、JPEG、TCX 等图像格式保存为通常的图像素材文件；如果执行"文件"菜单的"创建动画文件"命令，可选择以 GIF 动画文件或 AVI 视频文件格式保存为视频素材文件。

2.3.3 文本媒体实例解析

实例 1 主要通过 Word 2013 实现文字的输入、基本编辑；字符和段落格式的设置；文本框、艺术字、自选图形的应用等功能。

实例 2 使用了 WPS 2013"双行合一"工具，可以实现将单行文字进行双行显示；并使用了"双行合一"对文字进行分行显示，通过在分行文字中间增加空格来细调。在本例中需要注意检查是否已经安装好需要的字体文件，在红头的制作中，一般使用小标宋或者魏碑字体。可以通过单击 WPS 文字工具栏中的字体，在弹出的下拉列表框中选择。如果没有找到，应先在 Windows 系统的"控制面板"中的"字体"窗口安装新的字体。安装好新的字体以后，必须要重启一下 WPS Office 2013，才能使之生效。

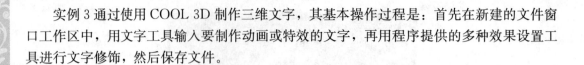

实例3通过使用COOL 3D制作三维文字，其基本操作过程是：首先在新建的文件窗口工作区中，用文字工具输入要制作动画或特效的文字，再用程序提供的多种效果设置工具进行文字修饰，然后保存文件。

2.4　本章小结

本章介绍了文本媒体的基本概念、文本媒体的获取和处理，本章知识结构图如图2.25所示。

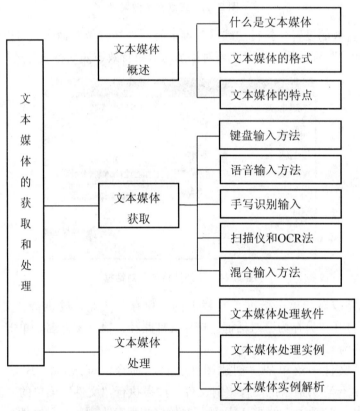

图2.25　本章知识结构图

思　考　题

1. 什么是文本媒体？
2. 文本媒体可以分为哪几种？举例说明对每种文本媒体用什么软件能够方便地创作。
3. 列举文本媒体的格式。
4. 文本媒体获取方法有哪些？
5. 常用文本媒体处理软件有几种？
6. 说明文本媒体的特点。

练 习 题

1-1 单项选择题

1. 所谓媒体是指( )。

A. 表示和传播信息的载体　　　　　　B. 各种信息的编码

C. 计算机输入和输出的信息　　　　　D. 计算机屏幕显示的信息

2. 在多媒体系统中，内存和光盘属于( )。

A. 感觉系统　　　　B. 传输媒体　　　　C. 表现媒体　　　　D. 存储媒体

3. 多媒体技术应用主要体现在( )。

A. 教育与培训　　　　　　　　　　B. 商业领域与信息领域

C. 娱乐与服务　　　　　　　　　　D. 以上都是

4. 表现形式为各种编码方式，如文本编码、图像编码、音频编码等的媒体是( )。

A. 感觉媒体　　　　B. 显示媒体　　　　C. 表示媒体　　　　D. 存储媒体

5. 多媒体计算机主要是指( )信息的计算机。

A. 能处理数值、字符、图形、声音、影像等

B. 用磁盘、光盘、磁带等存储

C. 用鼠标、键盘等多种设备输入

D. 用显示器、打印机等多种设备输出

6. 下列各组应用不是多媒体技术应用的是( )。

A. 计算机辅助教学　　B. 电子邮件　　　　C. 远程医疗　　　　D. 视频会议

1-2 填空题

1. 按照 ITU 的媒体划分方法，调制解调器属于＿＿＿＿＿媒体。

2. 文本、声音、＿＿＿＿＿、＿＿＿＿＿和＿＿＿＿＿等信息的载体中的两个或多个的组合构成了多媒体。

第 3 章

音频信息的获取

学习目标

☞ 了解音频数据的概念、特点和种类。
☞ 了解音频数据的采集及性能指标。
☞ 掌握音频数据获取的途径和方法。
☞ 了解常见音频文件的格式。
☞ 掌握音频格式的转换方法。

导入案例

声音通信

通过声音传递信息是昆虫的一种"语言"形式。昆虫虽然不能用嘴发出声音来，却可以充分运用身体上的各种发声器官来弥补这一不足。昆虫虽无镶有耳轮的两只耳朵，但它们有着极为敏感的听觉器官，如听觉毛、江氏听器、鼓膜听器等。昆虫的特殊发音器官与听觉器官密切配合，就形成了传递同种之间各种"代号"的声音通信系统。

我国劳动人民早已对不同种类昆虫声音通信的发声机理和部位有所认识。中国古籍《草木疏》上说"蝗类青色，长角长股，股鸣者也。"《埤雅》上说"苍蝇声雄壮，青蝇声清聒，其音皆在翼。"已明确地将不同昆虫的"声语"分为摩擦发声和振动发声。

东亚飞蝗的发声，是用复翅(前翅)上的音齿和后腿上的刮器互相摩擦所致。音齿长约1cm，共有约300个锯齿形的小齿，生在后腿上的刮器齿则很少，但比较粗大。要发声时，先用4条腿将身体支撑起，摆出发音的姿势，再把复翅伸开，弯曲粗大的后腿同时举起与复翅靠拢，上下有节奏地抖动着，使后腿上的刮器与复翅上的音齿相互击接，引起复翅振动，从而发出"嚓啦、嚓啦"的响声。

摩擦发声大多是由20～30个音节组成的，每个音节又由80～100个小音节组成。发出来的声音频率多在500～1000Hz，不同的音节代表着不同的信号。因此，音节的变换在昆虫之间的声音通信联络中有着重要作用。

据报道，家蝇翅的振动声音频率为147~200Hz。国内有人研究过8种蚊虫的翅振频率，不同种类、不同性别均不相同。8种蚊虫的翅振声频可达433~572Hz，而且雄性明显高于雌性。农民有句谚语："叫得响的蚊子不咬人"，就是这个道理，因为雄蚊是不咬人的。

大多数昆虫发出的声音是极小的，它们之间使用人类很难模拟的"语言"进行喃喃"私语"。但是，也有的昆虫能发出十分响亮的声音，蝉类就是它们的杰出代表了。雄蝉腹部有一个像大鼓一样的发声器，它们很像不知疲倦的"歌唱家"，夏季从清晨到夜晚到处都可以听到它们响亮的"歌声"。原来，仲夏季节蝉从地下钻到地面后，充其量也只能活到秋天。在短暂的一生中，它们不得不抓紧时间以没完没了的"歌唱"来召唤它的"情侣"（雌蝉）。有趣的是，蝉的种类不同，鸣叫时所发出的声波也不同，如夏蝉喜欢"引吭高歌"，而寒蝉的"歌唱"总带有低沉悲切的色调。这样一来，一种蝉的个体对另一种蝉发出的"求爱"歌声是不会给予理会的。就算是同一种蝉，假如雄蝉的"歌喉"出了毛病，由它"演唱"的"情歌"，也会失去对"情侣"的引诱力。此外，斗蟋蟀时胜利者的得意鸣叫，也许就是一种"凯歌"吧！

有发音器就有听觉器（耳朵）。昆虫的听器请参看"千差万别的耳朵（听器）"。昆虫中"声音语言"的巧妙运用与灵敏度，已有点像人类使用的"大哥大"和"BP机"，但其"语言"与听觉器官的相互作用是否已具有人类发音与收音之间的那种密切连带关系，还需进一步探讨。

音频是由于物体振动而产生的一种物理现象，人类通过听觉器官来感知这些音频信息。它是人们表达思想和情感时经常采用的一种媒体形式，是多媒体信息的重要组成部分。音频信息的获取主要包括3个方面：制作、采集和格式转换。

3.1 音频概述

3.1.1 模拟音频与数字音频

音频（audio）是指人类听觉神经感知范围内的声音频率，也称声频。人耳能听到声音的频率范围是20Hz~20kHz，声音是由物体振动产生的，振动越强，声音就越大。声源振动通过空气等介质，以机械波的形式把这种振动传向远方，形成声波。声波传入人的耳朵，促使耳膜产生振动，这种耳膜的振动被传导到人的听觉神经，就产生了对"声音"的感觉。

例如话筒把机械振动转换成电信号，声音用电信号表示时，其强弱以模拟电压的幅度来表示，音调的高低体现在声音的频率上。声音信号在时间和幅度上都是连续的，称为模拟音频信号。

模拟音频信号有以下几个特点。

1. 模拟音频信号的频率范围

模拟音频信号由许多频率不同的信号组成，每个信号都有各自的频率范围，称为"频域"或"频带"。声音按频率划分，可分为亚音频、音频、超音频和过音频。频率分类的意义主要是为了区分音频声音和非音频声音。人耳可听到的声音频率在 20Hz～20kHz 之间，称为"可听域"。频率低于 20Hz 的声音信号称为"亚音频"（infrasound），频率范围在 20kHz～1GHZ 的声音信号称为"超音频"（ultrasound），频率范围在 1GHz～1THz 的声音信号称为"过音频"（hypersound）。多媒体技术所处理的声音信号主要是 20Hz～20kHz 的音频信号，它包括音乐、语音及自然界的各种声响。另外，不同种类的声源频带是不同的，例如人类语音频带在 100Hz～10kHz；电话声音频带在 200～3400Hz；电台调幅广播 AM 频带在 50Hz～7kHz；电台调频广播 FM 在 20Hz～15kHz。由此可见，频带越宽，声音的表现力越好。

2. 模拟音频的连续性

模拟音频在时间上和幅值上都是连续变化的信号，连续波形上的任何一点都代表了特定的声音信息，构成声音前后数据之间具有强相关性。例如模拟录音过程采用电磁信号对声音波形进行模拟记录，先将声音波形转换为强弱连续变化的电流信号，当电流通过录音磁头上的线圈时，线圈周围就产生强弱变化的磁场。因此，模拟音频的连续性对于声音处理过程提出了很高的要求。

3. 模拟音频抗干扰能力差

模拟信号噪声容限较低，抗干扰能力差，容易引起失真和噪声。噪声是影响模拟音频录音质量的重要原因。

与自然界中的模拟音频信号不同，计算机中涉及的音频是指数字音频。计算机在处理声音时，使时间上连续变化的波形声音变为一串 0、1 组成的数字序列。与模拟音频信号相比，数字音频信号具有很多优势，主要体现在以下几方面。

（1）在声音存储方面。模拟音频记录在磁带或者黑胶片等模拟介质中。模拟介质难保存、易老化，造成音质下降。同时，磁带的存储效率很低，音频录制往往需要大量的磁带介质进行存储，成本很高。数字音频可以文件的形式存储在光存储介质或磁存储介质中，可以长期保存，并且存储成本低。

（2）在声音处理方面。模拟音频录制难度高，需要尽量做到一次成功，后期处理难度大。然而，数字音频技术在后期音频处理过程中，可以非常容易地进行多种修正以及加工。

（3）在声音压缩方面。模拟音频技术在尽量不损失音质的前提下，最多可以实现 1：2 的压缩比率，而数字音频压缩比率高达 1：13。模拟音频的压缩率很难提高，数字音频的压缩优势明显。例如目前流行的 MP3 音频格式，压缩率达到 10％左右的同时还能保持良好的音质，出色的压缩技术使音乐能够快速在因特网上传播。

总之，数字音频是一个用来表示声音强弱的数据序列，数字音频信号具备抗干扰能力强、无噪声积累、长距离传送，无失真等特点，目前已被广泛使用。

3.1.2 音频信号数字化过程

为使计算机能处理音频，必须对声音信号数字化。音频的数字化是指把模拟音频信号转化为数字音频信号的过程。通过对模拟音频进行采样、量化、编码 3 个过程，实现对音频信号的模/数（A/D）转换，形成数字音频信号。

1. 采样(Sampling)

模拟声音在时间上是连续的，而数字音频是一个数字序列，在时间上只能是断续的。因此当把模拟声音变成数字声音时，需要每隔一定的时间间隔从模拟声音波形上抽取出一个信号幅度样本值，把连续的模拟量用一个个离散的点来表示，使其成为时间上离散的脉冲序列，此过程称为采样，采样的时间间隔称为采样周期。采样频率是每秒钟所抽取声波幅度值样本的次数，单位为 kHz。根据奈奎斯特采样定理，只要采样频率大于或等于音频信号中最高频率成分的两倍，信息量就不会丢失，也就是说，只有采样频率高于声音信号最高频率的两倍时，才能把数字信号表示的声音还原为原来的声音(即原始连续的模拟音频信号)，否则就会产生不同程度的失真。常用的音频采样率有：8kHz、11.025kHz、22.05kHz、16kHz、37.8kHz、44.1kHz、48kHz。一般来说，采样频率越高声音失真越小，但相应的存储数量也越大。因此需要根据不同的应用范围来选择采样频率。

2. 量化(Quantization)

模拟信号抽样后变成时间上离散的信号，但仍是模拟信号。抽样后的信号必须经过量化才能成为数字信号，量化是指把经过采样得到的瞬时值的幅度离散，即用一组规定的电平把瞬时抽样值用最接近的电平值来表示，用有限个幅度值近似原来连续变化的幅度值。

3. 编码(Coding)

编码是指将已经量化的信号幅值用二进制数码表示。在一般的多媒体音频处理中，需要将数字化后的音频信号进行压缩编码，使其成为一定字长的二进制数字序列，并以这种形式在计算机内传输和存储，最后由解码器将二进制编码恢复成原来的音频信号。

3.1.3　数字音频的质量与数据量

影响数字音频信号质量的技术指标主要包括采样频率、量化位数、声道数和编码算法。

1. 采样频率

采样频率是对声音波形每秒钟进行采样的次数。人耳听觉的频率上限在 20kHz 左右，根据采样定理，为了保证声音不失真，采样频率应在 40kHz 左右。采样频率越高，声音失真越小、音频数据量越大。

2. 量化位数

只有频率信息是不够的，还必须记录声音的幅度。采样频率是针对每秒钟所采样的数量，而量化位数则是对于声波的"振幅"进行切割，形成类似阶梯的度量单位。所以，如果说采样频率是对声波水平进行的 X 轴切割，那么量化位数则是对 Y 轴的切割，切割的数量是以最大振幅切成 2 的 n 次方计算，n 就是 bit 数。例如每个声音样本如果用 8bit 表示，则振幅的计量单位便会成为 256 阶；若是 16bit，则振幅的计量单位便会成为 65536 阶。越多的阶数就越能精确描述每个采样的振幅高度。如此，也就越接近原始声波的"能量"，还原的声音也就越接近原始的声音了。

量化位数就是记录声音样本幅值所用数据的位数。量化位数 n 决定了量化等级 M，即 $M=2n$。例如，量化位数为 8(8 位二进制数)，则记录振幅时，从最低音到最高音将音频信号的振幅轴分为 $2^8=256$ 个级别量化数据。

3. 声道数

声音通道的个数称为声道数，是指一次采样所记录产生的声音波形个数。记录声音时，如果每次生成一个声波数据，称为单声道；每次生成两个声波数据，称为双声道(立体声)。随着声道数的增加，所占用的存储容量也成倍增加。

4. 编码算法

编码算法的作用有两个：一是采用一定的格式来记录数据，二是采用一定的算法来压缩数据。压缩比是压缩编码的基本指标，表示压缩的程度，是压缩后的音频数据量与压缩前的音频数据量的比值。压缩程度越大，信息丢失越多，信号还原后失真越大。根据不同的应用，应该选用不同的压缩编码算法。

采样频率、量化位数和声道数对声音的音质和占用的存储空间起着决定性作用，见表 3-1。

表 3-1 采样频率、量化位数、声道数

声音质量	采样频率/kHz	量化位数/bit	单声道/双声道	数据量/(Mb/min)
电话音质	8	8	1	0.46
AM 音质	11.025	8	1	0.63
FM 音质	22.05	16	2	5.05
CD 音质	44.1	16	2	10.09
DAT 音质	48	16	2	10.99

人们希望音质越高越好，磁盘存储空间越少越好，这本身就是一个矛盾。必须在音质和磁盘存储空间之间取得平衡。数据量与上述三要素之间的关系可用下述公式表示：

$$数据量(bps) = \frac{采样频率(Hz/s) \times 量化位数(bit) \times 声道数}{8}$$

【例 3-1】假定语音信号的带宽是 50Hz～10kHz，而音乐信号的带宽是 15Hz～20kHz。采用奈奎斯特频率，并用 12bit 表示语音信号样值，用 16bit 表示音乐信号样值，计算这两种信号数字化以后的比特率以及存储一段 10 分钟的立体声音乐所需的存储器容量。

解 语音信号：取样频率=2×10kHz=20kHz

比特率=20kHz×12=240Kbps

音乐信号：取样频率=2×20kHz=40kHz；

比特率=40kHz×l6Kbps×2=1280Kbps(立体声)

最后得出所需存储空间=1280Kbps×600s/8=96MB

3.1.4　常见数字音频文件格式

在多媒体音频技术中，存储声音信息的文件有多种格式，如 WAV、MIDI、MP3、RM、VQF 等。

1. WAV 格式

WAV 格式的文件又称波形声音文件，是微软公司开发的一种声音文件格式，是最早的数字音频格式。它是用不同的采样率对声音的模拟波形进行采样得到的一系列离散的采样点，以不同的量化位数(16 位、32 位或 64 位)把这些采样点的值转换成二进制数得到的。WAV 是数字音频技术中最常用的格式，它还原的音质较好，但所需存储空间较大。

2. MIDI 格式

MIDI 是 Musical Instrument Digital Interface(乐器数字接口)的缩写。它利用数字信号处理技术合成各种各样的音效，如模仿钢琴、小提琴、小号等各种音色。它是由世界上主要电子乐器制造厂商建立起来的一个通信标准，自从 1988 年正式提交给 MIDI 制造商协会，便成为数字音乐的一个国际标准。MIDI 标准规定了电子乐器与计算机连接的电缆硬件以及电子乐器之间、乐器与计算机之间传送数据的通信协议等规范。任何电子乐器，只要有处理 MIDI 信息的处理器和适当的硬件接口，都能变成 MIDI 装置。MIDI 间靠这个接口传递消息(message)，消息是乐谱(score)的数字描述。乐谱由音符序列、定时和合成音色(patches)的乐器定义所组成。当一组 MIDI 消息通过音乐合成芯片演奏时，合成器解释这些符号，并产生音乐。MIDI 文件记录的是一系列指令而不是数字化后的波形数据，所以它占用存储空间比 WAV 文件要小很多。MIDI 音乐播放效果与硬件有很大关系，同一首 MIDI 音乐在不同声卡上有很大差别。因此 MIDI 文件广泛应用于手机铃声等对音质要求不高且对存储空间有严格限制的场合。MIDI 文件的扩展名为 .mid，可用 Cakewalk 等音序器软件进行编辑和修改。与波形文件相比，MIDI 文件的音色比较单调，层次感稍差，表现力不够。

3. MP3 格式

MP3 是一种有损压缩的格式，是通过把音频信息中人耳不易识别的高频和低频删除来完成对音频数据的压缩处理的，其技术采用 MPEG Layer 3 标准对 WAVE 音频文件进行压缩而成，特点是能以较小的比特率、较大的压缩率达到近似于 CD 的音质。其压缩率可达 1∶12，每分钟音乐的 MP3 格式文件大小只有 1MB 左右，这样每首歌的大小只有 3～4 兆字节。正是因为 MP3 体积小，音质高的特点使它几乎成为网上音乐的代名词。

4. WMA 文件

WMA 是 Windows Media Audio 的缩写，意为 Windows 媒体音频。Windows Media 格式是微软开发的多媒体编码技术，它包括音频、视频和脚本数据文件，可用于创作、存储、编辑、分发、流式处理或播放基于时间线的内容。WMA 文件可保证在只有 MP3 文件一半大小的前提下，保持相同的音质。

5. RM 格式

RM 是 RealMedia 文件的简称。Real Networks 公司所制订的音频视频压缩规范称为 RealMedia，是目前在 Internet 上相当流行的跨平台的客户/服务器结构多媒体应用标准，它采用音频/视频流和同步回放技术来实现在 Intranet 上全带宽地提供最优质的多媒体，同时也能够在 Internet 上以 28.8Kbps 的传输速率提供立体声和连续视频。

6. CDA 格式

CDA 格式是 CD 音乐格式，取样频率为 44.1kHz，16 位量化位数，CDA 格式记录的是波形流，是一种近似无损的格式。这只是一个索引信息，并不是真正的包含声音信息，所以不论 CD 音乐的长短，在计算机上看到的"∗.cda"文件都是 44 字节长。不能直接复制 CD 格式的"∗.cda"文件到硬盘上播放，需要使用抓音轨软件把 CD 格式的文件转换成 WAV 格式，这个转换过程如果光盘驱动器质量过关而且转换软件参数设置得当的话，基本上可以说抓取的音频是无损的。

3.2 音频卡的工作原理

音频卡(Sound Card)即声卡，是计算机的一种输入输出设备，是负责录音、播音和声音合成的计算机硬件插卡。根据多媒体计算机(Multimedia Personal Computer，MPC)的技术标准，音频卡是多媒体设备中最基本的组成部分，是实现声波(模拟信号)和数字信号相互转换的硬件电路。声卡把来自话筒、磁带、光盘的原始声音信号加以转换，输出到耳机、扬声器、扩音机、录音机等声响设备，或通过音乐设备数字接口(MIDI)使乐器发出美妙的声音。

3.2.1 音频卡的功能

第一块音频卡是在 1987 年由 Adlib 公司设计制造的，当时主要用于电子游戏，作为一种技术标准，它几乎被所有电子游戏软件采用。开发生产音频卡的公司很多，其中最有影响的是新加坡创新科技有限公司(Creative Labs. Inc.)。该公司开发的产品 Sound Blaster 系列音频卡，是集语音与音乐为一体的多媒体音频卡。它广泛地被世界各地微机产品选用，并逐渐形成这一领域新的标准。它不但具有优良稳定的硬件特性，而且还有丰富的软件。尽管目前世界各国开发了很多品牌的音频卡，但大多数都声明与 Sound Blaster 兼容。因此，它已成为多媒体计算机公认的音频接口标准。Creative 公司推出的音频卡的型号很多，其中 Sound Blaster Live 是环境音响效果平台，通过环境音响效果技术进行环绕音响渲染，产生栩栩如生、身临其境的音响效果，使人如置身于乐队中。音频卡的出现不仅为计算机进入家庭创造了条件，而且也有力地推动了多媒体计算机技术的发展。

音频卡使计算机能够接收、处理、播放音频信息。它的主要功能包括：音频的录制与播放、编辑与合成处理、MIDI 接口、文语转换、语音识别等。

1．录制与播放

通过音频卡，人们可以将外部的声音信号录入计算机，并以文件的形式保存。需要播放时，只要调出相应的声音文件，就像普通录放机一样，从而使计算机既具有图像显示又有声音输出。这样，为许多游戏软件和外语学习软件增加了演示效果。音频卡还可以与CD-ROM驱动器相连，实现对CD唱片的播放，如果再配上一对功放音箱，将使计算机具有组合音响的功能。

2．编辑与合成

音频卡就像一部音频编辑器，它可以对声音文件进行多种特殊效果处理，包括倒播、增加回音、静噪、淡入淡出、往返放音、交换声道以及声音由左向右或由右向左移位等。还可以对数字化的声音文件进行编辑加工，以达到某一特殊的效果。

3．提供MIDI功能

MIDI是乐器数字接口的标准，它规定了电子乐器与计算机之间相互进行数据通信的协议。通过软件，计算机可以直接对外部电子乐器进行控制和操作。音频提供的MIDI功能，使计算机可以控制多台具有MIDI接口的电子乐器。同时，在驱动程序的控制下，声卡将以MIDI格式存放的文件输出到相应的电子乐器中，发出相应的声音。

MIDI音乐存放成MID文件比以WAV格式存放的文件更节省空间。MIDI文件也能被编辑和播放，甚至可在计算机上作曲，通过喇叭播放或控制电子乐器。

4．文语转换和语音识别

文语转换就是把计算机内的文本转换成声音。一般音频卡都提供英语文语转换软件。清华大学计算机系开发了汉语文语转换软件，它可以在流行的音频卡上运行。该软件可以将计算机内的文本文件或字符串转换为汉语普通话。它以句子为输出单位，句内按词停顿。通过文语转换软件，利用语音合成技术，人们可以通过声卡朗读文本信息，如读英语单词和句子、说英语、奏音乐。在特别软件支持下，还可以让计算机朗读文本。由于这些朗读的声音是合成的，所以这些语音听起来往往不那么自然。

有些音频卡提供语音识别软件，如Sound Blaster卡上的Voice Assist、Microsoft Sound System卡上的Voice Pilot软件。这两个软件都是特定人的命令识别系统。通过这个软件可以利用语音来控制计算机或执行Windows下的命令。语音识别软件具有初步的语音识别功能，能够让用户用口令指挥计算机工作。语音合成使人能够听到计算机的声音，相反，语音识别能使计算机识别出人的声音。通过特别的软件，人用语音就可以完成输入或控制计算机执行命令。

3.2.2　音频卡的组成

1．音频卡的主要组成部分

（1）声音的合成与处理。这部分是音频卡的核心，它由数字声音处理器、FM音乐合成器及MIDI控制器组成。它的主要任务是完成声波信号的模/数或数/模转换，利用调频技术控制声音的音调、音色和幅度。

（2）混合信号处理器及功率放大器。音频卡内置数字/模拟混音器，混音器的声源可以是 MIDI 信号、CD 音频、线性输入、话筒和 PC 的扬声器等，用户可以选择输入一个或将几个不同声源进行混合录音。立体声数字化声道可编程设定 16 位或 8 位数字化立体声或单声道模式，可编程设定采样频率，使用高、低 DMA 通道进行录音和放音；可选用动态滤波器进行数字化音频录音和回放。麦克风输入和扬声器输出都有功率放大器，可外接音频放大器。MIDI 设备的数字化音频、CD 音频、线路输入、话筒和扬声器等，可以通过软件控制其音量。

（3）计算机总线接口和控制器。早期的音频卡是 ISA 总线接口，现在，音频卡采用 PCI 总线接口。总线接口和控制器由数据总线双向驱动器、总线接口控制逻辑、总线中断逻辑及 DMA 控制逻辑组成。总线接口控制逻辑包括：地址比较选中、地址选通、数据选通、读/写信号、地址锁存、总线使能以及总线错误等信号。音频卡可以通过跨接线设定基本 I/O 地址、中断向量、直接存储器存取通道 3 个参数，避免与主机其他板卡冲突。音频卡与其他设备的连接如图 3.1 所示。

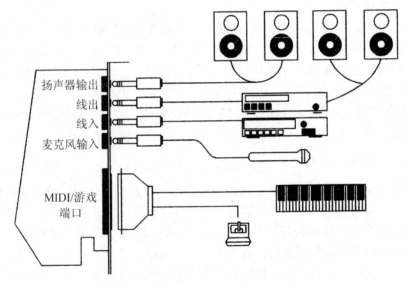

扬声器输出
线出
线入
麦克风输入

MIDI/游戏
端口

图 3.1 音频卡与其他设备的连接

2. 音频卡的安装步骤

假设已经有一块音频卡，现在要将它安装到计算机中，具体的安装步骤如下。

（1）硬件安装。

① 将计算机电源关闭，拔下供电电源和所有外接线插头。

② 打开计算机机箱，选择一个空闲的 16 位扩展槽并将音频卡插入扩展槽。一般将音频卡远离显示卡，以防止两者相互干扰。

③ 连接来自 CD-ROM 驱动器的音频线及音频卡的输入/输出线和游戏棒等。如果需要，将 CD-ROM 驱动器的接口电缆插在卡上相应接口上，并将 CD-ROM 的音频输出线接到声音卡的针型输入线上。

④ 连接麦克风、外部音源等其他设备。

⑤ 盖上机箱外壳，并将电源插头插好。

硬件安装完毕后，有时要使用随卡所带的光盘进行软件安装。

（2）软件安装。

软件的安装包括驱动程序的安装和应用程序的安装。

通常，声卡的驱动程序包括波形声音的驱动程序、MIDI 音乐的驱动程序和游戏杆驱动程序。这些驱动程序由声卡生产厂家提供。购买声卡时，都带有声卡的驱动程序。

驱动程序可以有自动安装和手动安装。具有即插即用功能的声卡在 Windows 操作系统中都可以自动安装。在计算机系统中安装好声卡后，只要一开机，操作系统会自动识别新硬件，根据屏幕提示进行安装操作后，系统出现提示窗口，选择"从光盘安装"选项，把厂家提供的驱动程序光盘插入驱动器后，即可安装驱动程序。

如果系统不支持即插即用，则可以用手工安装。手工安装时，首先要从"控制面板"中选择"添加新硬件"选项，然后按照类似于自动安装的步骤完成安装过程。

购买音频卡时，通常都带有音频卡的应用程序，需要安装才能使用。这些应用程序主要用于测试、调节、混音等。用户可以根据自己的需要进行选择安装。安装方法非常简单，启动计算机后运行相应的安装程序(setup. exe 或 install. exe)即可。现在大多数 PC 已经集成了音频卡，不需要单独购买，但对于专业人士以及"发烧友"还是可以购买的。

3.2.3 音频卡的分类

1. 按应用环境分类

按照音频卡的应用环境，音频卡基本可以分为 DOS/GAME 和 Windows 两种环境。这两种音频卡分别以 Sound Blaster 和 Windows Sound System 为代表。前者，即 Sound Blaster 是 GAME 音频卡的事实标准，几乎所有的 DOS 环境下的游戏都支持 Sound Blaster。而在 Windows 环境下，Windows Sound System 无疑就是标准，它以多媒体计算机为背景，由 Microsoft 公司提出，目的是统一音频卡的标准，最终为应用提供方便。

2. 从技术角度分类

从音频卡所采用的技术上来看，音频卡主要可分为 3 类：第一类是以 DSP 技术为基础的音频卡，第二类是全硬件音频卡，第三类是结合第一类和第二类两种音频卡的优点的声卡。

3. 根据采样和量化的位数分类

根据采样量化的位数，常用的有 8 位、16 位和 32 位音频卡。位数越高，量化精度越高，质量越好。

3.2.4 音频卡的原理

音频卡的工作原理其实很简单，我们知道，音频卡从话筒中获取模拟声音信号麦克风和扬声器所用的都是模拟信号，而计算机所能处理的都是数字信号，两者不能混用，音频卡的作用就是实现两者的转换。从结构上分，音频卡可分为模/数转换电路和数/模转换电路两部分，模数转换电路负责将麦克风等声音输入设备采到的模拟声音信号转换为计算机能处理的数字信号，音频卡从话筒中获取模拟声音信号，通过模/数转换器(ADC)，将声波振幅信号采样转换成一串数字后存储到计算机中。而数/模转换电路负责将计算机使用的数字声音信号转换为扬声器等设备能使用的模拟信号，将存储到计算机中的数字信号送

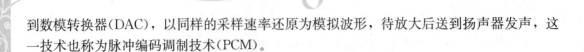

到数模转换器(DAC)，以同样的采样速率还原为模拟波形，待放大后送到扬声器发声，这一技术也称为脉冲编码调制技术(PCM)。

3.3 音频信息的获取概述

3.3.1 音频信息的获取途径

音频数据的获取方法主要有以下几种。

1. 使用音频卡采集声音信息

要录制音质好的声音，有两个途径，一是使用性能优异的录音设备，二是采用较高的采样频率。对于常规录音而言，具有良好的信噪比的专用录音设备和录音环境是保证音质的必要条件。如果采用计算机进行录音，应配备质量较好的声卡和麦克风。通过计算机中的音频卡，从麦克风中采集语音生成 WAV 文件，如制作课件中的解说语音就可采用这种方法。

录制声音的一个重要指标是采样频率，采样频率越高，录制的声音质量越好，但记录声音的数据量也随之增大。声道形式也是数字化声音的主要指标，当声道形式是立体声时，数据长度大于单声道形式。一般情况下，语音采用单声道形式，音乐采用立体声形式，在要求不高的场合，音乐也可以采用单声道形式。不论是采样频率还是声道形式，人们总是追求最高质量的音频信号，这导致声音文件的数据量非常大，而存储空间紧张就成了大问题。声音的处理要在占用空间和音质之间寻求最佳点，在满足起码的音质要求的同时，降低采样频率，能大幅度减少数据量。

2. 从录音磁带中采集音频

如果需要把磁带机上面的资源采集到计算机中，就需要把磁带机和计算机的线路(LINE OUT 和 LINE IN)连接在一起，需要注意的是很多普通的磁带机并没有提供线路输出口(LINE OUT)。

3. 从 CD 中采集音频

如今的多媒体计算机一般都有一个光盘读取设备 CD-ROM，可以直接通过 CD-ROM 读取 CD 光盘中的音频信息，不再需要通过音频采集卡进行 CD 资源的采集。

4. 采集视频中的音频

在看 VCD 或欣赏 MTV 时，如果有好听的声音，如精彩的电影独白、经典的曲调、流行音乐等，都可以把它取出来进行加工处理，变成极其美妙的声音。使用专门的软件可以从 VCD 光盘中的 DAT 文件中或 MPEG2 文件中提取需要的音频文件，抓取 VCD 光盘中的音乐，生成声源素材。再利用声音编辑软件对声源素材进行剪辑、合成，最终生成所需的声音文件。不少音频播放、编辑软件如 Cool Edit Pro，Adobe Audition 2.0 等都具有这种编辑功能。

5. 通过 Internet 获取音频资源

目前可以从互联网上搜索和下载大量的免费音频素材。主流的搜索引擎，如百度、谷歌、搜狗等，基本上都提供专门的音乐搜索。除此之外还可以通过专门的音频资源网站下载。

6. 声音文件格式的转换

除 WAV 和 MIDI 格式外，还有如 MP3、VQF 等其他高压缩比的格式，可以采用软件使各种声音文件进行格式的转换。

3.3.2　音频信息获取实例

Windows 录音机是 Windows 附件娱乐组件的一个实用音频工具。使用"录音机"可以录制、混合、播放和编辑声音文件(.wav 文件)，也可以将声音文件链接或插入到另一文档中。以下分别用几个具体的实例来说明音频信息获取的常用方法。对于自然声音，只能通过直接录音获得。在没有高级录音设备，没有安装专门的音频处理软件的情况下，使用 Windows 系统自带的"录音机"，就能实现录音和放音。使用"录音机"不但可以录制，而且还可以混合、播放和编辑声音。下面是录音的具体操作步骤和方法。

实例 1　使用 Windows 的"录音机"录制话筒声音。

(1) 录音准备。

① 确保麦克风能正常工作，将麦克风的插头插入音频卡的麦克风(MIC)插座，然后试一下麦克风，确保在音箱中能听到麦克风中传出的声音。

如果听不到麦克风中的声音，则执行"开始"｜"程序"｜"附件"｜"娱乐"｜"音量控制"命令取消选中麦克风选项下的"静音"复选框，然后试一下有没有声音。

注意，试好声音以后，要将麦克风选项下的静音重新设置好。同时，可以调节一下麦克风的音量。方法是在"主音量"窗口，选择"选项"菜单中的"属性"命令，将"调节音量"从"播放"改成"录音"，单击"确定"按钮后，可将"音量控制"窗口改成"录音控制"窗口。一般，音量设置在第六级，音量不要太小，否则，因为录音时输入的音量太小，录制好的声音回放时效果不好。

② 启动"录音机"程序，执行"开始"｜"程序"｜"附件"｜"娱乐"｜"录音机"命令。Windows 下的"录音机"程序的操作界面与真实的录音机非常相似，使用非常直观和方便。底部从左到右，依次为"倒带"、"快进"、"播放"、"停止"和"录音"按钮。录音机的最大录音能力为 60s，如图 3.2 所示。

(2) 设置录音控制。具体操作如下。

① 打开"主音量"窗口，如图 3.3 所示。操作方法是右击任务栏中的"音量"图标，在弹出的快捷菜单中单击"打开音量控制"命令；或者单击"开始"｜"程序"｜"附件"｜"娱乐"｜"音量控制"命令。

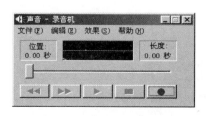

图 3.2　"声音-录音机"窗口

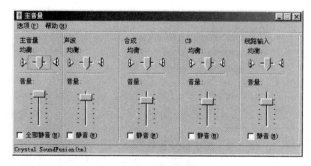

图 3.3　"主音量"窗口

② 在图 3.3 所示的"主音量"窗口中，执行"选项"菜单下的"属性"命令，弹出
"属性"对话框，如图 3.4 所示。在该对话框中选择"录音"单选按钮后，单击"确定"
按钮，关闭该对话框，同时弹出"录制"对话框，如图 3.5 所示。

图 3.4 "属性"对话框

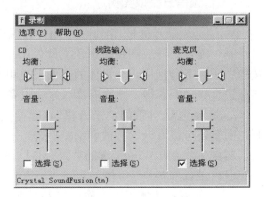

图 3.5 "录制"对话框

③ 在图 3.5 所示的"录制"对话框中，录制话筒声音前，选中"麦克风"选项组下
面的"选择"复选框，即将其置成对勾，关闭该对话框。

（3）开始录音，操作步骤如下。

① 在"声音-录音机"窗口，单击"录音"按钮 ，对着麦克风说话，即可完成录
音工作，如图 3.6 所示。讲话时，在操作界面上可以看到声音的波形和当前已经录制的时
间。屏幕上"Wave"框会显示声音的波形，即所发出的每个音调。如果设置正确，在窗
口中间的波形显示窗内可以看见有波形图随声音的变化而变化，表示已将声音录制下来。
用 Windows 录音机录制音频文件时一次能录的时间为 60s，当录制时间大于 60s 后，单击
"录音"按钮继续录制。讲完后，单击"停止"按钮 ，则结束录音。

② 保存录音，在"录音机"程序操作界面选择"文件"菜单中的"保存"命令，在
弹出的对话框中输入声音文件名，然后保存，就可以将已经录入的声音以 WAV 文件的格
式保存在指定的位置，如图 3.7 所示。

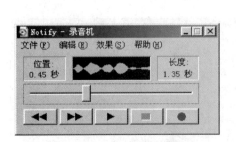

图 3.6 录音机录音界面

图 3.7 保存录音对话框

实例 2　录制一段 CD 光盘声音。

操作步骤如下。

Windows XP 系统可以将声音或音乐从光盘上录制到硬盘。这需要同时使用"CD 播放器"和"录音机"程序来实现。从光盘上录音的步骤如下。

（1）调整 CD 音频的录音音量，执行"开始"｜"程序"｜"附件"｜"娱乐"｜"音量控制"命令，将"音量控制"改成"录音控制"，设置 CD 音频的录音音量。为了保证 CD 音频录音时的质量，应该将"麦克风"、"线路输入"和"MIDI"等选项组下的"选择"复选框取消选中，只保留"CD 音频"复选框被选中。

（2）确保 CD-ROM 驱动器能正常地播放 CD 唱片，将准备录音的 CD 唱片放入 CD-ROM 驱动器中，然后执行"开始"｜"程序"｜"附件"｜"娱乐"｜"CD 播放器"命令。

"CD 播放器"的操作界面上主要包括了"放音"、"暂停"、"停止"、"前一曲"、"快退"、"快进"、"下一曲"和"出盒"等按钮。可以单击"放音"按钮试听一下。

（3）开始录音。同时运行"CD 播放器"和"录音机"程序，如果要录制 CD 音频中的某一段音乐，可以先"播放"，然后"暂停"，再通过"快进"、"快退"等按钮，定位于准备录音的起始位置。

先单击"录音机"程序界面中的"录音"按钮，然后单击"CD 播放器"程序界面中的"放音"按钮，即可将正在播放的 CD 音频录制下来。

录制结束时，应该先停止"录音机"程序再停止"CD 播放器"程序。

（4）保存已经录制的 CD 音频，方法同上。

实例 3　使用 Windows 的"录音机"录制计算机播放的声音。

录制计算机播放的声音，与录制外来音源的操作基本相同，只是录音输入源的设置上有所不同，需要在"属性"对话框中选中"立体声混音"复选框，在"录音控制"对话框中，选中"立体声混音"选项组下面的"选择"复选框，将其置为对勾，见图 3.8 和图 3.9。

图 3.8　录音"属性"对话框

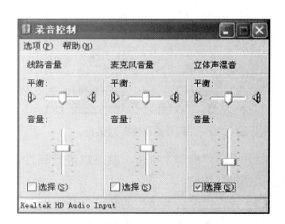

图 3.9　"录音控制"对话框

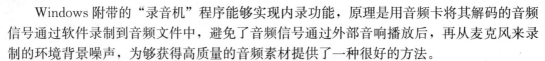

Windows 附带的"录音机"程序能够实现内录功能,原理是用音频卡将其解码的音频信号通过软件录制到音频文件中,避免了音频信号通过外部音响播放后,再从麦克风来录制的环境背景噪声,为够获得高质量的音频素材提供了一种很好的方法。

实例 4 声音文件属性的转换。

1)在录制一个声音文件时,影响声音质量的主要因素

(1)是以单声道还是以立体声录音。以立体声录制的声音比单声道录制的声音更逼真,但存储立体声声音文件需要两倍于单声道的存储空间。

(2)是用 8 位模式还是用 16 位模式录音。现在的声卡都是 16 位或 32 位的声卡,可以任选 8 位或 16 位中的一种模式进行录音。以 8 位模式录音生成的声音文件较小,但听起来的声音效果没有 16 位模式录制的声音效果好。

(3)是以 11kHz、22kHz 还是 44kHz 的采样频率录音。以 44kHz 的采样频率能录制出最好的声音,生成的声音文件比较大,以 11kHz 或 22kHz 的采样频率录音,声音效果不十分好,但声音文件比较小。

2)声音文件属性的转换步骤

对一个已经录制好的声音文件,可以改变上述声音的 3 个属性。使用 Windows XP 系统中的"录音机"程序,可以实现声音文件属性的转换,其转换步骤如下。

(1)启动"录音机"程序,并打开需要转换属性的声音文件。

(2)执行"录音机""文件"菜单中的"属性"命令。在弹出的"声音的属性"对话框中,单击"开始转换"按钮,如图 3.10 所示。

(3)在弹出的"选择声音"对话框中,在"属性"下拉列表中选择合适的声音"属性",从"8000Hz,8 位,单声 8KB/s"到"44100Hz,16 位,立体声 172KB/s"中任选一个属性进行转换,如图 3.11 所示。

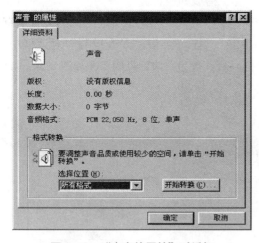

图 3.10 "声音的属性"对话框

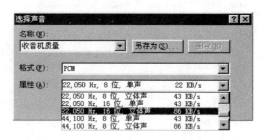

图 3.11 "选择声音"对话框

(4)单击"确定"按钮,就可以进行属性的转换。然后回到"声音的属性"对话框,单击"确定"按钮。

(5)保存已经转换属性的声音文件。当然,除了 Windows 系统自带的"录音机"程序外,还有很多软件可以完成录音操作,如 Sound Forge、GoldWave 和 Cool Edit 等。下面以 Cool Edit 为例来录制声音。

Cool Edit 2000 是一个功能强大的音乐编辑软件，能高质量地完成录音、编辑、合成等多种任务，只要拥有它和一台配备了声卡的计算机，也就等于同时拥有了一台多轨数码录音机、一台音乐编辑机和一台专业合成器。

实例 5 使用 Cool Edit 2000 制作自唱歌曲。

（1）打开 Cool Edit 2000 进入多音轨界面，右击音轨 1 空白处，插入所要录制歌曲的 MP3 伴奏文件，WAV 格式文件也可，如图 3.12 所示。

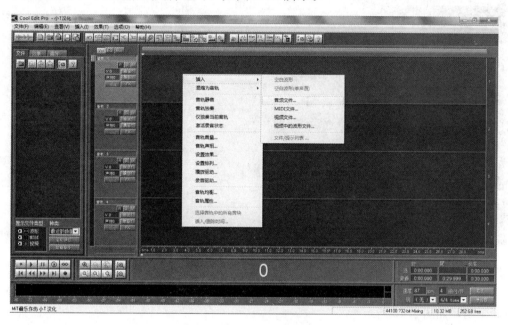

图 3.12　插入伴奏音乐

（2）选择将声音录在音轨 2，单击"R"按钮，如图 3.13 所示。

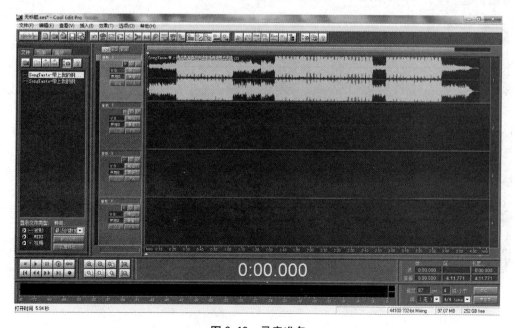

图 3.13　录音准备

（3）单击左下方的红色"录音"按钮，跟随伴奏音乐开始演唱和录制，如图 3.14 所示。

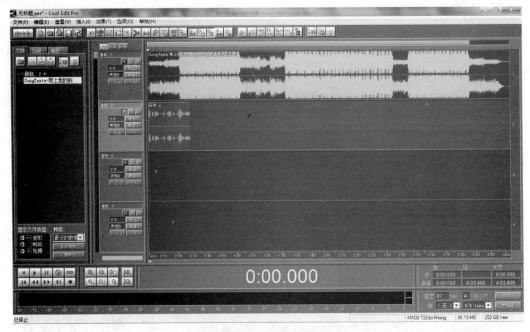

图 3.14　跟随伴奏音乐开始录音

（4）录音完毕后，可单击左下方"播音"按钮进行试听，看有无严重的出错，是否要重新录制，如图 3.15 所示。

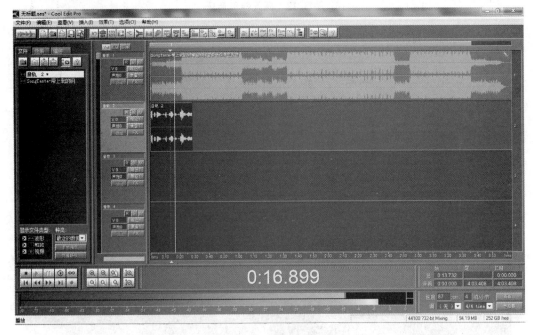

图 3.15　播放录音

（5）双击音轨 2 进入波形编辑界面，如图 3.16 所示，将刚才录制的原始人声文件保存为 mp3PRO 格式，如图 3.17 和图 3.18 所示。

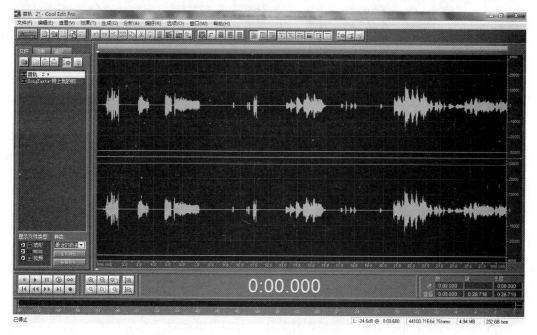

图 3.16 波形编辑界面

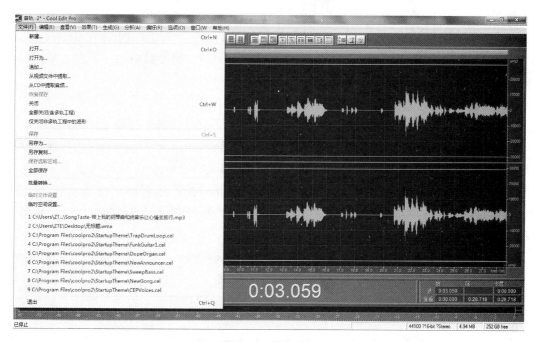

图 3.17 保存文件

图 3.18　保存为 MP3 格式

音乐光盘和歌曲光盘是最常见的声音载体，人们习惯称它"音乐 CD"，音乐 CD 体积小、携带方便、音质优良，除了计算机外，专门聆听音乐 CD 的随身听也因此而普及。如果希望把音乐 CD 中的好歌曲或乐曲作为素材的话，就需要把这些歌曲或乐曲转换成计算机能够处理的数字化声音。很多音频处理软件可以实现该功能，例如 Windows Media Player、Easy CD-DA Extractor、GoldWave、RealPlayer、超级解霸等。下面用 Windows Media Player 软件实现这一功能。

实例 6　从视频文件提取音频。

现在的彩铃中经常出现电影或电视中的经典对白，它是将部分视频文件分割为音频文件的典型代表。下面以 AVI MPEG WMV RM to MP3 Converter 为例来介绍从视频文件提取音频的方法。软件虽名为 AVI MPEG WMV RM to MP3 Converter，但实际上它可以在 MP3、WMA、WAV、OGG 等音频格式之间相互转换，还可以把视频格式如 RM、RMVB、AVI、MPEG、WMV、ASF、DAT、MOV 等转换为音频格式 MP3、WMA、WAV、OGG 等。

（1）双击打开 AVI MPEG WMV RM to MP3 Converter，其操作界面如图 3.19 所示。

（2）单击"打开"按钮，导入视频文件。

（3）导入的文件将自动播放，在准备截取的初始位置，单击"暂停"按钮，然后单击"开始时间"按钮。

（4）单击"播放"按钮，在准备截取的终点位置，单击"暂停"按钮，然后单击"结束时间"按钮，中间区域就是要截取的片段。此时在右侧的"开始时间"、"结束时间"、"标记时间"栏中显示具体的时间。

（5）设置音频格式（MP3，WAV，WMA，OGG）。

（6）单击"转换"按钮，先选择输出文件的保存位置，然后开始转换。

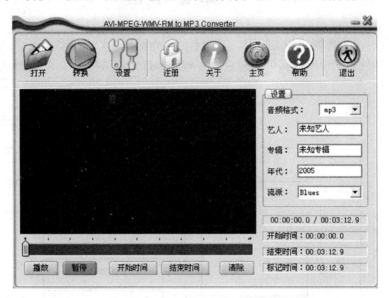

图 3.19　AVI MPEG WMV RM to MP3 Converter 转换界面

3.3.3　音频信息获取实例解析

从实例 1 到实例 3 都是通过 Windows 的"录音机"程序录制声音，区别在于录音音源不同，实例 1 是通过麦克风来录制一段人的声音，实例 2 实现了 CD 光盘声音的录制，实例 3 录制了计算机内部播放的声音。

实例 4 通过 Windows 的"录音机"程序转换声音文件属性来说明声道数、采样频率、量化位数 3 个参数对数字音频质量的影响。

由于 Windows 中的录音机每次只能录制 60s 内的声音，若要用它录制超过 1 分钟的声音，操作起来比较麻烦，因此 Windows "录音机" 更适合来录制一些简短的声音文件，且 Windows 中的录音机录制的声音只能保存为 WAV 格式，具有一定的局限性，所以在录制比较完整冗长的声音时，可以选择其他录音程序或者声卡自带录音程序来录音。由此本节在实例 5 中通过使用 Cool Edit 2000 这个音频制作软件，能跟随伴奏音乐来录制歌曲。

为了保证录音的质量，"录音"需要注意以下两点。

（1）为了使录制的声音效果更加理想，通常不要让"输入源"的声音强度过大，以避免超过量化器范围，造成大量的失真。

（2）为录音选择适当的采样频率、量化位数和声道数。

实例 6 通过使用 AVI MPEG WMV RM to MP3 Converter 软件实现了从视频中提取音频。它是获取音频的另一种途径。

3.4 本章小结

本章主要讨论了音频的基本知识、音频卡的工作原理，以及获取音频的方法，并通过6个实例、3种软件来说明如何采集和获取音频。本章知识结构图如图3.20所示。

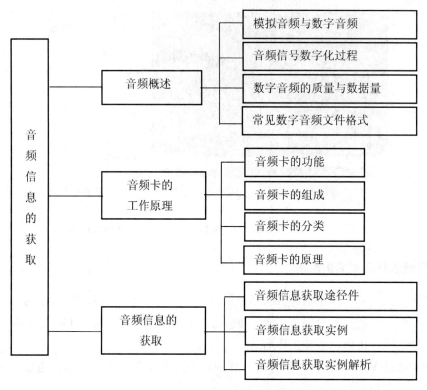

图 3.20　本章知识结构图

语音输入与识别技术

发展了几十年之久的语音技术在计算机硬件和巨大应用的驱动下，已经从模式识别和人工智能的一个分支提升为一门综合人类智能各项研究的独立学科。

语音技术包括语音识别、说话人的鉴别和确认、语种的鉴别和确认、关键词检测和确认、语音合成、语音编码等，其中最具有挑战性和最富有应用前景的是语音识别技术。

近几年来，由于语音输入和声控技术比手写输入方法来得更为方便、直接，渐渐开始流行起来，一些汉字基础不大好的人，还把它作为首选的文字输入手段。从本章介绍中可以知道，自然界的声音和人讲话的语音都是模拟信号，不能直接输入计算机，因此在语音输入的过程中，必须通过语音卡(也叫作声卡)等设备，采用一定的编码方法，把模拟的语音信号转换为数字语音信号输入计算机。计算机对输入的数字语音信号有两种处理方法，第一种跟笔绘板输入手写字一样，只对其作简单的存储和传输，提供在计算机网络或通信网络上进行人与人之间直接或间接的语音通信；第二种是跟手写字识别一样，利用一定的人工智能技术(通常是计算机软件，如著名的由 IBM 公司开发的 ViaVoice 软件)，对输入的数字语音信号进行智能识别，并把它"翻译"成计算机能够理解的数字编码信息，从而通过语音实现对计算机的简单操作和控制。在某些情况下出于可靠性的考虑，也可以先把"翻译"的结果通过显示屏或其他方式反馈给输入者，得到输入者确认后再进行操作。语音输入与识别技术有着广阔的应用前景，例如要实现在计算机网络或通信网络上不同语言的人之间的直接交谈、开会和其他合作工作，就需要这种技术。语音输入与识别技术最大的弱点是，由于不同人的口音差别较大，语音的准确识别比较困难，这也成为其发展与改进的方向。

目前语音技术的应用分为以下几大类。

(1) 办公室环境下桌面计算机中的一系列应用。

(2) 完成人与计算机的对话功能。

(3) 帮助人类不同语种之间的交流。

语音技术的渗透性很强，它将无处不在，在未来改变人们的生活方式。

"语音拨号"是世界上每个电话用户最希望配备的首选功能。使用"语音拨号"，人们只需一次性地输入(读入)人名和电话号码，在以后便可以直接对着电话"说出"要通话人的姓名，经语音识别后，查出该姓名所对应的号码，然后自动地进行"拨号"。这就是现在一些高端智能手机的语音电话。

语音查询是语音识别的又一个应用领域，可用于旅游业及服务业的各种查询系统。如语音自动导游系统，游客只要说出自己当前的位置和感兴趣的景点名称，系统便自动显示出图文并茂的最佳路线、乘车方案、费用及其他相关信息。如果游客还需要进一步了解更为详尽的资料，则可以同系统进行交互式的对话，系统将对用户的问题逐一给予答复。

语音识别还可以用在工业控制方面，在一些工作环境恶劣、对人身有伤害的地方(如地下、深水及辐射、高温等)或手工难以操作的地方，均可通过语音发出相应的控制命令，让设备完成各种工作。语音识别技术在帮助伤残人的各种设备中将发挥难以替代的作用。对于肢体伤残者或盲人，若全部用声音控制，则给伤残者或盲人提供了极大的生活便利。一些办公设备加上语音功能后，即使是伤残者也可以足不出户地在家里工作。

在将来，人们外出后，可通过电话向自己的计算机管家发出指令，而计算机管家则会按照主人的意志安排家中的一切事务。

语音技术的应用还将推动其他产业的发展。国外的一些著名汽车公司已将语音技术用在汽车产品中，开发"数字式的、能听说的、并具有一双慧眼的、优良的后座驾驶式汽车"，只要车主告诉它行车路线和地点，便可直达目的地。目前，这种新式汽车已进入阶段性的研究。

在计算机辅助教育方面，语音识别技术也有着广阔的应用空间。通过语音识别技术帮助学生进行语言学习，当学生跟着计算机发音学习外语时，计算机会自动判断学习者的发

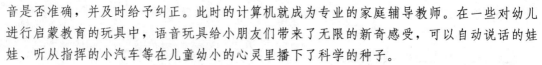

音是否准确，并及时给予纠正。此时的计算机就成为专业的家庭辅导教师。在一些对幼儿进行启蒙教育的玩具中，语音玩具给小朋友们带来了无限的新奇感受，可以自动说话的娃娃、听从指挥的小汽车等在儿童幼小的心灵里播下了科学的种子。

可以预见，在新的世纪里，语音识别将迅速走进大众的生活，它将改变人们学习、工作和生活娱乐的方式，像尼葛洛庞帝所说："在广大浩瀚的宇宙中，数字化生存能使每个人变得更容易接近，孤寂者能够发出他们的心声。"

思　考　题

1. 数字音频通常使用的采样频率为多少？

2. 请举出 3 种多媒体音频技术中常用的存储声音信息的文件格式。

3. 音频文件的数据量与哪些因素有关？

4. 使用"录音机"录制声音时，如果录不到声音，应如何解决？

5. 用 Windows 录音机录制任意一段语音信号为解说词，录制完毕后把文件存为 WAV 格式。

6. 使用 Cool Edit 录制任意一段语音信号作为背景音乐，要求录制的声音文件采样频率为 44100Hz，立体声，量化位数为 16 位，保存文件为 WAV 格式。

练　习　题

1-1　单项选择题

1. 音频卡是按（　　）分类的。

A. 采样频率　　　　　　B. 声道数　　　　　　C. 采样量化位数　　　D. 压缩方式

2. 一般说来，要求声音的质量越高，则（　　）。

A. 量化级数越低和采样频率越低　　　　B. 量化级数越高和采样频率越高

C. 量化级数越低和采样频率越高　　　　D. 量化级数越高和采样频率越低

3. 两分钟双声道，16 位采样位数，22.05kHz 采样频率声音的不压缩的数据量是（　　）。

A. 5.05MB　　　　　B. 10.58MB　　　　　C. 10.35MB　　　　D. 10.09MB

4. 下列采集的波形声音质量最好的是（　　）。

A. 单声道、8 位量化、22.05kHz 采样频率

B. 双声道、8 位量化、44.1kHz 采样频率

C. 单声道、16 位量化、22.05kHz 采样频率

D. 双声道、16 位量化、44.1kHz 采样频率

5. 一首立体声 MP3 歌曲的播放时间是 3 分钟 20 秒，其采样频率为 22.05kHz，量化位数为 8 位，其所占的存储空间约为（　　）

A. 2.1MB　　　　　B. 4.2MB　　　　　C. 8.4MB　　　　D. 16.8MB

6. 波形文件的主要缺点是（　　）。

第 4 章

音频信息处理技术

- ☞ 了解音频压缩的基本概念。
- ☞ 了解音频压缩算法的主要分类。
- ☞ 了解音频压缩的常用方法和音频压缩标准。
- ☞ 掌握音频数据的基本编辑方法和特效的处理。
- ☞ 掌握音频数据合成的基本方法。

预报火山爆发的新方法

科学家认为火山发出的"美妙歌声"可以帮助人们预测火山喷发的时间。

准确的预报是降低火山灾害造成的损失的重要前提。但是，由于火山喷发活动周期较长，引发的原因多种多样，目前对火山喷发的预报还处于探索阶段，非常不精确。不过随着一些新的预测方法不断出现，人们将能够逐步提高火山喷发预报的准确性。最近瑞士日内瓦欧洲粒子物理研究所(GER N)的研究人员通过对两座火山进行研究，获得了这些火山一些特定的音频曲线。研究员多梅尼克•维西南扎说："这两个特殊的'作曲家'是来自意大利西西里岛的埃特那火山和厄瓜多尔的通古拉瓦火山。通过一种新技术，我们可以将火山活动转换成为声音波形，不同的音调代表火山活动的不同阶段，我们希望能通过这种方法对火山喷发进行准确预报。"这种新技术能够将低频地震波转换为人耳可听到的音频。

当处理复杂得多参数数据时，音频数据具有独特的可处理性。而且从人体生理角度讲，人们通过听觉接受并分辨复杂信息的能力要超过视力——面对我们还不能精确分析的火山活动数据，让研究人员凭借自己的听力、经验来辨别火山活动的变化也不失为一种不错的方法。研究人员利用特殊的绘图仪记录地震波震动图，然后将震动曲线放在五线谱中，最终得到可描绘火山活动的音频文件。目前的研究表明，火山乐曲的音调、振幅能反

A. 质量较差   B. 产生文件太大
C. 声音缺乏真实感   D. 压缩方法复杂

1-2 简答题

1. 什么是模拟音频和数字音频？

2. 简述声音文件的数字化过程，并简要说明每个步骤的功能。

映地震波的振幅。当火山平静、地震波很小的时候，相应的音调就非常平滑流畅；但如果音调变得强有力、间隔大，高低频反复交替，就可能发生火山爆发。"这种用音频反映火山活动的方法非常有用，这不仅能让我们更加及时地预测火山爆发，同时用这种方法收集的地震和次声波资料对于我们的研究也十分有益。"美国国家科学基金会的火山专家托马斯·瓦格纳说。

由第3章可知，音频信息的数据量由采样频率、量化位数、声道数三要素决定，音频信息的音质与数据量成正比，随着人们对音质要求的不断提高，描述信号的数据量也就随之增加，从而导致传输带宽和存储媒体容量也要相应增大，处理和传输这些数据的时间也要相对延长，而音频压缩技术正是解决这些问题的关键技术之一。

除采样频率、量化位数、声道数影响声音质量外，声音录制时的环境噪声、声卡内部噪声以及采样数据丢失等都会造成声音质量的下降。因此，声音被录制下来以后，需要对数字音频进行后期处理，无论是说话声、歌声还是乐器声都可以通过数字音频软件处理，既可以使用 Windows 自带的"录音机"进行简单的处理，也可以使用专业音频处理软件如 Cool Edit、GoldWave、Sound Forge、Adobe Audition 等进行处理。

4.1 音频压缩技术

4.1.1 什么是音频压缩

音频压缩技术指的是对原始数字音频信号流（PCM 编码）运用适当的数字信号处理技术，在不损失有用信息量，或所引入损失可忽略的条件下，降低（压缩）其码率，也称为压缩编码。它必须具有相应的逆变换，称为解压缩或解码。音频信号在通过一个编解码系统后可能引入大量的噪声和一定的失真。对音频压缩技术的研究和应用由来已久，如 A 律、u 律编码就是简单的准瞬时压扩技术，并在 ISDN 话音传输中得到广泛应用。

4.1.2 音频压缩的可行性

海量数据存储与信号数字化后的数据量传送是多媒体技术的最大难题。数字化后的数据量与信息量的关系为

$$I = D - du$$

式中：I 为信息量；D 为数据量；du 为冗余量。

由上式可以知道，传送的数据量中有一定的冗余数据信息，即信息量不等于数据量，并且信息量要小于传送的数据量，因此这使得数据压缩能够实现。

音频信号可以进行压缩的基本依据包括外因和内因两个方面：外因是由于音频信号（特别是语音）本身存在很大的冗余度；内因表现在人耳的听觉感知机理。从外因的角度分析，音频信号中存在着多种冗余，以语音信号为例进行分析，主要存在下列一些冗余类型。

1. 时域冗余

1) 幅度的非均匀分布

统计表明，语音中的小幅度样本比大幅度样本出现的概率要高，信息主要集中在低功率上。又由于通话必然会有间隙，更出现了大量的低电平样本；此外，实际语音信号的功率电平也趋向于出现在编码范围的较低电平端。因此，语音信号的幅值分布是非均匀的。

2) 采样样本间的关联

从语音波形的分析中可以看出，在相邻样本之间取样数据存在最大的相关性。当采样频率为 8kHz 时，相邻样值之间的相关系数大于 0.85，甚至在相距 10 个样本之间，相关系数还可能有 0.3 左右的数量级。如果语音信号采样率提高，样本间的相关性将更强。因此根据这种较强的相关性，可以进行有效的数据压缩。

3) 周期之间的相关

虽然语音信号的频率分布在 300~3400Hz 的频带内，但在特定的瞬间，某一声音却往往只是该频带内的少数频率分别起作用。当声音中只存在少数几个基本频率时，就会像某些振荡波形一样，在周期与周期之间存在着一定的相关性。利用语音周期之间信息冗余度的编码器比仅仅只利用邻近样本间的相关性的编码器效果要好，但要复杂得多。

4) 基音之间的相关

根据声学的知识，人的说话声音主要可分为两类。

(1) 浊音。由声带振动产生，每一次振动使一股空气从肺部流进声道，激励声道的各股空气之间的间隙称为音调间隔或基音周期。一般而言，浊音产生于元音及某些辅音的后面部分。

(2) 清音。一般又分成摩擦音和破裂音两种情况：前者用空气通过声道的狭隘部分而产生湍流作为音源；后者是声道在瞬间闭合，然后在气压急迫作用下迅速地放开而生破裂音源。语音从这些音源产生，传过声道再从口鼻送出。清音比浊音具有更大的随机性。

浊音波形不仅显示出上述的周期之间的冗余度，而且还展示了对应于音调间隔的长期重复波形，因此，对语音浊音部分编码的最有效的方法之一是对一个音调间隔波形来编码，并以其作为其他基音段的模板。男、女声的基音周期分别为 5~20ms 和 2.5~10ms，而典型的浊音约持续 100ms，一个单音中可能有 20~40 个音调周期。虽然音调周期间隔编码能大大降低码率，但是检测基音有时却十分困难。而如果对音调检测不准，便会产生奇怪的"非人音"。

5) 静止系数(语音间隙)

一般情况下，两个人之间打电话，平均每人的讲话时间各为通话总时间的 1/2，另 1/2 听对方讲。听的时候一般不讲话，而即使在讲话的时候，也会出现字、词、句之间的停顿。分析表明，话音间隙使全双工话路的典型效率约为通话时间的 40%(即静止系数为 0.6)。显然，语音间隙本身就是一种冗余，若能正确预测出该静止段，便可"插空"传输更多的信息。

6) 长时自相关函数

周期间的一些相关性是在 20ms 时间间隔内进行统计的所谓短时自相关。如果在较长的时间间隔（比如几十秒）进行统计，便得到长时自相关函数。长时统计表明，8kHz 的取样语音的相邻样本间，平均系数高达 0.9。

2. 频域冗余

1）非均匀的长时功率谱密度

在相当长的时间间隔内进行统计平均，可得到长时功率谱密度函数，其功率谱呈现强烈的非平坦性。从统计的观点看，这种非平坦性表现为功率谱的低频能量较高、高频能量较低，这表明没有充分利用给定的频段，或者说存在固有的冗余度。尤其当功率谱的高频能量较低时，这恰好对应于时域上相邻样本间的相关性。

2）语音特有的短时功率谱密度

在某些频率上语音信号的短时功率出现峰值，而在另一些频率上出现谷值。这些峰值频率也就是能量较大的频率，通常称为共振峰频率。此频率不止一个，最主要的是第一个和第二个，由它们决定了不同的语音特征。另外，整个短时谱也是随频率的增加而递减的。更重要的是，整个功率谱的细节以基音频率为基础，形成了高次谐波结构。

3. 人的听觉感知机理

从内因的角度分析，语音信号可以进行压缩编码的原因是利用人类听觉的某些特点，即人耳的听觉感知机理。人的听觉生理和心理特性对于语音感知的影响主要表现在以下 3 个方面。

1）人类听觉系统具有掩蔽效应

当几个强弱不同的声音同时存在时，强声使弱声难以听见的现象称为同时掩蔽，它受掩蔽声音和被掩蔽声音之间的相对频率关系影响很大；声音在不同时间先后发生时，强声使其周围的弱声难以听见的现象称为异时掩蔽。

通俗地讲，掩蔽曲线反映了人耳的掩蔽效应，即一个强音能抑制一个同时存在的弱音而导致人耳听不到或不敏感这个弱音。人耳听不到或极不敏感的声音分量可以看作是冗余。语音压缩编码本质上就是设法去掉这些冗余度，从而达到压缩比特率的目的。

2）人耳对不同频段声音的敏感程度不同，对低频段的比高频段的更为敏感

由于浊音的周期和共振峰主要集中在低频段，因此人耳对低频段比较敏感，而对高频段不太敏感。即使是对同样声压级的声音，人耳实际感觉到的音量有时也是随频率而变化的。

3）人耳对语音信号的相位变化不敏感

人耳能做短时的频率分析，对语音信号的周期性很敏感，但对语音信号的相位感知却很迟钝。因此人耳听不到或感知很不灵敏的声音相位分量可以被当作冗余信号。

音频编码的目的在于压缩数据。数据压缩技术有 3 个重要指标：一是压缩前后所需的信息存储量之比要大；二是实现压缩的算法要简单，压缩、解压缩速度快，尽可能地做到实时压缩和解压缩；三是恢复效果要好，要尽可能完全恢复原始数据。

4.1.3　音频压缩编码分类

一般来讲，根据压缩后的音频能否完全重构出原始声音可以将音频压缩技术分为无损压缩及有损压缩两大类；而按照压缩方案的不同，又可将其划分为时域压缩、变换域压

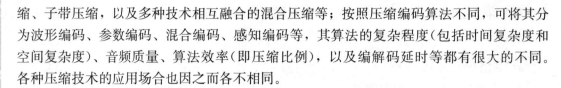

缩、子带压缩，以及多种技术相互融合的混合压缩等；按照压缩编码算法不同，可将其分为波形编码、参数编码、混合编码、感知编码等，其算法的复杂程度（包括时间复杂度和空间复杂度）、音频质量、算法效率（即压缩比例），以及编解码延时等都有很大的不同。各种压缩技术的应用场合也因之而各不相同。

1. 无损压缩

无损压缩也称可逆压缩、无失真编码、熵编码等。此压缩方法原理是去除或减少冗余值，但这些值可在解压缩时重新插入到数据中，恢复原始数据。它可完全恢复原始数据而不引入任何失真，但压缩率受到数据统计冗余度的理论限制，大致在 2∶1～5∶1。

信息熵编码又称为统计编码，它利用数据的统计冗余进行压缩，根据信源符号出现概率的分布特性而进行压缩编码，在信源符号和码字之间建立明确的一一对应关系，同时要使平均码长或码率尽量小。在音频数据无损压缩编码中采用的统计编码方法主要包括霍夫曼（Huffman）编码、游程（Run—length）编码和算术编码等。

霍夫曼编码是熵编码中应用最广泛的一种编码方法，其主要方法是对于出现概率大的符号用较少的位数来表示，而对于出现概率小的符号用较多的位数来表示。其编码效率主要取决于需编码的符号出现的概率分布，分布越集中，则压缩比越高。

游程编码是一种简单的编码方法，主要方法是将数据中相同的符号串用一个游程长度（符号数）和一个代表值描述，并分别赋予不同的码字。基本的游程编码就是在数据流中直接用 3 个字符来给出上述信息。相同的符号串越长，压缩效率就越高。

算术编码是另一种较好的统计编码。每一符号对应[0，1)上的一子区间，区间长度为该符号出现的概率。该方法将被编码的符号串表示成实数 0 到 1 之间的一个区间。开始把它设为整个区间[0，1)，当出现一个新的待编码符号时，先把完整的[0，1)区间映射到上一次形成的区间，然后，新区间取为[0，1)上新符号对应区间所映成的像。解码时，根据区间的覆盖性来读出原符号串。算术编码的优点是可方便地使用自适应编码，可以根据当前接收的数据不断地更改概率模型。

2. 有损压缩

虽然人们总是期望无损压缩，但冗余度很少的信息对象用无损压缩技术并不能得到可接受的结果。当使用的压缩方法会造成一些信息损失时，关键的问题是看这种损失的影响。有损压缩经常用于压缩音频、灰度或彩色图像和视频对象等，因为它们并不要求精确的数据。有损压缩也称为不可逆压缩，此法在压缩时减少的数据信息是不能恢复的。有损压缩可分为以下几类。

(1) 基于音频数据的统计特性进行编码。其典型技术是波形编码，其原理是直接对音频信号时域或频域波形取样值进行编码，其目标是使重建语音波形保持原波形的形状。PCM（脉冲编码调制）是最简单最基本的编码方法，它直接赋予抽样点一个代码，没有进行压缩，因而所需的存储空间较大。为了减少存储空间，人们寻求压缩编码技术，利用音频抽样的幅度分布规律和相邻样值具有相关性的特点，提出了差值量化（DPCM）、自适应量化（APCM）和自适应预测编码（ADPCM）等算法，实现了数据的压缩。波形编码适应性强，音频质量好，具有编码质量好、能保持原始音频波形特征的特点，但压缩比不大，因而数据率较高，在对信号带宽要求不太严格的通信中得到应用，而对频率资源相对紧张的移动通信来说，这种编码方式不太合适。

（2）基于音频的声学参数，进行参数编码，可进一步降低数据率。其基础是人类语音的生成模型。它在输入端分析语音信号，然后传输分析得到的参数，在输出端根据这些参数合成语音。其目标是使重建音频保持原音频的特性。常用的音频参数有共振峰、线性预测系数、滤波器组等。这种编码技术在传输比特率上能得到很高的效率，但复杂度通常很高，还原信号的质量较差，自然度低。

波形编码虽然可以提供高话音的质量，但在数据率低于 16Kbps 的情况下，在技术上还没有解决音质的问题；而参数编码的数据率虽然可以降到 2.4Kbps 甚至更低，但它的音质根本不可能与自然话音相提并论。为了得到音质高而数据率又低的编码器，就出现了混合编码的方法。这种方法希望寻找一种激励信号，使用这种激励信号产生的波形尽可能接近于原始话音的波形。

（3）混合编码将波形编码和参数编码组合起来，克服了原有波形编码和参数编码的弱点，结合各自的长处，力图保持波形编码的高质量和参数编码的低速率，能在较低的码率上得到较高的音质。

（4）基于人的听觉特性进行编码。从人的听觉系统出发，利用掩蔽效应，设计心理声学模型，从而实现更高效率的数字音频压缩。其中以 MPEG 标准中的高频编码和 Dolby AC-3 最有影响。

根据以上的分类，音频信号的压缩方法有多种，如图 4.1 所示。

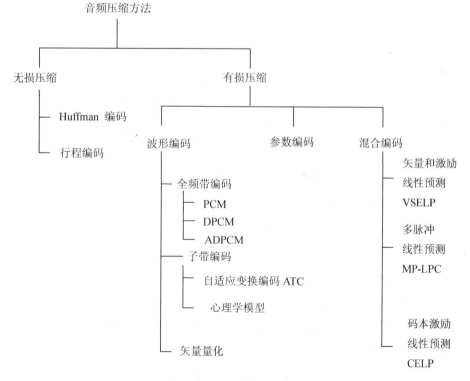

图 4.1 音频信号压缩方法

下面分别介绍几种常用的压缩编码方法。

4.1.4 常用压缩编码方法

1. 一般增量调制

增量调制(DM)可以看成是 DPCM 的一种特例,系统结构框图如图 4.2 所示。

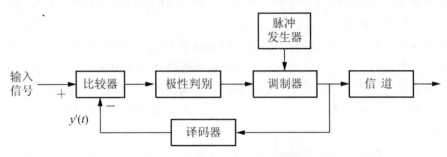

图 4.2　增量调制的系统结构框图

它的基本思想是:在编码端,由前一个输入信号的编码值经解码器可得到下一个信号的预测值,输入的模拟音频信号与预测值在比较器上相减,从而得到差值。若为正,则编码输出为 1;若为负,则编码输出为 0,增量调制编码过程如图 4.3 所示。

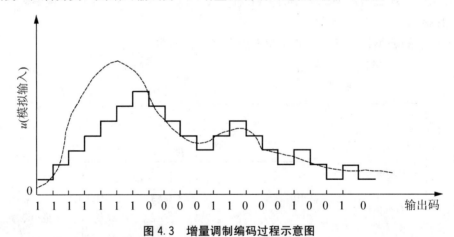

图 4.3　增量调制编码过程示意图

当输入模拟信号的变化速度超过了经解码器输出的预测信号的最大变化速度时,会发生斜率过载。当输入信号没有变化时,预测信号和输入信号的差会十分接近,这时,编码器的输出是 1 和 0 交替出现的,这种现象叫散粒噪声。

2. 自适应增量调制

输出编码 1 位所表示的模拟电压叫作量化阶距。自适应增量调制(ADM)的基本思想是:当发现信号变化快时,增加阶距;当发现信号变化缓慢时,减少阶距。

$$M = \begin{cases} 2 & y(k) = y(k-1) \\ 1/2 & y(k) \neq y(k-1) \end{cases}$$

一种是控制可变因子 M，使量化阶距在一定范围内变化。对于每一个新的采样，其量化阶距为其前面数值的 M 倍。而 M 的值则由输入信号的变化率来决定。如果出现连续相同的编码，则说明有发生过载的危险，这时就要加大 M。当 0，1 信号交替出现时，说明信号变化很慢，会产生散粒噪声，这时就要减少 M 值。其典型的规则为

$$\Delta(k) = \begin{cases} \beta\Delta(k-1) + P & y(k) = y(k-1) = y(k-2) \\ \beta\Delta(k-1) + Q \end{cases}$$

3. 差分脉冲编码调制

差分脉冲编码调制的基本思想是：对输入的音频信号进行均匀量化，不管输入的信号是大是小，采用同样的量化间隔，对相邻的差值进行量化编码，这个差值是指信号值和预测值的差值。差分脉冲调制系统的结构框图如图 4.4 所示。

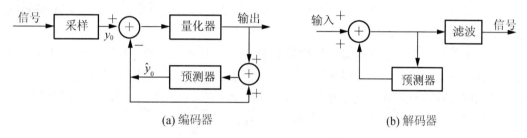

(a) 编码器   (b) 解码器

图 4.4 差分脉冲调制系统的方框图

4. 子带编码

子带编码是指用一组带通滤波器将输入的音频信号分成若干个连续的频段，并将这些频段称为子带。分别对这些子带中的音频分量进行采样和编码，将各子带的编码信号组织到一起进行存储或送到信道上传送。

在信道的接收端(或在回放时)得到各子带编码的混合信号，将各子带的编码取出来，对它们分别进行解码，产生各子带的音频分量，再将各子带的音频分量组合在一起，恢复原始的音频信号。子带编码的原理框图如图 4.5 所示。

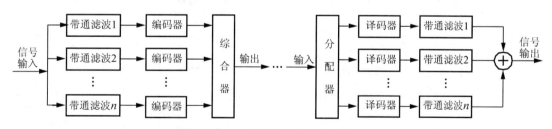

图 4.5 子带编码的原理框图

5. 矢量量化编码

矢量量化(VQ)的基本思想是将输入的信号样值按照某种方式进行分组，把每个分组看作一个矢量，并对该矢量进行量化。矢量量化编码及解码原理框图如图 4.6 所示。

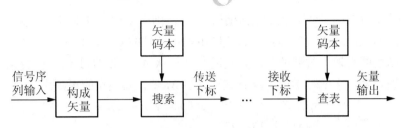

图 4.6　矢量量化编码及解码原理框图

假定将语音数据分组，每组有 k 个数据。这样，一组就是一个 k 维的矢量。把每一个组形成的矢量看成一个元素，又叫码字，那么，语音所分成的组就形成了各自的码字。这些码字排列起来，就构成了一个表，人们将此表叫作码本或码书。形象一点说，码书就类似于汉字的电报号码本，电报号码本里面是复杂的汉字，而在这里是一组原始的语音数据；电报号码本里每个汉字旁边标有只用 4 位阿拉伯数字表示的号码，而在矢量量化方法里就是每组数据所对应的下标。

它的工作原理为：先将待编码的序列划分成一个个等长的段，每段含有若干个样点，这一段段样点就构成一个个矢量列，每一个矢量与已预先训练（是指某种算法计算）好的一个矢量码本（Codebook）中的每一个码字（Codeword，它与输入矢量一样，也是同维数的矢量）按某种失真准则进行比较，求出误差。

4.1.5　音频压缩编码标准

国际电报电话咨询委员会（CCITT）和国际标准化组织（ISO）先后提出一系列有关音频编码的建议，表 4-1 中列出了一些音频编码算法和国际标准。

表 4-1　音频编码算法和标准

算法		名　　称	码率/Kbps	标准	制订组织	制订时间	应用领域	质量
波形编码	PCM	压扩法	64	G.711	ITU	1972	PSTN ISDN	4.3
	ADPCM	自适应差值量化	32	G.721	ITU	1984		4.1
	SB ADPCM	子带 ADPCM	64/56/48	G.722	ITU	1988		4.5
参数编码	LPC	线性预测编码	2.4		NSA	1982	保密语音	2.5
	CELPC	码激励 LPC	4.8		NSA	1989		3.2
混合编码	VSELPC	矢量和激励 LPC	8	GIA	CTIA	1989	语音通信 语音信箱	3.8
	RPE-LTP	长时预测规则码激励	13.2	GSM	GSM	1983		3.8
	LD-CELP	低延时码激励 LPC	16	G.728	ITU	1992	ISDN	4.1
	MPEG	多子带感知编码	128	MPEG	ISO	1992	CD	5.0

上述算法和标准广泛用于多媒体技术和通信中，如多媒体节目中音频编码、可视电话、语音电子邮件、语音信箱、电视会议系统中等。

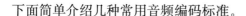

下面简单介绍几种常用音频编码标准。

1. 波形编码标准

1) G.711 标准

本标准公布于 1972 年，它给出了话音信号编码的推荐特性。G.711 针对电话质量的窄带话音信号，频率范围是 0.3~3.4kHz，采样频率采用 8kHz，每个样值采用 8 位二进制编码，其速率为 64Kbps。推荐使用 A 律和 μ 律非线性压扩技术，将 13 位 PCM 码按 A 律、14 位 PCM 码按 μ 律转换成 8 位编码。简单地讲，该标准把 13(14)PCM 码分割成 16 段，各段长度不等，每段给 16 个码字，总编码共 256 个。这是一种较为简单的非均匀量化器。G.711 利用了语音幅度的统计特性，压缩了近 1/2 的数据。它早已广泛用于各种数字通信中。

这种编码方法的优点是语音质量最好，算法延迟几乎可以忽略不计；缺点是压缩率有限。

2) G.721 标准

G.721 标准是 ITU-T 于 1984 年制订的，1986 年作了进一步修订。它主要用于 64Kbps 的 A 律或 μ 律 PCM 到 32Kbps 的 ADPCM 之间的转换，它基于 ADPCM 技术，采样频率为 8kHz，每个样值与预测值的差值用 4 位编码，其编码速率为 32Kbps，ADPCM 是一种对中等质量音频信号进行高效编码的有效算法之一，它不仅适用于语音压缩，而且也适用于调幅广播质量的音频压缩和 CD-I 音频压缩等应用。

3) G.722 标准

它是 1988 年 ITU-T 为调幅广播质量的音频信号压缩制订的标准。G.722 建议的带宽音频压缩仍采用波形编码技术，因为要保证既能适用于话音，又能用于其他方式的音频，只能考虑波形编码。G.722 标准旨在提供比 G.711 和 G.721 标准压缩技术更高的音质，G.722 编码采用了高低两个子带内的 ADPCM 方案，即使用子带 SB-ADPCM（子带-自适应差分脉冲码调制），高低子带的划分以 4kHz 为界，然后再对每个子带内采用类似 G.721 标准的 ADPCM 编码。G.722 能将 224Kbps 的调幅广播质量的音频信号压缩为 64Kbps，G.722 压缩信号的带宽范围为 50Hz~7kHz，比特率为 48Kbps、56Kbps、64Kbps。在标准模式下，采样频率为 16kHz，幅度深度为 14bit，主要用于视听多媒体和会议电视等。

2. 混合编码标准

1) G.728 标准

G.728 建议的技术基础是美国 AT&T 公司贝尔实验室提出的 LD-CELP(低延时-码激励线性预测)算法。该算法考虑了人耳的听觉特性，其特点是：以块为单位的后向自适应高阶预测；后向自适应型增益量化；以适应为单位的激励信号量化。G.728 标准主要用于 IP 电话、卫星通信、语音存储等多个领域。

2) G.729 标准

该标准的码率只有 8Kbps，压缩算法相对其他算法来说比较复杂，采用的算法是共轭结构代数码激励线性预测(CS-ACELP)技术。

3) G.723.1 标准

该标准压缩编码是一种用于各种网络环境下的多媒体通信标准，可应用于 IP 电话、会议电视系统等通信系统中。

3. MPEG 音频编码标准

MPEG 音频编码是国际上公认的高保真立体声音压缩标准。MPEG-1 声音编码标准规定其音频信号采样频率可以有 32kHz、44.1kHz 和 48kHz 3 种，带宽可以选择 15kHz 和 20kHz。

在 MPEG-1 的音频编码标准中，按照复杂度规定了 3 种模式（层 I，层 II，层 III），见表 4-2。层 I 是 MUSICAM 编码方法的简单型（MP1），VCD 的音频压缩方案即为层 1。层 II 为 MUSICAM 标准型（MP2），典型码流 128Kbps。广泛应用于数字音频广播、数字演播室等数字音频专业的制作、交流、存储和传送。层 III 是综合了层 II 和 ASPEC 的优点提出的混合压缩技术（MP3），它的复杂度相对较高，编码不利于实时，它是 MUSUCAM 和 ASPEC 两个算法的结合，典型码流是 64Kbps。低码率仍有高品质的音质，因此成为广泛应用于网络音频。

表 4-2　MPEG 音频编码等级比较表

MPEG 编码等级	压缩比	编码数据速率/Kbps
Layer 1	1∶4	384
Layer 2	1∶6～1∶8	192～256
Layer 3	1∶10～1∶12	128～154

1）MPEG 音频 Layer 1

MPEG 音频 Layer 1 是 MUSICAM 的一个简化版本。帧头占用 32bit，由同步和状态信息组成，12bit 的同步码字全为 1；帧校验占用 16bit，用于检测比特流中的差错；音频数据由比特分配信息、比例因子信息和子带样值组成，不同的层其音频数据不同；辅助数据用于传输辅助信息。应用于小型数字盒式磁带中。

2）MPEG 音频 Layer 2

Layer 1 音频编码中，只能传送左右两个声道。为此，MPEG 音频 Layer 2 扩展了低码率多声道编码，将多声道扩展信息加到 Layer 1 音频数据帧结构的辅助数据段（其长度没有限制）中。这样可将声道数扩展，即 3 个前声道（左 L、中 C 和右 R）、2 个环绕声（左 LS、右 RS）和 1 个超低音声道 LFE（常称之为 0.1），由此形成了 MPEG Layer 2 音频编码标准，主要用于数字广播音频、数字音乐、只读光盘交互系统和视盘，其数据帧结构如图 4.7 所示。

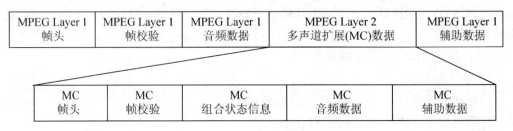

图 4.7　MPEG Layer 2 数据帧结构

3）MPEG 音频 Layer 3（MP3）

MPEG Layer 3（通常简称为 MP3）是 MPEG 音频系列性能最好的方案，MP3 的好处在于大幅度降低数字声音文件的容量，而不会破坏原来的音质。以 CD 音质的 WAV 文件来说，若采样分辨率为 16bit，采样频率为 44.1kHz，声音模式为立体声，那么存储 1 秒钟 CD 音质的 WAV 文件，须用 16bit×44100Hz×2(Stereo)＝1411200bit 的存储容量，存储介质的负担相当大。不过通过 MP3 格式压缩后，文件便可压缩为原来的 1/10 到 1/12，每 1 秒钟的 MP3 只需大约 112～128Kbit 就可以了。

MP3 采用 MDCT(改进型 DCT)变换增强频率的分辨率，使频率分辨率提高了 18 倍，从而使得 Layer 3 的播放器能更好地适应量化噪声；只有 Layer 3 使用了熵编码(像 MPEG 视频)进一步地减少了冗余；Layer 3 还可以使用更高级的联合立体声编码机制。MP3 编码原理框图如图 4.8 所示。

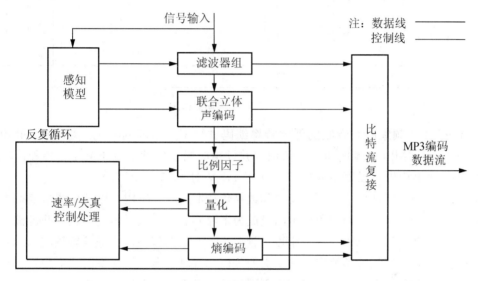

图 4.8 MP3 编码原理框图

MPEG-2 的音频编码标准，是在 MPEG-1 音频编码标准的基础上由双声通道扩展到多通道，即左中右 3 个主声道，左环、右环两个环绕声道和一个重低音(LEF)声道。为了与 MPEG-1 后向兼容(BC)，MPEG-2 帧基本结构对应于在 MPEG-1 中的规定，多声道扩展是插入到 MPEG-1 音频帧，用于传送附加数据的区域中，信号兼容利用多声道信号的矩阵组合来实现，如果需要更高比特率，则产生一个附加的第二个扩展比特流，为了降低整体比特流，MPEG-2 采用了自适应预测、限制中心声道频率等措施。

MPEG-2 有一种 AAC(Advanced Audio Coding)模式，采用感知编码方法，利用听觉系统的掩蔽特性来减少声音编码的数据量，并通过子带编码将量化噪声分散到各个子带中，用全局的声音信号将噪声掩蔽掉，它不能后向兼容 MPEG-1。在 MPEG-2 的正式听音测试中，数据流速率为 320Kbps 的 AAC 可以提供比数据流速率为 640Kbps 的 MPEG-2BC 更好的音质。因此，AAC 是一种比 MPEG-2BC 编码算法更好的音频压缩算法，而且可以使用于各种环境下，如可以做电视信号的伴音等。AAC 的编码器框图如图 4.9 所示。

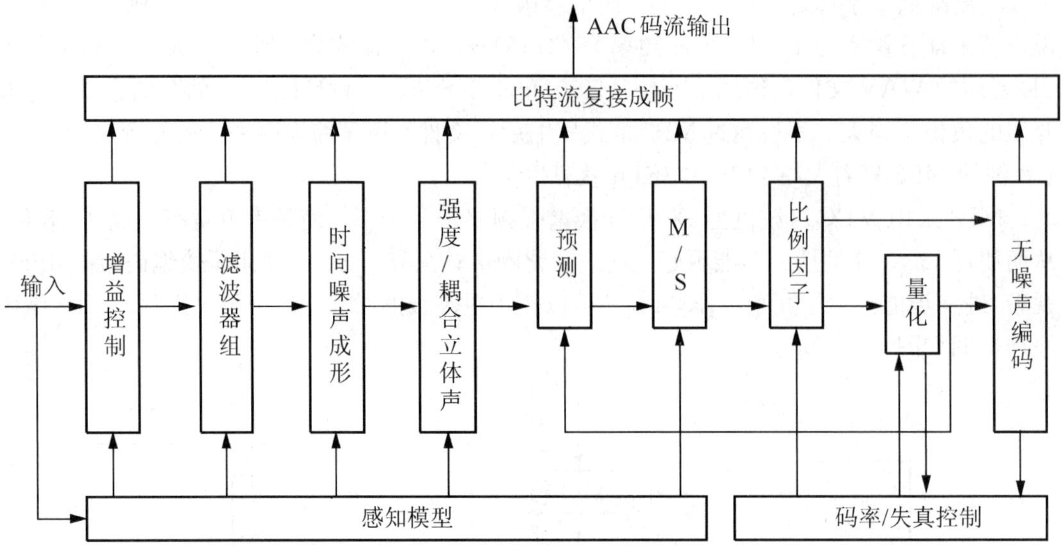

图 4.9 AAC 的编码器框图

MPEG-4 音频编码对音频的低比特率编码进行了大幅度的强化。相对于 MPEG-1，MPEG-2 而言，MPEG-4 增加了通信用途并设想应用于各种信息压缩率、各种传输线路形式（包括记录媒体）以及联系连接形式（1 对 1，N 对 1，1 对 N 等）。

随着人类听觉特性理论的深入发展和数字化技术的广泛应用，以及市场对消费类音乐质量的趋高要求，数字音频编码技术已经成为多媒体的一个重要研究领域，并已被广泛地应用于数字音频广播（DAB）、高清晰度电视（HDTV）、多媒体网络通信等领域中。

数字音频压缩算法种类繁多，从上文的分析中可以看出，根据不同的应用场合和对传输速率及音质的特殊要求，可以组合出不同的标准或规范。未来发展趋势是一方面继续研究新的音频压缩算法，另一方面，根据不同的应用要求改进现行规范或提出新的技术方案。

4.2 音频编辑与处理

4.2.1 音频编辑

本节使用 Cool Edit 进行声音的编辑与处理，用户既可在 Cool Edit 软件单轨编辑界面中编辑音频，也可在多轨编辑界面中编辑音频。在这里首先介绍如何在单轨编辑界面中进行音频的编辑。

1. 打开音频文件

在菜单栏执行"文件"|"打开"命令，选择要打开的音频文件，单击"打开"按钮，则可以在"波形编辑窗"看到被打开的音频文件的波形，如图 4.10 所示。

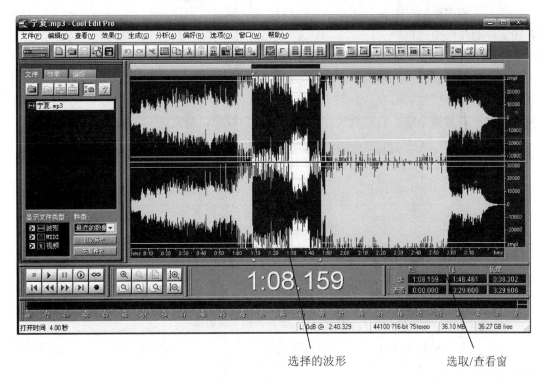

选择的波形   选取/查看窗

图 4.10 打开音频文件

2. 选择

将时间播放头定位在所需波形的开始位置，如图 4.10 所示，然后按住鼠标左键不放，拖动到所需波形的结束位置，则可选择部分波形。如果需要精确选择波形片段，可在"选取/查看窗"的选择栏"始"、"尾"中输入精确的开始时间和结束时间，从而精确地定位选择的开始和结束点。

3. 删除

选择波形后，按键盘上的 Delete 键，可删除选中的音频片段。

4. 复制、粘贴

选择波形后，执行"编辑"｜"复制"命令，可复制选中的音频片段。将时间播放头定位在需要粘贴的时间点，执行"编辑"｜"粘贴"命令，可将复制的音频片断粘贴到时间播放头所处位置。

5. 提升或降低音量

提升或降低音频的音量，实质上就是改变音频波形的振幅。在 Cool Edit 中选择需要调整音量的波形，恒量改变波形振幅即可改变音频的音量。

实例 1 将一段音量偏大的声音的音量降低到合适。

（1）在 Cool Edit 软件中打开该音量偏大的音频文件。

（2）选择需要调节音量的波形。在这里执行"编辑"｜"选取全部波形"命令，将该音频文件的波形全部选中。

（3）执行"效果"｜"波形振幅"｜"渐变"命令，打开"波形振幅"对话框，如图 4.11 所示。单击"恒量改变"选项卡，拖动改变音量的滑块改变音量（向左拖动滑块降低音量）；单击"预览"按钮，一边听一边调节音量，直至音量合适。可以通过选中"直通"复选框对比音量调节前、后的效果。单击"确定"按钮，则完成了音量的调节。

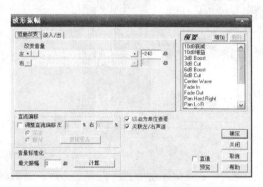

图 4.11 　"波形振幅"对话框

此外，Cool Edit 软件具有强大的音频合成功能，利用该软件的多轨混音，可以轻松制作出好的音频作品。

6. 认识 Cool Edit 软件多轨编辑界面

打开 Cool Edit 软件，单击工具栏的"单轨/多轨界面切换"按钮，打开多轨编辑界面，如图 4.12 所示。执行"文件"｜"新建工程"命令，在弹出的"新建多轨工程"对话框中设置音频采样频率（推荐设置采样频率为 44100Hz），单击"确定"按钮。

图 4.12　Cool Edit Pro 2.0 多轨编辑界面

7. 多轨合成

在多轨编辑界面中，Cool Edit 提供了 128 条音轨，用户可以在这 128 条轨道上编排自己的音频素材，制作音频作品。

实例 2　制作配乐诗歌朗诵音频作品。

（1）在多轨编辑界面中新建工程。

（2）导入音乐文件。在资源管理器中单击"打开文件"按钮，打开准备好的音乐文件。

（3）在资源管理器中选择做配乐的音乐文件，拖放到任意一条音轨中，如音轨 2 上。按住右键拖放音乐波形，可以调整音乐波形在音轨中的位置，也可以拖放该音乐文件到其他的音轨上。

选择音乐文件的开始部分波形，单击鼠标右键，在弹出的菜单中单击"淡入淡出"子菜单中的"线性"（或其他方式）命令，可在多轨编辑界面中设置淡入效果。选择音乐文件的末尾部分波形，单击鼠标右键，在弹出的菜单中单击"淡入淡出"子菜单中的"线性"（或其他方式）命令，可在多轨编辑界面中设置淡出效果。

（4）在音轨 1 上录制诗歌朗诵。

把麦克风连接到计算机声卡麦克风（Microphone）插孔，设置录音通道为麦克风。

在多轨编辑界面中，单击录音轨道（这里要在音轨 1 上录音，所以录音轨道为音轨 1）前的红色"R"按钮。

单击"走带按钮"中的"录音"按钮，对着麦克风朗诵诗歌，则可以一边听着音乐一边朗读，录制结束时单击"停止"按钮。

（5）单击音轨 1 的诗歌朗读选择朗读音频波形，单击工具栏的"单轨/多轨界面切换"按钮，打开单轨编辑界面，在单轨编辑界面中进行降噪处理。还可根据需要进行其他特效处理，处理完毕后，单击工具栏的"单轨/多轨界面切换"按钮，切换到多轨编辑界面。

（6）执行"文件" | "混缩另存为"命令，以 MP3 格式保存文件。

4.2.2　降噪处理

人们录制的声音中往往存在背景噪声，当房间隔音能力差时，环境不安静将造成各种各样的背景噪声，如声卡的杂音，音箱的噪声，家里电器的声音，计算机的风扇、硬盘发出的声音等各种噪声。实例 3 中将介绍利用采样降噪的方法进行降噪处理。采样降噪是目前比较科学的一种消除噪声的方式，它首先获取一段纯噪声的频率特性，然后在掺杂噪声的音乐波形中，将符合该频率特性的噪声从声音中去除。

Cool Edit 是采样降噪的高手之一。录音前可以单独录一段环境噪声，要与正式录音时的环境完全一样；然后录制人声，此时该环境噪声始终存在于录音过程中；录制完成后，选中已经单独录制的纯噪声，对这段噪声进行"采样"；最后选择需要降噪的波形范围，打开降噪设置窗口，适当调节参数，单击"确定"按钮就完成了降噪处理。

实例 3　降低录音中的环境噪声。

（1）把麦克风连接到计算机声卡麦克风（Microphone）插孔，设置录音通道为麦克风。

（2）录音。打开 Cool Edit 软件，在单轨编辑界面中新建一个新文件，单击"走带按

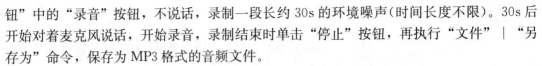

钮"中的"录音"按钮，不说话，录制一段长约 30s 的环境噪声（时间长度不限）。30s 后开始对着麦克风说话，开始录音，录制结束时单击"停止"按钮，再执行"文件"｜"另存为"命令，保存为 MP3 格式的音频文件。

（3）选择 00：00～00：30 间的环境噪声波形。

（4）执行"噪音消除"｜"降噪器"命令，打开"降噪器"对话框，如图 4.13 所示，单击"噪音采样"按钮进行噪声采样，再单击"关闭"按钮关闭对话框。

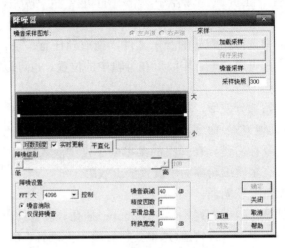

图 4.13　"降噪器"对话框

（5）执行"编辑"｜"选取全部波形"命令，将该音频文件的波形全部选中。

（6）执行"噪音消除"｜"降噪器"命令，打开"降噪器"对话框，单击"确定"按钮即完成了降噪处理。在"波形编辑窗"中可以看到 00：00～00：30 间的环境噪声波形振幅变为零。

（7）选择 00：00～00：30 间的环境噪声波形，按 Delete 键删除该无用波形。

（8）执行"文件"｜"保存"命令，保存文件。

4.2.3　其他音效处理

1. 淡入淡出特效的应用

很多的音频在开始或结尾的部分采用淡入淡出效果，淡入效果就是声音在开始的时候无声，然后慢慢逐渐响起直至正常音量。淡出效果则是在声音的结尾部分，声音缓缓地低下去，直到无声。在音频作品中这是经常使用的处理手法，有很强的感染力。

实例 4　为音频文件添加淡入淡出特效。

（1）在 Cool Edit 软件中打开需添加淡入淡出特效的音频文件。

（2）选择音频文件开始的部分波形，如 00：00～00：30 半分钟的波形。选择的波形越多，则淡入效果持续时间越长，音量由无变化到正常的速度越慢。

（3）执行"效果"｜"波形振幅"｜"渐变"命令，打开"波形振幅"对话框，如图 4.11 所示，单击"淡入/出"选项卡，在"预置"列表框中选择"Fade In"（淡入）选项，单击"确定"按钮，可见到选中的波形振幅发生了变化。

（4）选择音频文件结尾的部分波形，如音频最后的半分钟的波形。选择的波形越多，则淡出效果持续时间越长，音量由正常变化到无的速度越慢。

（5）执行"效果"｜"波形振幅"｜"渐变"命令，打开"波形振幅"对话框，如图4.11所示，单击"淡入/出"选项卡，在"预置"列表框中选择"Fade Out"（淡出）选项，单击"确定"按钮。

（6）播放音频文件，可听到声音在开始的时候无声，然后声音慢慢逐渐响起直至正常音量。在声音的结尾部分，声音缓缓地低下去，直到无声。

2. 合唱特效的应用

实例5 将一首单人歌曲处理成重唱或合唱效果。

（1）在 Cool Edit 软件中打开准备好的单人歌曲文件"编花篮.wav"。

（2）执行"编辑"｜"选取全部波形"命令，将该音频文件的波形全部选中。

（3）执行"效果"｜"常用效果器"｜"合唱"命令，打开"合唱"对话框，在"预置"列表框中选择"Duo"（二重唱）或者"More Soprano"（合唱）选项。单击"预览"按钮，听处理效果。单击"确定"按钮，完成合唱特效的应用。也可以选择其他的预置方案，或者手动调节合唱特性，直至得到满意的效果。

（4）执行"文件"｜"保存"命令，保存文件。

3. 回声特效的应用

实例6 为一段朗诵添加回声特效。

（1）在 Cool Edit 软件中打开准备好的朗诵文件"告别.wav"。

（2）选择朗诵中的男声朗读部分的波形。

（3）执行"效果"｜"常用效果器"｜"回声"命令，打开"回声"对话框，在"预置"列表框中选择"1950's Style Echo"选项，如图4.14所示。单击"预览"按钮，听处理效果。单击"确定"按钮，完成男声朗读部分的合唱特效设置。也可以选择其他的预置方案，或者手动调节回声特性，直至得到满意的效果。

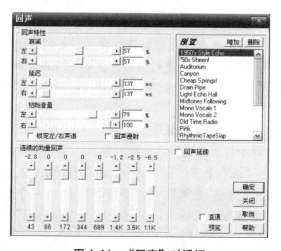

图4.14 "回声"对话框

多媒体技术基础

（4）选择朗诵中的女声朗读部分的波形。

（5）执行"效果"｜"常用效果器"｜"回声"命令，打开"回声"对话框，在"预置"列表框中选择"stereo whispers"选项，单击"预览"按钮，听处理效果。单击"确定"按钮，完成女声朗读部分的合唱特效设置。也可以选择其他的预制方案，或者手动调节回声特性，直至得到满意的效果。

（6）执行"文件"｜"保存"命令，保存文件。

4. 人声消除

通常一首歌中有原唱、伴奏。而原唱的特征大致分为两种：一是人声的声像位置在整个声场的中央（左右声道平衡分布）；二是声音频率集中在中频和高频部分。只要把左右声道的对等声音且频率集中在中频和高频部分的声音消除，即可消除歌曲中的人声。

实例 7　消除歌曲的人声，制作伴奏带。

（1）在 Cool Edit 软件中打开准备好的歌曲文件。

（2）执行"编辑"｜"选取全部波形"命令，将该音频文件的波形全部选中。

（3）执行"效果"｜"波形振幅"｜"声道重混缩"命令，打开"声道重混缩"对话框，在"预置"列表框中选择"Vocal Cut"选项，如图 4.15 所示。单击"预览"按钮，听处理效果。单击"确定"按钮，完成人声的消除。

图 4.15　"声道重混缩"对话框

（4）执行"文件"｜"保存"命令，保存文件，即可得到伴奏带。

5. 调整音调

在 Cool Edit 软件中，音调处理不仅能对整首歌进行大到八度，小到 0.1 个半音进行音高调整，而且能对一句话甚至一个音进行微调。在 Cool Edit Pro 2.0 软件中，有两种调节音调的方法。一种是利用变速器调节音调，另一种是利用变调器调节音调，该方法经常用来进行音调的微调。

实例 8　将一首歌曲整体进行音调提升。

（1）在 Cool Edit 软件中打开需要提高音调的歌曲。

（2）执行"编辑"｜"选取全部波形"命令，将该音频文件的波形全部选中。

（3）执行"效果"｜"变速/变调"｜"变速器"命令，打开"变速"对话框，如图 4.16 所示，单击"恒定速度"选项卡，精度设置为"高精度"，变速模式设置为"变调"（保持速度）。在"变换"下拉列表框中选择"1♯"选项，则提升 1 个半音（选择 1b 则表示降低 1 个半音）。单击"预览"按钮，听处理效果。单击"确定"按钮，完成音调的提升。

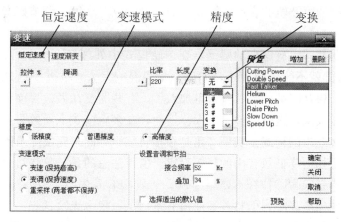

图 4.16　"变速"对话框

（4）执行"文件"｜"保存"命令，保存文件。

实例 9　将歌曲个别没唱准的字作微调处理

（1）在 Cool Edit 软件中打开歌曲"敖包相会.wav"。

（2）播放该歌曲，可判断歌曲中 00：06.9～00：07.94 间的"雨"字比正常音调低了约 0.6 个半音。在"选取/查看窗"的选择栏"始"文本框中输入精确的开始时间 00：06.9，在"尾"文本框中输入精确的结束时间 00：07.94，即可选择 00：06.9～00：07.94 间的波形。

（3）执行"效果"｜"变速/变调"｜"变调器"命令，打开"变调"对话框，如图 4.17 所示，单击"平直化"按钮，质量级别调节选"接近完美"选项，在范围内输入 1 个半音，用鼠标将图中直线的起点和终点上的白色方块拖到 0.6semi 处。单击"预览"按钮，听处理效果。单击"确定"按钮，完成音调的微调处理。

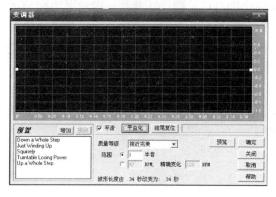

图 4.17　"变调器"对话框

（4）执行"文件"｜"保存"命令，保存文件。

4.2.4　实例解析

实例 1 是将一段音量偏大的声音音量降低到合适。因为一般录制出来的人声不可能有很平衡的音量，高音时可能会大声点，低音时可能会小声点。而在多轨的录音中出现的音

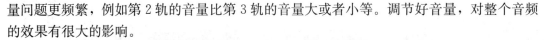

量问题更频繁，例如第 2 轨的音量比第 3 轨的音量大或者小等。调节好音量，对整个音频的效果有很大的影响。

喜欢录音的朋友一定有这样的感受，在单轨模式中处理好人声以后(已经改变了原始波形)，存盘再打开就不能再返回了，如后来觉得混响太大，欲减小已是不可能。待以后又有了好的感觉，想补唱某一句时就很难加入了。有些朋友在做效果前备份原始人声，再在复制的人声上做效果，这样文件量很大。然而，在多轨模式下做效果就不会改变原始人声波形，采取链接效果的模式。实例 2 正是在多轨编辑界面来完成配乐诗歌朗诵。

实例 3 介绍了如何降低录音中的环境噪声。值得注意的是，降噪过多会有声音失真的现象，如果噪声不是很大，拉杆不要超过 80，否则很容易失真。有时还会有这样的现象，想要给网上下载的伴奏降噪，但整首歌曲没有空白区，根本无法选择一段纯噪声采样，如果要给这样的音频降噪，就必须根据自己的经验，输入参数一次次地试听降噪。

音乐如果很突兀地开始或者很生硬地突然结束，都让人听起来别扭，我们就需要对开头和结尾的几秒钟添加淡入淡出效果，实例 4 为音频文件添加淡入淡出特效。在添加淡入淡出特效时，首先需要确定音乐从无声状态到正常振幅的时间，一般开头淡入效果声音不要太长，控制在 6~7s 为宜。

如果你是一个细心的人，会发现很多歌曲的合唱部分都是歌手一个人完成的，而且是一次采样(并不是唱两次叠在一起)，但为什么听起来会像两个或三个人在合唱呢？并且有很强的空间感，如果用立体声耳机听，会感觉左右两边一边一个在耳边唱，中间也有一个人在唱，其实这样的效果制作起来很简单。实例 5 介绍了如何将一首单人歌曲处理成重唱或合唱效果。

在朗诵意境悠远的诗歌时，回声效果是必要的，有回声的声音更加真实，更加立体，给人一种震撼的效果。实例 6 实现了为一段朗诵添加回声特效。

实例 7 通过消除歌曲中的人声，制作伴奏带。需要说明的是这样得到的伴奏带不能完全做到原版的效果，一般都会残留部分原唱的声音。要想得到更好的效果，还需要下更大功夫进一步处理，如利用"均衡器"消除伴奏中的"咝咝啦啦"声，增强立体声效果，进行低频补偿等。

广播、电视中，尤其是动画片中，经常有一些非常卡通的人声特效，十分有趣。可以通过效果设置中的变速器和变调器来完成。实例 8 和实例 9 分别利用变速器和变调器调节音调，实现了音调的微调。

现 代 声 学

现代声学研究主要涉及声子的运动、声子和物质的相互作用，以及一些准粒子和电子等微观粒子的特性。所以声学既有经典性质，也有量子性质。

声学的中心是基础物理声学，它是声学各分支的基础。声可以说是在物质媒质中的机械辐射，机械辐射的意思是机械扰动在物质中的传播。人类的活动几乎都与声学有关，从海洋学到语言音乐，从地球到人的大脑，从机械工程到医学，从微观到宏观，都是声学家活动的场所。

声学的边缘科学性质十分明显，边缘科学是科学的生长点，因此有人主张声学是物理学的一个最好的发展方向。

声波在气体和液体中只有纵波。在固体中除了纵波以外，还可能有横波（质点振动的方向与声波传播的方向垂直），有时还有纵横波。

声波场中质点每秒振动的周数称为频率，单位为赫［兹］（Hz）。现代声学研究的频率范围为 $10^{-4}\sim10^8$ 赫［兹］，在空气中可听到声音的声波长为 17mm 到 17m，在固体中，声波波长的范围更大，比电磁波的波长范围至少大 1000 倍。声学频率的范围大致为：可听声的频率为 $20\sim20000\,Hz$，小于 20Hz 为次声，大于 20000Hz 为超声。

声波的传播与媒质的弹性模量、密度、内耗以及形状大小（产生折射、反射、衍射等）有关。测量声波传播的特性可以研究媒质的力学性质和几何性质，声学之所以发展成拥有众多分支并且与许多科学、技术和文化艺术有密切关系的学科，原因就在于此。

声行波强度用单位面积内传播的功率（以 W/m^2 为单位）表示，但是在声学测量中功率不易直接测量得，所以常用易于测量的声压表示。在声学中常见的声强范围或声压范围非常大，所以一般用对数表示，称为声强级或声压级，单位是分贝（dB）。

4.3 本章小结

本章主要讲述了音频信息处理技术中的两方面内容，其中包括音频压缩技术和音频的编辑与处理，并通过使用 Cool Edit 专业音频处理软件，结合 9 个实例来说明常见的音频编辑和处理方法。本章知识结构图如图 4.18 所示。

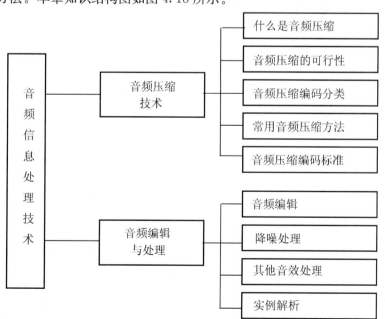

图 4.18 本章知识结构图

思 考 题

1. 怎样实现数据压缩？
2. 数据压缩技术的 3 个重要指标是什么？
3. 常用的压缩编码方法可分为哪两类？
4. 人的听觉感知机理特点是什么？
5. 常见的音频压缩编码有哪几种方法？
6. 如何使用 Cool Edit 给音乐降调升调？
7. 如何使用 Cool Edit 消除歌曲的人声，制作伴奏带？
8. 如何使用 Cool Edit 来降低录音中的环境噪声？

练 习 题

1-1 单项选择题

1. 1984 年公布的音频编码标准 G. 721，它采用的是(   )编码。

A. 均匀量化   B. 自适应量化   C. 自适应差分脉冲   D. 线性预测

2. MPEG 编码等级没有(   )。

A. Layer 1   B. Layer 2   C. Layer 4   D. Layer 3

1-2 简答题

1. 简述音频编码的分类及常用编码算法和标准。
2. 简述音频压缩编码的分类。

第 5 章

图像技术基础

学习目标

☞ 了解图像的基本概念。
☞ 掌握图像数字化的过程。
☞ 了解图像的分类、基本属性和文件格式。
☞ 了解数字图像的获取方法。
☞ 掌握 Photoshop 处理图像的基本操作和图像的编辑技术。

导入案例

神奇的全息技术带你穿越时空

科技快速发展的今天，大多数人还沉浸在电视 2D 平面技术给我们带来的欢乐时，新兴技术 3D 全息影像已悄然步入人们的生活，人们不仅能看到平面带来的视觉享受，更能身临其境地看到立体图像，好像穿越时空一般！

人类之所以能感受到立体感，是由于人类的双眼观察物体是横向的，且观察角度略有差异，图像经视并排，两眼之间有 6cm 左右的间隔，神经中枢的融合反射及视觉心理反应便产生了三维立体感。根据这个原理，可以将 3D 显示技术分为两种：一种是利用人眼的视差特性产生立体感；另一种则是在空间显示真实的 3D 立体影像，如基于全息影像技术的立体成像。全息影像是真正的三维立体影像，用户不需要佩戴立体眼镜或其他任何的辅助设备，就可以在不同的角度裸眼观看影像。

1947 年，匈牙利人丹尼斯·盖博(Dennis Gabor)在研究电子显微镜的过程中，提出了全息摄影术(Holography)这样一种全新的成像概念。全息术的成像利用了光的干涉原理，以条文形式记录物体发射的特定光波，并在特殊条件下使其重现，形成逼真的三维图像，这幅图像记录了物体的振幅、相位、亮度、外形分布等信息，所以称之为全息术，意为包含了全部信息。但在当时的条件下，全息图像的成像质量很差，只是采用水银灯记录全息信息，但由于水银灯的性能太差，无法分离同轴全息衍射波，因此大量的科学家花费了 10 年的时间却没有使这一技术有很大进展。

由于全息摄影术的发明，丹尼斯·盖博在 1971 年获得了诺贝尔奖。

1962 年，美国人雷斯和阿帕特尼克斯在基本全息术的基础上，将通信行业中的"侧视雷达"理论应用在全息术上，发明了离轴全息技术，带动全息技术进入了全新的发展阶段。这一技术采用离轴光记录全息图像，然后利用离轴再现光得到 3 个空间相互分离的衍射分量，可以清晰地观察到所需的图像，有效克服了全息图成像质量差的问题。

1969 年，本顿发明了彩虹全息术，能在白炽灯光下观察到明亮的立体成像。其基本特征是，在适当的位置加入一个一定宽度的狭缝，限制再现光波以降低像的色模糊，根据人眼水平排列的特性，牺牲垂直方向物体信息，保留水平方向物体信息，从而降低对光源的要求。彩虹全息术的发明，带动全息术进入了第三个发展阶段。传统全息技术采用卤化银等材料制成感光胶片，完成全息图像信息的记录，由于需要进行显影、定影等后期处理，整个制作过程非常繁琐。而现代的全息技术材质采用新型光敏介质，如光导热塑料、光折变晶体、光致聚合物等，不仅可以省去传统技术中的后期处理步骤，而且信息的容量和衍射率都比传统材料高。

然而，采用感光胶片或新型光敏介质，都需要通过光波衍射重现记录的波前信息，肉眼直接观察再现结果，这样难以定量分析图像的精确度，无法形成精确的全息影像。

20 世纪 60 年代末期，古德曼和劳伦斯等人提出了新的全息概念——数字全息技术，开创了精确全息技术的时代。到了 20 世纪 90 年代，随着高分辨率 CCD 的出现，人们开始用 CCD 等光敏电子元件代替传统的感光胶片或新型光敏等介质记录全息图，并用数字方式通过计算机模拟光学衍射来呈现影像，使全息图的记录和再现真正实现了数字化。

数字全息技术的成像原理是，首先通过 CCD 等器件接收参考光和物光的干涉条纹场，由图像采集卡将其传入计算机记录数字全息图；然后利用菲涅尔衍射原理在计算机中模拟光学衍射过程，实现全息图的数字再现；最后利用数字图像基本原理再现的全息图进行进一步处理，去除数字干扰，得到清晰的全息图像。

数字全息技术是计算机技术、全息技术和电子成像技术结合的产物。它通过电子元件记录全息图，省略了图像的后期化学处理，节省了大量时间，实现了对图像的实时处理。同时，其可以通过计算机对数字图像进行定量分析，通过计算得到图像的强度和相位分布，并且模拟多个全息图的叠加等操作。

透射式全息显示图像属于一种最基本的全息显示图像。记录时利用相干光照射物体，物体表面的反射光和散射光到达记录干板后形成物光波；同时引入另一束参考光波(平面光波或球面光波)照射记录干板。对记录干板曝光后便可获得干涉图形，即全息显示图像。再现时，利用与参考光波相同的光波照射记录干板，人眼在透射光中观看全息板，便可在板后原物处观看到与原物完全相同的再现像，此时该像属于虚像。假如利用与参考光波的共轭光波相同的光波照射记录干板，即从记录干板右方射向记录干板而会聚一点的球面光波，则经记录干板衍射后会聚而形成原物的实像。

透射式全息显示图像清晰逼真，景深较大(仅受光波相干长度的限制)，观看效果颇佳。但为确保光的相干性，需用激光记录与再现。采用激光也会带来其特有的散斑效应的弊病，即再现像面上附有微小而随机分布的颗粒状结构。

为克服透射式全息显示图像无法利用普通白光（非相干光）再现的缺陷，人们又发展了反射式全息显示图像。将物体置于全息板的右侧，相干点光源从左方照射全息板。将直接照射至全息板平面上的光作为参考光；而将透过全息板（未经处理过的全息板是透明的）的光射向物体，再由物体反射回全息板的光作为物光，两束光干涉后便形成全息显示图像。由于记录时物光与参考光分别从全息板两侧入射，故全息板上的干涉条纹层大致与全息板平面平行。再现时，利用光源从左方照射全息板，全息板中的各条纹层宛如镜面一样对再现光产生出反射，在反射光中观看全息板便可在原物处观看到再现的图像。

制作反射式全息显示图像时，通常采用较普通透射式全息显示图像更厚的记录介质（厚约 $15\mu m$ 的感光乳胶层）。因干涉条纹层基本上与全息板平面平行，介质层内形成多层干涉条纹层，即反射层，故全息板的衍射相当于三维光栅的衍射，必须满足布拉格（Bragg）衍射条件，即仅有某些具有特定波长及角度的光才能形成极大的衍射角。由于具有这种选择性，反射式全息显示图像便可用普通白光扩展光源再现。这是其一大优点，同时亦消除了激光的散斑效应。近年来，该类全息显示图像已广泛应用于小型装饰物的三维显示，并已实现商品化，市面上将其称为"激光宝石"。反射式全息显示图像还可用作壁挂式显示，但制作屏幕较大的反射式全息显示图像技术难度较大；另一缺陷是其景深不太大，距记录介质平面较远处的图像有点模糊不清。

随着人们逐渐不满足普通的 3D 立体成像带来的视觉效果，以及更多的数字全息技术和成像介质的研究成果的出现，出现了一批利用数字全息技术的产品，并在各行业得到了广泛应用。

全息显示图像技术的问世给全息发展带来了新的活力，在众多领域得到了应用。未来数字全息技术会普及到人们的生活，人们可以更方便地观看电影，甚至实现全息通信，"穿越时空"不再是难事。

图像是极其重要的媒体表现形式，图像在传播信息方面具有很好的视觉冲击力和视觉感染效果，它可以代替大量繁琐的文字，减少人们的视觉疲惫，是最具审美性、可视性和吸引力的信息媒介。"百闻不如一见"，"一幅图胜过千言万语"即是如此。

5.1　图像概述

所谓图，就是指用描绘或摄影等方法获得的外在景物的相似物；所谓像，就是指直接或间接得到的人或物的视觉印象。一般地讲，图像就是指对客观存在的物体的一种相似性的、生动的写真或描述。

5.1.1　图像的数字化

图像分为两大类，一类是模拟图像，模拟图像是指空间坐标和明暗程度连续变化，以连续形式存储的数据，计算机无法直接处理。如用传统相机拍摄的照片就是模拟图像。另一类是数字图像，数字图像是指空间坐标和明暗程度均不连续，用离散的数字表示，便于计算机处理，如用数码相机拍摄的数字照片。

图像数字化就是将模拟图像每个点的信息按某种规律（模拟/数字转换）编成一系列二

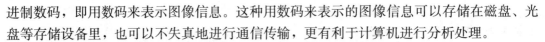

进制数码，即用数码来表示图像信息。这种用数码来表示的图像信息可以存储在磁盘、光盘等存储设备里，也可以不失真地进行通信传输，更有利于计算机进行分析处理。

图像在进行数字化的过程中，一般需要经过采样、量化和编码这 3 个步骤。

1. 采样

计算机在处理图像模拟量时，首先要通过外部设备如数码相机、扫描仪等来获取图像信息，即对图像进行采样。所谓采样就是计算机按照一定的规律，采集一幅原始图像模拟信号的样本。每秒钟的采样样本数叫作采样频率。采样频率越高，数字化后声波就越接近于原来的波形，即声音的保真度越高，但量化后声音信息量的存储量也越大。

2. 量化

对采集到的样本点进行数字化处理就是量化，实际上是对样本点的颜色或灰度进行等级划分，然后用多位二进制数表示出来。量化等级是图像数字化过程中非常重要的一个参数。它描述的是每帧图像样本量化后，每个样本点可以用多少位二进制数表示，反映图像采样的质量。

3. 编码

完成采样与量化后，就需要对每个样本点按照它所属的级别，进行二进制编码，形成数字信息，这个过程就是编码。如果图像的量化等级是 256 级，那么每个样本点都会分别属于这 256 级中的某一级，然后将这个点的等级值编码成一个 8 位的二进制数即可。

5.1.2 数字图像分类

根据图像产生、记录、描述、处理方式的不同，数字图像文件可以分为两大类：位图图像和矢量图形。在绘图或图像处理过程中，这两种类型的图像可以被相互交叉运用，取长补短。

1. 位图图像

位图图像(Bit-Mapped Image)是由许多个离散的点组成的，它们是组成图像的基本单元，每个点称作一个像素，每个像素用若干个二进制数记录它的颜色、亮度等信息。将每个像素的内容按一定的规则排列起来构成文件的内容。用这种形式表示的图像称作位图图像。

由于位图采用点阵的方式，每个像素都能记录图像的色彩信息，因而可以精确地表现色彩丰富的图像。但是图像的色彩越丰富，图像的像素越多，文件就越大。因此处理位图图像对计算机硬盘和内存要求也比较高。

2. 矢量图形

矢量图形(Vector-Based Image)也称绘图图形，是利用基本图元绘制出来的，这些图元有点、直线、圆、椭圆、矩形、弧和多边形等。图形反映物体的局部特征，是真实物体的模型化、抽象化、线条化。在计算机中，图形主要通过绘图软件绘制，它以图元为单位，可对它进行放大、缩小、旋转、删除等一系列编辑操作。许多应用软件中都提供了图形处理工具，使用这种工具能绘制简单的图形，如 Microsoft Word 中就提供了自选图形、图示等简单图形处理方法，Kingsoft WPS、Microsoft Windows 等系统中也提供了图形的处理技术。矢量图形不仅有缩放不失真的优点，而且占用空间较小，特别适用于制作企业标志。不论这些标志是用于商业信笺，还是用于户外广告，只需一个电子文件就可传递，省时省力，且显示清晰。虽然矢量图占的空间较少，但是矢量图不易制作色调丰富的图片。

5.1.3 数字图像基本属性

1. 分辨率

分辨率是指单位长度内包含的像素点的数量，常用的分辨率有图像分辨率、显示分辨率、输出分辨率和位分辨率 4 种。

1）图像分辨率

图像分辨率是指图像中每单位长度所包含的像素即点的数目，常以像素/英寸（Pixel Percent Inch，ppi）为单位。

一般来说，图像分辨率越高，图像越清晰，越能表现出更丰富的细节，但更大的文件也需要耗用更多的计算机资源，更多的 RAM，更大的硬盘空间等。因此，在设置分辨率时，应考虑所制作图像的用途。Photoshop 默认图像分辨率为 72ppi。

2）显示器分辨率（屏幕分辨率）

显示器分辨率是指显示器中每单位长度显示的像素的数目。通常以点/英寸（dpi）表示。常用的显示器分辨率有：1024×768（长度上分布了 1024 个像素，宽度上分布了 768 个像素）、800×600、640×480。

在 Photoshop 中图像像素直接转换为显示器像素，当图像分辨率高于显示分辨率时，图像在屏幕上的显示比实际尺寸大。

3）输出分辨率

输出分辨率是指激光打印机等输出设备在输出图像时每英寸所产生的油墨点数，即打印机输出图像时采用的分辨率。不同打印机的最高分辨率不同，而同一台打印机也可以使用不同分辨率打印，通常使用的单位是 dpi。

4）位分辨率

图像的位分辨率（Bit Resolution）又称位深，用来衡量每个像素储存信息的位数。这种分辨率决定可以标记为多少种色彩等级的可能性。一般常见的有 8 位、16 位、24 位或 32 位色彩。有时也将位分辨率称为颜色深度。所谓"位"，实际上是指"2"的平方次数，8 位即是 2 的八次方，也就是 8 个 2 相乘，等于 256。所以，一副 8 位色彩深度的图像，所能表现的色彩等级是 256 级。

2. 色彩三要素

色彩可用明度、色相和饱和度来描述。人眼看到的任一彩色光都是这 3 个特性的综合效果，这 3 个特性即是色彩的三要素。

1）明度

表示色所具有的亮度和暗度被称为明度。计算明度的基准是灰度测试卡。黑色为 0，

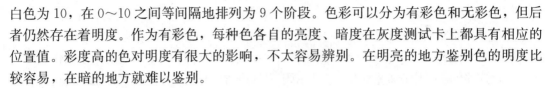

多媒体技术基础

白色为 10，在 0～10 之间等间隔地排列为 9 个阶段。色彩可以分为有彩色和无彩色，但后者仍然存在着明度。作为有彩色，每种色各自的亮度、暗度在灰度测试卡上都具有相应的位置值。彩度高的色对明度有很大的影响，不太容易辨别。在明亮的地方鉴别色的明度比较容易，在暗的地方就难以鉴别。

2）色相

色彩是由于物体上的物理性的光反射到人眼视神经上所产生的感觉。色的不同是由光的波长的长短差别所决定的。色相指的是这些不同波长的色的情况。波长最长的是红色，最短的是紫色。把红、黄、绿、蓝、紫和处在它们各自之间的黄红、黄绿、蓝绿、蓝紫、红紫这 5 种中间色——共计 10 种色作为色相环。在色相环上排列的色是纯度高的色，被称为纯色。这些色在环上的位置是根据视觉和感觉的相等间隔来进行安排的。用类似这样的方法还可以再分出差别细微的多种色来。在色相环上，与环中心对称，并在 180°的位置两端的色被称为互补色。

3）彩度

用数值表示色的鲜艳或鲜明的程度称之为彩度。有彩色的各种色都具有彩度值，无彩色的色的彩度值为 0，对于有彩色的色的彩度（纯度）的高低，区别方法是根据这种色中含灰色的程度来计算的。彩度由于色相的不同而不同，而且即使是相同的色相，因为明度的不同，彩度也会随之变化。

3．色彩模式

色彩模式决定显示和打印电子图像的色彩模型，即一幅电子图像用什么样的方式在计算机中显示或打印输出。常见的色彩模式包括位图模式、灰度模式、双色调模式、HSB（色相、饱和度、亮度）模式、RGB（红、绿、蓝）模式、CMYK（青、洋红、黄、黑）模式、Lab 模式、索引色模式、多通道模式以及 8 位/16 位模式，每种模式的图像描述和重现色彩的原理及所能显示的颜色数量是不同的。

1）位图模式

位图模式的图像只由黑色和白色两种像素组成。每个像素用"位"来表示。"位"只有两种状态。0 表示有点，1 表示无点。位图模式主要用于早期不能识别颜色和灰度的设备。如果需要表示灰度，则需要通过点的抖动来模拟。位图模式通常用于文字识别。如果需要使用 OCR（光学文字识别）技术识别图像文件，需要将图像转化为位图模式。

2）灰度模式

灰度模式图中有黑、白和各种深浅不同的灰，可显示像黑白照片那样的有阶调层次变化的图像。灰度模式最多使用 256 级灰度来表现图像，图像中的每个像素有一个 0～255 之间的亮度值。

在将彩色模式的图像转换为灰度模式时，会丢掉原图像中所有的色彩信息。与位图模式相比，灰度模式能够更好地表现高品质的图像效果。需要注意的是，尽管一些图像处理软件可以把一个灰度模式的图像重新转换成彩色模式的图像，但转换后不可能将原先丢失的颜色恢复。所以，在将彩色图像转换为灰度模式的图像时，请记得保存好原件。

3）双色调模式

双色调模式的主要功能是通过用一种特定的灰色或彩色油墨来打印一个灰度图像，采用 2～4 种彩色油墨来创建由双色调、三色调和四色调混合其色阶来组成图像。在将灰度模式的图像转换为双色调模式的过程中，可以对色调进行编辑，产生特殊的效果。而使用双色调模式最主要的用途是，使用尽量少的颜色表现尽量多的颜色层次，这对于减少印刷成本是很重要的。因为在印刷时，每增加一种色调都需要投入更大的成本。

4）HSB 模式

HSB 模式是基于人眼对色彩的观察来定义的，在此模式中，所有的颜色都用色相或色调、饱和度、亮度 3 个特性来描述。H 代表色相，取值范围 0～360；S 代表饱和度（颜色的强度或纯度），取值范围 0%～100%；B 代表亮度（颜色的明暗程度），通常用 0%（黑）～100%（白）来度量；当全亮和全饱和度相结合时，会产生最鲜艳的色彩。

5）RGB 模式

RGB 模式是基于自然界中 3 种基色光的混合原理，将红（Red）、绿（Green）和蓝（Blue）3 种基色按照从 0（黑）～255（白色）的亮度值在每个色阶中分配，从而指定其色彩。当不同亮度的基色混合后，便会产生出 256×256×256 种颜色，约为 1670 万种。当 3 种亮度值都是 255 时，产生纯白色；而当所有亮度值都是 0 时，产生纯黑色。3 种色光混合生成的颜色一般比原来的颜色亮度值高，所以 RGB 模式产生颜色的方法又被称为色光加色法。

6）CMYK 模式

CMYK 颜色模式是一种印刷模式。其中 4 个字母分别指青（Cyan）、洋红（Magenta）、黄（Yellow）、黑（Black），在印刷中代表 4 种颜色的油墨。CMYK 模式在本质上与 RGB 模式没有什么区别，只是产生色彩的原理不同，在 RGB 模式中由光源发出的色光混合生成颜色，而在 CMYK 模式中由光线照到有不同比例 C、M、Y、K 油墨的纸上，部分光谱被吸收后，反射到人眼的光产生颜色。

在 RGB 和 CMYK 模式下大多数颜色是重合的，但有一部分颜色不重合，这部分颜色就是色溢。

7）Lab 模式

Lab 模式是一种国际标准色彩模式（理想化模式），与设备无关。Lab 颜色是以一个亮度分量 L 及两个颜色分量 a 和 b 来表示颜色的。其中 L 的取值范围是 0～100，a 分量代表由绿色到红色的光谱变化，而 b 分量代表由蓝色到黄色的光谱变化，a 和 b 的取值范围均为 -120～120。

Lab 模式所包含的色彩范围最广，能够包含 RGB 和 CMYK 模式中所有的颜色。CMYK 模式所包含的颜色最少，有些在屏幕上看到的颜色在印刷品上却无法实现。

8）其他颜色模式

除上述颜色模式之外，Photoshop 还支持其他的颜色模式，这些模式包括索引颜色模式和多通道模式等。并且这些颜色模式有其特殊的用途。例如，索引颜色模式尽管可以使用颜色，但相对于 RGB 模式和 CMYK 模式来说，可以使用的颜色真是少之又少。

4. 图像的数据量

图像的数据量也称图像的容量，即图像在存储器中所占的空间，单位是字节。图像的数据量与很多因素有关，如色彩的数量、画面的大小、图像的格式等。图像的画面越大、

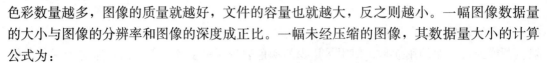

色彩数量越多，图像的质量就越好，文件的容量也就越大，反之则越小。一幅图像数据量的大小与图像的分辨率和图像的深度成正比。一幅未经压缩的图像，其数据量大小的计算公式为：

图像数据量大小＝垂直像素总数×水平像素总数×颜色深度/8

例如：一幅 65536 级的图像，其图像分辨率为 800×600，那么它的数据量就是：

$$800×600×16/8＝960000\ Byte$$

计算机图像的容量是在多媒体系统设计时必须考虑的问题。尤其在网页制作方面，图像的容量关系着下载的速度，图像越大，下载越慢。这时就要在不损失图像质量的前提下尽可能地减小图像容量，在保证质量和下载速度之间寻找一个较好的平衡点。

5.1.4 数字图像文件格式

1. 位图图像格式

（1）JPEG(JPG)。是一种高压缩文件，占用空间很少，不适于放大观看和输出印刷品。但它可用最少的磁盘空间得到较好的图像质量，因此网络图像多采用此格式。

（2）GIF。是压缩文件，占用空间较小。它能存储为背景透明化的形式，并支持动画效果。其格式文件的色深仅为 8 位，适合网络环境传输和使用。网页上的图片经常用这种格式。

（3）PNG。是 Fireworks 的默认格式。它结合了 GIF 和 JPEG 的优点，具有存储形式丰富的特点。采用无损压缩，最大色深位 48 位，也可被用于网络图像。

（4）BMP。是 Windows 系统的默认格式。它几乎不压缩，占用空间较大，所以不受网络的欢迎。色深为 1 位、4 位、8 位、16 位、32 位，最适合于图像要求较高的应用，例如：广告、印刷等。

（5）PSD。是 Photoshop 的默认格式。它可以存放图层、通道等很多信息，所以占用空间庞大。它是唯一支持全部色深的图像格式。

（6）TIFF。采用无压缩存储，具有图像格式复杂，存储信息多的特点。其最大色深为 32 位，是平面设计上最常使用的一种图形格式，特别适用于印刷出版。

（7）SVG。提供了 GIF、JPEG 所不能提供的功能优势。它可以被任意放大输出打印，占用空间要比 GIF、JPEG 小，还支持非常好的动态交互性。

2. 矢量图图像格式

（1）CDR。是著名绘图软件 CorelDRAW 的默认格式，CDR 中可以记录的资料量可以说是千奇百怪，各种物件的属性、位置、分页通道都被存储，以便日后修改。缺点是可以打开 CDR 文件的软件较少。

（2）Adobe Illustrator(ai)。是 Adobe Systems 开发的矢量文件格式，为 Windows 和大量基于 Windows 的插图应用程序支持。

（3）AutoCAD(dxf)。是一个计算机辅助设计应用程序的本地矢量文件格式，被 MS-DOS 平台和 CorelDraw 所支持，支持 8 位色深，可以保存三维对象，不能被压缩。

5.2　图像获取

图像的获取有多种方法，对于不同的图像应采用不同的获取方法。例如，要捕获照片和纸张上的图像，可选用扫描仪；对于现实生活中的影像，可利用数字相机拍摄上传；当然，也可以从网上或光盘中获取更多的图像。还可以通过使用抓图软件抓取屏幕图像。

1. 从网络下载数字图像

获取图像常用的方法之一是通过网络下载，要想在网络上获得数字图像资源，首先要在网页中搜索到所需要的数字图像资源。搜索数字图像最常用的方法是利用搜索引擎，在搜索引擎中使用关键词检索。目前，可用于搜索数字图像的搜索引擎有很多，如百度（Baidu）、谷歌（Google）、雅虎（Yahoo）、搜狗（Sogou）、网易（Netease）等。下面以全球最大的中文搜索引擎——百度为例，介绍如何从网络下载数字图像资源。

在百度首页（http：//www.baidu.com）选择"图片"选项就可以进入百度图片搜索引擎，如图 5.1 所示，它从数十亿中文网页中提取各类图片，建立了世界最大的中文图片库。到目前为止，百度图片搜索引擎可检索的图片已经近亿张。百度新闻图片搜索可以从中文新闻网页中实时提取新闻图片，具有新闻性、实时性、更新快等特点。

实例 1　使用百度下载图像资源。

（1）在"图片搜索框"中输入要搜索的关键词，例如"作家茅盾"，再单击"百度一下"按钮，即可搜索出相关的全部图片。通过单选框的"新闻图片""大图"等选项匹配要搜索的图片类型，如图 5.1 所示。

图 5.1　百度图片搜索引擎

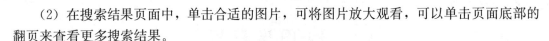

（2）在搜索结果页面中，单击合适的图片，可将图片放大观看，可以单击页面底部的翻页来查看更多搜索结果。

（3）下载网页上的图片。通常可以使用以下两种方法。

① 把鼠标移到需下载的图像上，在图像上出现的快捷工具栏中单击█按钮，打开"保存图片"对话框，选择一个保存位置，单击"保存"按钮，就可以将这幅图像保存在本地计算机上了。

② 用鼠标右键单击该图像，在弹出的快捷菜单中选择"图片另存为"命令，同样会打开"保存图片"对话框，选择一个保存位置，单击"保存"按钮，就可以将这幅图像保存在本地计算机上了。

采用上述图像的一般搜索方法，往往会搜索出很多的并不十分相关的图片，为了使图片搜索更加有效，必须学会使用百度图片搜索的高级功能。

1）按图像的格式进行搜索

百度图片搜索支持 JPEG、GIF、PNG 和 BMP 格式的图像。在搜索时，默认的结果是搜索所有格式的图像，这样将最大范围地搜索到要找的图像。也可以在图片"高级搜索"中选择想要的某一格式的图像进行搜索。图 5.2 所示为百度图片高级搜索的页面，在高级搜索页面中可以对图像的类型、大小、图像格式等进行进一步的设置。

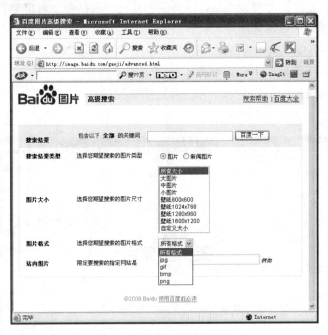

图 5.2 百度图片高级搜索

2）提高搜索图像结果的相关度

百度图片搜索支持多关键词搜索，可以同时输入多个关键词搜索，以获得更准确的结果。使用多个关键词时，各关键词之间使用空格隔开。例如，想找一张哺乳动物海豹的数字图像，输入"海豹"作关键字，搜索到的结果有 26500 张，结果中除了动物海豹外，还有各种以海豹命名的主题图像，这样得到的搜索结果与我们所需要的相关度不大。如果使用多个关键词搜索，可以输入"哺乳动物 海豹"，搜索的结果为 63 张，全部为哺乳动物海豹的图像，搜索结果相关度大大提高。再如，想搜索名人字画，如凡·高的《向日葵》、徐悲鸿的《马》、启功的题字等，使用"凡·高 向日葵""徐悲鸿 马""启功 题字"进行搜索，就可以大大提高搜索图像的相关度。

3）搜索新闻图片

在百度图片首页（搜索结果页）的图片搜索框下方选中"新闻图片"单选按钮，再单击"百度一下"按钮就可以搜索新闻图片了。

4）使用百度"图片目录"

百度图片目录是根据大部分用户的搜索浏览喜好，分门别类的将一些热门词汇整理而成的目录页面，如图 5.3 所示，在百度图片目录页面里，用户可以方便地单击所感兴趣的关键词链接来查看相关图像。目前百度图片目录包括有"精美壁纸""美女明星""帅哥明星""卡通动漫""电视电影""风景名胜"等十几个目录页面。用户可以通过百度图片首页以及搜索结果页底部的文字连接进入百度图片目录。

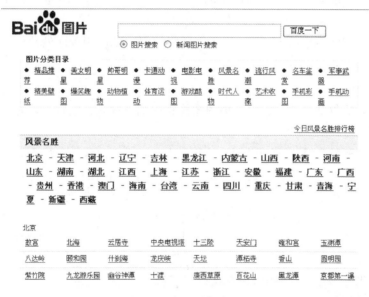

图 5.3 百度图片目录

实际上，声音、视频、文本资源的搜索策略与图片搜索策略基本相同，可参照这里介绍的搜索思路与方法进行资源检索。

2．用扫描仪获取图像

扫描仪是一种光机电一体化的典型静态图像输入设备，是将各种形式的图像信息输入计算机的重要工具之一。其最基本的功能就是将反映图像特征的光信号转换成计算机可以识别的数字信号。

许多物品都可以成为扫描仪的扫描对象，被转换成静态图像。例如，照片、文本页面、图纸、美术图画、照相底片，甚至纺织品、标牌面板、印制板样品等三维对象都可作为扫描对象。图像扫描是经常用到的一种图像获取方法，用这种办法可以使现有的图片或照片进入计算机变成人们需要的素材，进行编辑。

实例 2 以 BenQ 5560 彩色扫描仪（图 5.4）为例，介绍用扫描仪获取数字图像的方法。

图 5.4 扫描仪外观

1）扫描前的准备

先使用 USB 连接线将扫描仪与计算机连接，接通电源。现在的扫描仪大部分无电源开关，不用时，它会自动恢复为省电模式；然后安装扫描仪驱动程序和扫描仪应用程序。扫描仪购置时，均配有相应的扫描仪驱动程序和扫描仪应用程序（也可直接使用图像处理软件如 Photoshop 等），由于安装操作十分简单，这里不做介绍。

本实例中的"MiraScan 6"是一个融合了驱动程序和应用程序的软件，安装后桌面显示"MiraScan 6"的图标 。

2）扫描图像

（1）打开扫描仪的上盖，将要扫描的图像正面朝下放入扫描仪中，并将图像的位置放正，合上盖子。

（2）单击"开始"｜"程序"｜"Mira ScanV6"命令，启动扫描仪应用程序，如图 5.5 所示。然后在"一般任务设置"选项卡中对扫描图像的参数进行设置，根据扫描图像的用途设置合适的分辨率，可参考表 5-1，其他参数可以根据实际需要设置或使用默认设置。在"任务事件"选项卡中设置扫描图像输出时"另存为文件"及文件保存的位置。

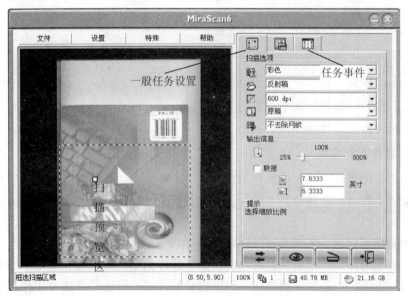

图 5.5 扫描仪应用程序界面

表 5-1 根据用途设置合适的分辨率

用　　途	扫描分辨率	格　　式
在显示屏上显示	72dpi 或 100dpi	JPEG
打印输出快照	200dpi 或 300dpi	TIFF
扩大快照或打印输出大幅照片	最高分辨率	TIFF

（3）单击"预览"按钮 ，进行预扫，预览扫描范围是否得当。调整扫描区域的虚线框，可重新调整扫描范围，也可重新设置扫描参数，获得理想的扫描效果。

（4）单击"扫描"按钮 开始扫描，出现扫描进度提示，此时扫描仪的指示灯不断闪烁。

扫描完成后，扫描的图像自动被保存在指定的位置，默认名为"Image1"，并且自动显示扫描后的图像。对扫描得到的数字图像，通常要经过一定的处理才可以使用。

3．用数字相机获取图像

数字相机简称数码相机，是一种能够进行拍摄，并通过内部数字图像处理电路把拍摄到的景物转换为数字图像格式存放的照相机。数码相机可以与计算机、电视机或者打印机直接相连，对拍摄的数字图像进行即时处理或输出。这种方法方便、快捷、操作简单，因此它是数字图像获取的重要途径。这里以 Canon Digital IXUS950 为例介绍用数码相机获取数字图像的方法。

1）数码相机的结构与功能键

数码相机的结构如图 5.6 所示。

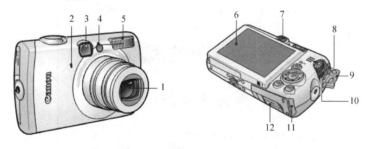

图 5.6　数码相机的结构

1—镜头　2—麦克风　3—取景器　4—自动对焦辅助灯、自拍灯、防红眼灯　5—闪光灯
6—液晶显示屏　7—取景器　8—AV OUT 音视频输出端子　9—端子盖
10—数码端子　11—存储卡插槽/电池仓盖　12—直流电连接器端子盖

2）数码照片的采集

拍摄的数码照片需要以数字图像的格式采集到计算机中，以便图像处理软件编辑处理。采集数码照片的操作步骤如下。

（1）使用 USB 接口将数码相机与计算机连接，然后打开数码相机，将模式转盘设置为"播放模式"。

（2）读取照片。计算机会自动识别来自 USB 端口的数码相机，随后打开"Microsoft

扫描仪和照片机向导"程序，显示如图5.7和图5.8所示的窗口。选择"Microsoft 扫描仪和照相机向导从照相机或扫描仪下载照片"选项；然后单击"确定"按钮，从数码相机读取照片信息；然后在接下来的窗口中单击"下一步"按钮，接下来就会显示从数码相机读取的照片。

图 5.7 选择扫描仪和照相机向导

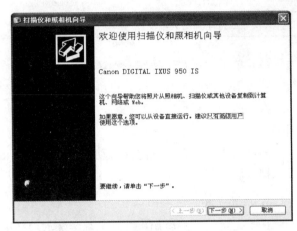

图 5.8 "扫描仪和照相机向导"程序

（3）下载照片。在图5.9的窗口中选择要下载的照片，单击"下一步"按钮，打开"照片名和目录"窗口，在该窗口中输入照片组的名字和计算机中保存的位置，再单击"下一步"按钮，数码相机中的照片就被传送到计算机中指定的位置了。

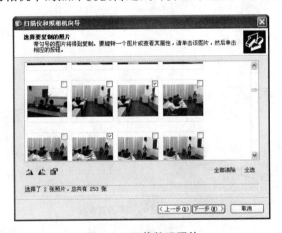

图 5.9 下载数码照片

在接下来的向导程序中选择"什么都不做。我已处理完这些照片"选项，然后单击"完成"按钮，退出"Microsoft 扫描仪和照相机向导"程序。至此，就已经完成了数码照片的采集操作，接下来就可以在图像处理软件中编辑照片了。

4. 从屏幕上捕捉图像

屏幕图像捕捉是指有选择地截取计算机屏幕上显示的画面。屏幕捕捉图像有多种方法，下面介绍常用的两种方法：一种是利用 Windows 系统命令；另一种是使用专门的截图软件。

1）利用 Windows 系统命令获取屏幕图像

在没有专门的截图软件的情况下，可以直接利用 Windows 系统中的屏幕抓图命令进行抓图。屏幕抓图方法：按 PrintScreen(PrtSc)键，将当前屏幕上的内容复制到剪贴板上，然后在图像处理软件中采用粘贴的方法，将抓取的屏幕上的图像粘贴过来。如果只将当前屏幕上的活动窗口界面复制到剪贴板上，则按 Alt＋PrintScreen(PrtSc)键进行屏幕抓图。

实例 3　抓取软件窗口的主界面。

例如，要介绍 Photoshop 软件，首先需要截取软件的主界面，这时可以采用下述步骤。

（1）关闭除 Adobe Photoshop 外的所有应用程序。

（2）截取界面窗口图像至剪贴板。其方法为：同时按 Alt＋PrintScreen 组合键，此时当前窗口中的图像便被复制到剪贴板中。

（3）借助相应的绘图软件将截取的图像保存成为文件。在这里以 Photoshop 软件为例。

启动 Photoshop 软件，执行"文件"｜"新建"命令，打开"新建"对话框，为新建的图像文件取一个名字，输入到"名称"文本框中，其他参数，如图像的"高度"、"宽度"等，是根据当前剪贴板中图像的大小设置的，因此可以直接使用，单击"确定"即可。

执行"编辑"｜"粘贴"命令，便将剪贴板上的图像粘贴到当前的空文件中。

执行"文件"｜"存储为"命令，将打开"存储为"对话框，在此对话框中指定保存文件的路径，选择保存文件的格式为"JPEG"，单击"保存"按钮，在"保存选项"对话框中设置保存图像的品质为最佳，单击"确定"按钮，完成操作。

2）使用截图软件获取屏幕图像

除了使用 Windows 提供的屏幕抓图命令获取屏幕图像外，还可以使用各种截图软件，下面以简体中文版 SnagIt 软件为例介绍利用截图软件获取屏幕图像的方法。

SnagIt 是一个非常优秀的屏幕、文本和视频捕获与转换程序，可以捕获 Windows 屏幕、DOS 屏幕；RM 电影、游戏画面。图像可被存为 BMP、PCX、TIF、GIF 或 JPEG 格式，也可以存为系列动画。另外，SnagIt 还拥有包括光标、添加水印等设置。其最新版本还能嵌入 Word、PowerPoint 和 IE 浏览器中。如图 5.10 所示，SnagIt 软件提供了 4 种捕捉模式，即图像捕捉、文字捕捉、视频捕捉和网络捕捉。

其中各捕捉模式的功能如下。

（1）图像捕捉。可以把屏幕区域、活动窗口、全屏幕以及滚动的网页窗口等捕捉并保存为数字图像。

（2）文字捕捉。可以从不允许复制和粘贴的屏幕中捕捉文字。

（3）视频捕捉。可以录制屏幕中所有的活动，包括打字和鼠标移动，录制过程中，还可以使用标准的计算机麦克风同步记录声音陈述。录制的文件以 AVI 的格式保存，可以很方便地浏览使用。

图 5.10　SnagIt 软件的界面

（4）网络捕捉。只需要指定某一网站的 URL，便可以捕捉网站中的所有图像。用户可以使用网络捕捉快速地从网站中捕捉所有的图像用于教学使用，例如：同时获得太阳系中的所有植物图像。

这里主要介绍它的图像捕捉功能。启动 SnagIt 软件后，执行"捕捉"｜"模式"｜"图像捕捉"命令，就进入图像捕捉模式。

在"图像捕捉"模式下有 5 种图像捕捉方案，即"区域"、"窗口"、"全屏幕"、"滚动窗口（网页）"和"网页（保留链接）"。每一个捕捉方案还可以进一步设置"输入"、"输出"、"效果"等选项。

图像捕捉的一般步骤为：确定一个图像捕捉方案→捕捉方案设置→单击捕捉→捕捉预览→保存图像文件→完成捕捉。

实例 4　捕捉 Photoshop 软件的命令菜单。

（1）打开 Photoshop 程序窗口。

（2）启动 SnagIt 软件，进入图像捕捉模式。在"方案"栏中选择"区域"捕捉方案。

（3）捕捉参数选择和设置。单击"方案设置"栏中的"输入"选项，它可以提供多种途径来捕捉屏幕上的内容。在弹出的菜单中选择"菜单"命令，这样就可以捕捉屏幕上任何弹出或层叠式菜单，如图 5.11 所示。同样，再单击"输出"按钮，可以设置各种输出方式。这里设置输出到"预览窗口"。"效果"选项中可以设置捕捉图像的输出效果，例如可以设置捕捉图像的边缘效果，使图像看起来像是从页面中撕裂的。

（4）设置"延时捕捉"选项。在"选项"栏中单击"定时设置"按钮🕐，如图 5.11 所示，在图 5.12 所示的对话框中选中"启用延时/计划捕捉"复选框，设置延时捕捉的时间，例如 10 秒，SnagIt 将在开始捕捉后 10 秒时捕捉屏幕上打开的命令菜单。

（5）捕捉图像。单击"捕捉"按钮，在设置的延时时间内打开需要捕捉的 Photoshop 命令菜单，到达延时时间后，SnagIt 自动捕捉屏幕上打开的命令菜单并弹出捕捉图像的"预览窗口"。此时可以查看捕捉的图像是否是自己想要的。如图 5.13 所示。

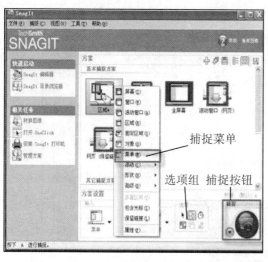

图 5.11　区域捕捉设置

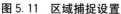

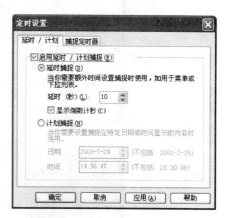

图 5.12　延时捕捉设置

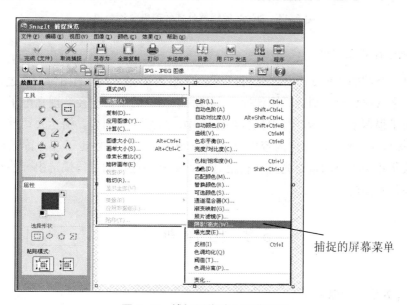

图 5.13　捕捉图像放入预览窗口

（6）编辑图像。在预览窗口中使用 SnagIt 编辑器可以对捕捉的图像直接进行编辑修饰。通过添加箭头、高亮、插图、文字、光标、标注等来修饰捕捉的图像，突出重点部分，还可以对图像进行旋转、翻转和裁切，这些编辑功能非常利于制作图像素材，如图 5.14 所示。

（7）保存图像。单击预览窗口中的"另存为"按钮，把捕捉的菜单区域保存为文件。然后单击"完成"按钮退出预览窗口。

5．利用绘图软件绘制图像

很多图像处理软件都允许用户直接利用软件自带的各种工具来绘制各种各样的图像，可以根据需要对图像的类型、大小、颜色等特性进行设置，著名的软件有 Photoshop，CorelDRAW 等。

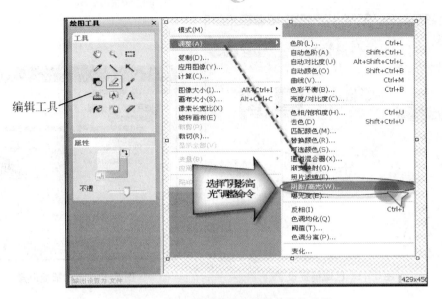

编辑工具

图 5.14　SnagIt 编辑器处理的图像修饰效果

6. 其他途径获取图像

除了以上介绍的各种途径外，还可以通过捕捉 VCD 或 DVD 的图像，通过素材光盘或商品图像库来获取想要的图像。图像库光盘是获取图像的重要途径。现在电子出版行业已经正式出版了很多素材光盘，其中包含各种图片、图案等。例如，柯达公司就专门建立有 Photo CD 素材库，其中的图像内容广泛，质量精美，当然价格也不菲。读者可以根据自己的需要收集相关类目的素材光盘，利用 ACDSee 软件进行浏览，挑选出一些符合自己选题需要和设计意图的图像。

5.3　图　像　处　理

5.3.1　图像处理常用软件

1. Photoshop

Photoshop 是 Adobe 公司旗下最为出名的图像处理软件之一，是一款集图像扫描、编辑修改、图像制作、广告创意、图像输入与输出于一体的图形图像处理软件，深受广大平面设计人员和计算机美术爱好者的喜爱。

从功能上看，Photoshop 可分为图像编辑、图像合成、校色调色及特效制作部分。Photoshop 界面图像编辑是图像处理的基础，可以对图像做各种变换，如放大、缩小、旋转、倾斜、镜像、透视等。也可进行复制、去除斑点、修补、修饰图像的残损等。这在婚纱摄影、人像处理制作中有非常大的用场，如去除人像上不满意的部分，进行美化加工，得到让人非常满意的效果。

图像合成是将几幅图像通过图层操作合成完整意义的图像，这也是美术设计的必经之路。Photoshop 提供的绘图工具让外来图像与创意很好地融合。校色调色是 Photoshop 中深具威力的功能之一，可方便快捷地对图像的颜色进行明暗、色泽的调整和校正，也可在不同颜色间进行切换以满足图像在不同领域如网页设计、印刷、多媒体等方面的应用；特效制作在 Photoshop 中主要由滤镜、通道及工具综合应用完成，包括图像的特效创意和特效字的制作，如油画、浮雕、石膏画、素描等常用的传统美术技巧都可借由 Photoshop 特效完成，而各种特效字的制作更是很多美术设计师热衷于 Photoshop 的研究的原因。

2. HDR Darkroom

HDR Darkroom 是一款多功能合一的 HDR 软件。它可以解决即使最专业的摄影师用顶级设备也避免不了的不能将美丽的自然风光完全呈现的问题，即：所得到的照片不是太亮，或者就是太暗，目之所见的优美风光，在照片上总是丢失了这样那样的细节，而变得不是那么美。HDR Darkroom 的特点是：高品质、高速地处理非常大的照片、容易掌握、强大的批处理功能和相机输出的 16 位 RAW 文件高效地转换为 8 位 JPEG 图像。最新版本为 HDR Darkroom 2.1.2。

3. CorelDRAW

在计算机图形绘制排版软件中 CorelDRAW 是首选产品，它是绘制矢量图的高手，功能强大且应用广泛，几乎涵盖了所有的计算机图形应用，在制作宣传画册、广告、绘制图标、商标等计算机图形设计领域占有重要地位。

4. 光影魔术手

光影魔术手是一个对数码照片画质进行改善及效果处理的软件，它拥有一个很酷的名字，正如它在处理数码图像及照片时的表现一样——高速度、实用、易于上手。光影魔术手是国内深受欢迎的图像处理软件。

5. 降噪软件 Neat Image 4.0

Neat Image 是一款功能强大的专业图片降噪软件，适合处理分辨率 1600×1200 以下的图像，非常适合处理曝光不足而产生大量噪波的数码照片，尽可能地减小外界对相片的干扰。Neat Image 的使用很简单，界面简洁易懂。降噪过程主要分 4 个步骤：打开输入图像、分析图像噪点、设置降噪参数、输出图像。输出图像可以保存为 TIF、JPEG 或者BMP 格式。

6. iSee

iSee 软件是一款功能全面的数字图像浏览处理工具，不但具有和 ACDSee 媲美的强大功能，还针对中国的用户量身定做了大量图像娱乐应用，让用户的图片动起来，留下更多更美好的记忆。

5.3.2　Photoshop 图像处理实例

制作多媒体课件或网站的时候，对已获取的数字图像资源的利用往往不是直接使用，通常需要经过图像处理软件的加工处理才能使用。能够进行数字图像处理的软件很多，如

Photoshop、Photoshop Styler、Image Star、MDK 等，图像处理工具 BitEdit、PalEdit 和 Convert 等。其中，Adobe Photoshop 是目前最常用的功能强大的图像处理和设计工具软件，它功能完善、性能稳定、使用方便，是加工图像素材最常用的工具。下面就以 Photoshop 软件为例来介绍多媒体教学软件制作中数字图像资源的处理。

1. 认识 Photoshop 软件界面

打开 Photoshop CS6 软件，其主界面如图 5.15 所示。单击"窗口"菜单，可打开或关闭工具箱面板及其他浮动面板。

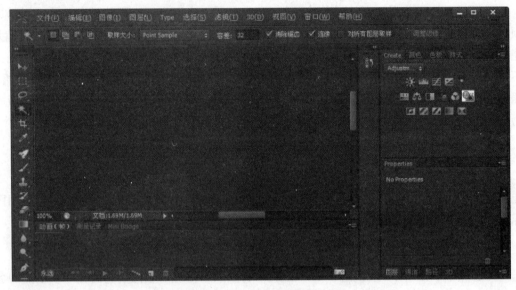

图 5.15　Photoshop CS6 的主界面

2. 改变图像大小

这个操作可以调整图像素材的大小。操作步骤如下。

（1）执行"文件"｜"打开"命令，打开需调整尺寸的原始图像。

（2）执行"图像"｜"图像大小"命令，弹出"图像大小"对话框，在宽度和高度输入框里输入相应的数字，单击"确定"按钮。

3. 抠像技术

在制作多媒体教学软件或网站时，经常需要从现有的图像素材中抠取一部分使用，这就要用到抠像技术。在 Photoshop 中，抠取图像的方法有很多种，这里介绍利用选择工具抠像的方法。

Photoshop 的工具箱提供 3 种选择工具，如图 5.16 所示。

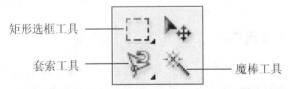

矩形选框工具
套索工具
魔棒工具

图 5.16　Photoshop 的选择工具

（1）矩形选框工具。主要用于选择矩形区域。若将鼠标放在该工具图标上，并按住鼠标不放，则会出现一个工具列表，这些工具可以建立矩形或椭圆形选区，甚至可以建立只有一个像素的水平或垂直选区。

（2）套索工具。可用于选取不规则形状的自由选区。另外两个与标准套索工具共享同一位置的套索工具为多边形套索工具和磁性套索工具。多边形套索工具可以通过单击屏幕上的不同点来创建直线多边形选区。磁性套索工具能够自动地对齐到图像的边缘，常用于创建精确的复杂选区。

（3）魔棒工具。根据颜色的相似性来选择。它可以选择一个图像中与其他区域颜色不同的区域，此工具的作用很大。

灵活利用以上 3 种选择工具，就可以从一幅图像中选出想要的区域进行复制、粘贴等操作。

4. 图像颜色的调整

处理图像时，经常需要对图像进行颜色调整，例如：经数码相机拍摄或者扫描仪扫描的图像，由于拍摄环境等因素有时会有颜色失真的现象，图像效果不理想。这时就可以使用 Photoshop 的颜色调整功能了。

（1）颜色的属性。调整颜色之前，首先要了解颜色的 3 个属性：色相、饱和度和明度。色相是颜色的名称，用于描述颜色种类。饱和度指一种色彩的浓烈或鲜艳程度，饱和度越高，颜色中的灰色成分就越低，颜色的浓度也就越高。明度是指颜色的明暗程度，它主要取决于该颜色吸收光线的程度。

（2）颜色调整方法。执行"图像" | "调整" | "色相/饱和度"命令，打开"色相/饱和度"对话框，拖动颜色 3 个属性的滑块，即可调整图像的颜色，如图 5.17 所示。

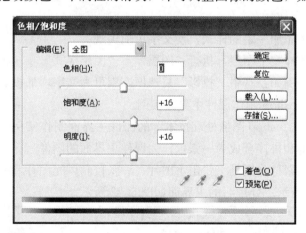

图 5.17　调整图像的颜色

5. Photoshop 的图层

图层也称为层，是 Photoshop 软件中极具特色且十分重要的概念。引入图层的概念，便于把一幅复杂的图像分解为相对简单的多层结构，每一个图层都可以进行独立的调整，而图层又通过上下叠加的方式来组成整个图像。用户可以根据需要添加很多图层，方便地对图像的效果进行灵活调整，如图 5.18 所示。用户可以通过图层浮动面板管理图层，如图 5.19 所示。

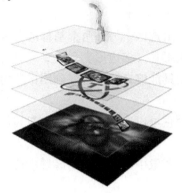

图 5.18　图层概念示意图　　　　图 5.19　图层浮动面板

6. 文字的输入与编辑

1）文字输入

Photoshop 的工具箱提供了"文字工具" T.，通过它可以输入文字。在选项栏中可以设置文字的属性，如图 5.20 所示。输入文字后可在图层面板上见到文字图层，双击文字图层即可编辑文字及属性。

图 5.20　文字工具选项栏

2）文字样式的添加

用户可以给文字添加一定的样式，使文字更加美观。

在图层面板上选择文字图层，执行"图层"｜"图层样式"｜"混合选项"命令，为文字图层设置样式。例如：选中"投影"复选框，则可为文字增加投影效果。

实例 5　用 Photoshop 制作课件主界面实例。

本实例通过"Photoshop 图像处理技术"的课件主界面制作实例，展示如何把一些原始图像素材通过调整和拼接合成为一张可作为课件主界面的图像。

本实例中用到的素材分别是一张山水图片、一张校园风光图片和一张有一个小鼠标的素材图，如图 5.21 所示。处理后的主界面如图 5.22 所示。

图 5.21　课件主界面制作原始素材

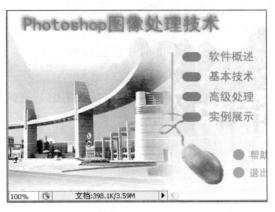

图5.22 课件主界面制作实例效果图

制作步骤如下。

(1) 背景图片处理。

① 单击菜单项"文件"｜"打开"命令，打开山水图片。

② 将颜色较深的原始素材调整得淡一点。执行"图像"｜"调整"｜"色相/饱和度"命令，打开"色相/饱和度"对话框，拖动明度滑块，使明度值为"＋75"。

③ 保存文件，命名为"cover.psd"。

(2) 将校园风光图片与背景进行和谐拼接。

① 执行"文件"｜"打开"命令，打开校园风光图片。

② 将校园风光图片尺寸调整小点。执行"图像"｜"图像大小"命令，在宽度和高度输入框里分别输入400和300(注意单位为像素)，单击"确定"按钮。

③ 单击工具箱的矩形选框工具，在选项栏中设置"羽化"属性值为15px，在校园风光图片上进行框选，如图5.23所示。

图5.23 用矩形框选工具建立选区

④ 执行"编辑" | "拷贝"命令。

⑤ 打开处理好的背景图片"cover.psd"文件。

⑥ 执行"编辑" | "粘贴"命令，此时在图层面板中将会自动建立一个图层，图层的图像内容为校园风光，如图 5.24 所示。

⑦ 在图层面板上选择内容为校园风光的图层，单击工具箱的"移动工具"按钮 ，将校园风光的图像移动到合适的位置，如图 5.25 所示。

图 5.24　自动建立的图层　　　　图 5.25　界面主元素与背景的和谐拼接

（3）主界面标题文字制作。

① 单击工具箱的"文字工具"按钮 T.，在图像上方合适位置单击，输入文字"Photoshop 图像处理技术"，设置字体大小为 30 点，颜色设置为浅蓝色，如图 5.26 所示。颜色的 R、G、B 值分别为 5、160、230，如图 5.27 所示。

② 为标题文字添加阴影效果。在图层面板上选择文字图层，执行"图层" | "图层样式" | "混合选项"命令，选中"投影"复选框。

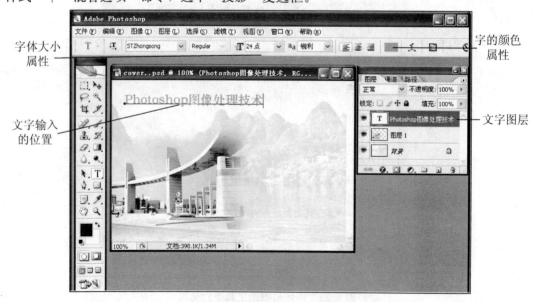

图 5.26　文字的输入及属性设置

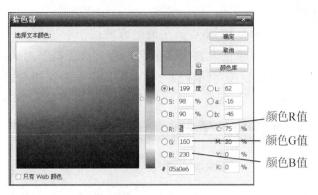

图 5.27　文本的颜色设置

（4）制作图像按钮。

① 使用圆角矩形工具绘制矩形按钮。单击工具箱的"设置前景色"按钮，在拾色器对话框里设置 R、G、B 颜色值分别为 184、216、229。

② 单击工具箱的"矩形工具"按钮，按住鼠标不放，打开矩形工具列表，选择圆角矩形工具，在图片上绘制一个小圆角矩形，在图层面板上自动建立一个形状图层，选择该形状图层，单击鼠标右键，选择"复制图层"命令，则得到该图层的副本，如图 5.28 所示。利用键盘向下的方向键移动，使复制的小圆角矩形往下移动一段距离。使用同样的方法复制，共得到 4 个圆角矩形。

（5）绘制分隔线。

① 在图层面板上选择最底层的山水背景图层，在圆角矩形的左边适当位置，用工具箱的矩形框选工具建立一条线状的选区。

② 单击工具箱的"设置前景色"按钮，在"拾色器"对话框里设置 R、G、B 颜色值分别为 184、216、229。

③ 执行"编辑"｜"填充"命令，内容项选择"使用前景色"选项，单击"确定"按钮。处理效果如图 5.29 所示。

图 5.28　图层面板

图 5.29　绘制的按钮及分隔线效果

（6）按钮文字制作。

单击工具箱的"文字工具"按钮 T.，在最上方的按钮右边单击，输入文字"软件概述"，设置字体大小为 24 点，颜色设置为浅蓝色，在"拾色器"对话框里设置 R、G、B 颜色值分别为 184、216、229。按照同样的方法，在其他 3 个按钮右边分别输入"基本技术"、"高级处理"、"实例展示"，保存文件，效果如图 5.30 所示。

图 5.30　制作按钮文字效果图

（7）将鼠标图片与背景进行和谐拼接。

① 执行"文件"｜"打开"命令，打开鼠标图片。

② 从全白背景中选取鼠标。单击工具箱的"魔棒工具"按钮 ，在选项栏中设置魔棒工具的容差属性为 32px，并确定没有选中"连续"复选框，如图 5.31 所示。在鼠标图片的白色背景上单击，则选择了全部的白色区域。

图 5.31　选项栏中魔棒属性设置

③ 执行"选择"｜"反向"命令，则选择的鼠标区域。执行"编辑"｜"拷贝"命令。

④ 打开之前处理好的主界面图片"cover.psd"文件，执行"编辑"｜"粘贴"命令，此时在图层面板中将会自动建立一个图层，图层的图像内容为鼠标。

⑤ 在图层面板上选择内容为鼠标的图层，单击工具箱的"移动工具"按钮 ，将鼠标的图像移动到右下角合适的位置，如图 5.32 所示。

（8）帮助和退出按钮制作。

① 绘制圆形按钮。单击图层面板的"创建新图层"按钮，新建一个图层，如图 5.33 所示。

在图层面板上单击新建的按钮图层，单击工具箱的"椭圆选择工具"按钮 ，按住 Shift 键，建立一个小的正圆形选区。

图 5.32　鼠标图片与背景和谐拼接效果图

单击工具箱的"设置前景色"按钮 ，在"拾色器"对话框里设置 R、G、B 颜色值分别为 255、149、9。

执行"编辑"｜"填充"命令，内容项选择"使用前景色"选项，单击"确定"按钮，即可得到一个橙色的圆形按钮。利用"复制图层"的方法则得到一个按钮图层副本。

② 制作按钮文字。与第(6)步方法相同。

经过以上步骤的处理，得到最终效果如图 5.34 所示。

"创建新图层"按钮

图 5.33　帮助退出按钮图层

图 5.34　课件界面最终效果

实例 6　修复有缺陷的照片。

下面练习使用修复画笔工具和修补工具去除一幅照片图像上的斑点，原图像效果及修复后的效果如图 5.35 和图 5.36 所示。

（1）执行"文件"｜"打开"命令，打开 Photoshop CS6 安装目录下"样本"文件夹中的名为"旧画像"的图像文件。

图 5.35　修复前照片　　　　　　　　图 5.36　修复后照片

（2）使用缩放工具对图像的上半部分进行放大，然后单击图像窗口标题栏中的"最大化"按钮，将其最大化，以便于对其进行操作。

（3）单击"污点修复画笔工具"按钮，设置适当大小的"直径"，在斑点上单击，去除小的白色和深黑色斑点。

（4）单击"修复画笔工具"按钮，在工具属性栏的"画笔"下拉列表框中将"直径"设置为 8 像素，将鼠标移动到图像窗口中，在有斑点图像周围完好的图像处按 Alt 键定义图案，然后拖动鼠标擦拭图像中的斑点，最后释放鼠标即可。

（5）用上一步的操作方法将照片上半部分所有的白色和深黑色斑点去掉。

（6）下面使用修补工具修复图像下半部分，即衣服上的斑点。单击"修补工具"按钮，在其工具属性栏中选中"目标"单选按钮。

（7）将鼠标指针移动到衣服图像上，在与斑点处衣服有相似纹理但是完整的图像上创建源选区，然后用鼠标将选区拖动到斑点图像上即可。

（8）用与第（7）步相同的方法将衣服上斑点都去掉，即可完成修复练习。

5.3.3　实例分析

1）实例 5 的制作基本思路

（1）先准备主界面的背景图。原始山水素材图片颜色较深，要作为背景图，可将素材图片的明度调高，使之颜色变淡。

（2）校园风光图片作为主界面的一个重要组成元素，利用羽化效果将校园风光与背景图进行和谐组合。原始的校园风光图片主色调为蓝色，所以在整个处理过程中选用的颜色都是蓝色系列。

（3）制作界面标题文字，为文字增加阴影效果，使之富有立体感。

（4）制作主界面的按钮部分，绘制简单的矩形作为按钮，并写上相应的文字。在按钮左边绘制一条细线使简单矩形按钮更显美观。

（5）最后制作"帮助"与"退出"按钮。以与蓝色系列对比强烈的橘红色小圆点按钮和文字作为画面的点缀。而右下角的鼠标的不规则曲线使圆点按钮不显死板。

2）实例 6 中旧照片的修复

修复过程要注意各工具结合灵活使用，主要注意以下几方面。

（1）修复旧照片前应首先应考虑对于修复效果的要求。如果要求较高就是真实、细腻、自然清晰，而且色彩不能夸张；如果要求不高，只要照片清晰，没有脏色就可以了。

（2）其次就是颜色处理。一般旧照片都是黑白照片，而且往往因为年代久远而发黄，需要进行处理。

（3）查看图像的质量。关键是检查图像的灰阶范围，即图像的黑白层次（层次即图像中从暗调到亮深浅不同的变化程度）。如果高光区和暗调区出现大片相同数值的白色、黑色，或数值变化幅度非常小，则说明图像层次较差。如果图像层次分明、色阶分布均匀，则说明图像质量较好。

（4）一般旧照片的灰阶信息比较少，细节也不够丰富，有时还会有污点或扫描损失，所以在修复旧照片时应慎用模糊工具。

（5）修复旧照片时选择工具也很重要，一般整体调节色调和灰阶的黑白灰对比时会使用"调整/色阶"和"调整/曲线"命令，但由于这两个命令多少会损失图像的细节层次，所以也要慎重使用。

图像识别技术发展趋势分析

图像技术的应用域极为广泛。下面以其学科分支及应用领域为纲，简述其发展状况及前景。

1. 计算机图像生成

以计算机图形学和"视算"为基础的计算机图像生成技术，在 21 世纪将更加繁荣。该技术在大型飞行、航海仿真训练系统中的应用已大见成效，目前已深入民用，在广告制作、动画制作中已有令人叹为观止的杰作。在 21 世纪初，"全仿真人造演员"领衔主演的动画片的表情声笑将达到乱真的程度，计算机图像生成技术的完善及廉价化对人类文化将形成一新天地。在民用衣饰、发型的设计、歌舞动作设计、外科整容预测、公安机构根据目击者叙述的罪犯追忆造型等诸多方面都有广泛应用，在军事 C3I 系统中也有广阔应用前景。

立体电视也将在计算机图像生成的基础上与电视技术相结合而诞生。

其他如计算机图像生成在 CAD 方面的应用，特别是工业产品造型设计等将进一步完善化。

2. 图像传输与图像通信，高清晰度电视

以全数字式图像传输的实时编码—压缩—解码为中心的图像传输技术将得到巨大的进展。在 2000 年前，高清晰度电视，特别是全数字式的 HDTV 将在世界范围内得到广泛采纳并成为下一代电视的标准。以宽度约 1m，高度约 60cm 的高清晰度彩色荧光屏为中心的多媒体将成为每个家庭文化生活和教育的中心，图文声像并茂的"图文电视"将成为纵览世界、本市、本社区的新闻、交通、商业采购最新消息的随时更新、自由翻阅的"电视画报"。以"图文电视"多媒体光盘等为手段的多种课程的进修、学习将可随时在空余时间内完成并将成绩汇总评阅。据估计，HDTV 及相应的家庭、多媒体中心将成为 20 世纪前 30 年最为影响国民经济的举足轻重的龙头产品之一，有关产值可达 5000 亿美元，目前已成为工业先进国家争夺的目标，可视电话及电话图像传真将成为家庭的必备品。可视数据将成为家庭中随时可查可录的图书馆和资料库，这种广泛的信息来源，图文声像并茂的"多媒体文化"将形成一代文化环境，深入到每个家庭，成为影响人们生活、教育、文化、娱乐，乃至工作方式的高新技术。

小型轻便的全数字式图像传输系统以其高压流率、高度保密的特点成为军事 C3I 系统中的重要一环。

3. 机器人视觉及图像测量

随着生活水平的日益提高，危、重、繁、杂的体力劳动将逐渐被智能机器人及机器人生产线所取代，随着机器人在工业、家庭生活中日益广泛的应用，高智能的机器人视觉是关键的一环。三维摄像机——直接摄取空间像素的灰度及"深度"的摄像将会诞生。以"三维机器视觉"分析成果为中心，配有环境理解的机器视觉将在工业装配、自动化生产线控制、救火、排障、引爆等应用乃至家庭的辅助劳动、炊事烹饪、洗衣、清洁、老年人及残障病人的监护方面发挥巨大的作用。

与机器视觉相并行，以三维分析为基础的图像测量传感将成为通用的智能化测量技术而得到长足的发展。

4. 办公室自动化

以图像识别技术和图像数据库技术为基础的办公室自动化将付诸实用。印刷体汉字识别现已有多家成果，手写体汉字识别也有一定突破。语音输入和音控设备现均在高速发展之中。口授打字，即屏编辑将把作家、教师、科技人员从爬格子编写文稿、书籍、讲义的工作中解放出来，代替以前的"剪刀＋浆糊"的手稿工作并立即提供印刷样本。图像数字库使图文并茂的报表的编制成为十分愉快的工作，将秘书和档案人员的工作推向现代化。

5. 图像跟踪及光学制导

20 世纪 70 年代以来，图像制导技术在战略武器的末制导中发挥了极大的作用，其特点是高精度与高智能化。虽然目前国际局势趋向缓和，大国之间毁灭性战斗的可能性似在减少，但局部战争与恐怖活动仍然有增无减。小巧精确的智能式战术武器是必不可少的。

以图像匹配，特别是具有"旋转、放大、平移"不变特征的智能化图像匹配与定位技术为基础的光学制导将得到进一步发展，例如，类似于毒刺、爱国者、灵巧炸弹等图像制导战术武器将会不断推出，这些地-地、地-空战术武器将改变战术作战的概念。"硅片打败钢铁"已是被海湾战争印证了的事实。

在测控技术中，"光学跟踪测控"也是最紧密的测控技术之一。

6. 医用图像处理与材料分析中的图像分析系统

以"图像重叠"技术为中心的医用图像处理技术将更趋完善。以医用超声成像、X 光造影成像、X光断影成像、核磁共振断层成像技术为基础的医用图像处理将实现医学界"将人体变为透明"的目标。

医疗"微观手术"使用微型外科手术器械进行血管内、脏器内的微观手术，其中一个基础就是医用图像。特制的图像内窥镜、体外X光监视和测量保证了手术中的安全和正确。不仅如此，术前的图像分析和术后的图像监测都是使手术成功的保证。

利用图像重叠技术进行无损探伤也应用在工业无损探伤和检验中。智能化的材料图像分析系统将有助于人类深入了解材料的微观性质，促进新型功能材料的诞生。

7. 遥感图像处理和空间探测

以多光谱图像的综合处理和像素区的模式分类为基础的遥感图像处理是对地球的全体环境进行监控的强有力的手段。它同时可为国家计划部门提供精确、客观的各种农作物生长情况、收获估计、林业资源、地质、水文、海洋等各种宏观的调查、监测资料。

空间探测和卫星图像侦察均已成为搜集情报的常规技术。21世纪人类发射的分析空间探测火箭将到达太阳系边缘，给人们送来那遥远的太阳系姐妹行星的真正面容。

8. 图像变形技术

1941年，在经典恐怖影片《狼人》中，影片中的人物Lonchaney由人变成了狼。这一特殊技巧现在称之为"变形"。仅仅半个世纪之后，先进的数字图像处理技术就使这一古老的戏法梦想成真，逼真地呈现在人们眼前。同时，变形技术作为一种新的计算机动画的处理方式脱颖而出，成为计算机动画领域中一个崭新的分支，并成为目前国际上研究的热门课题之一。

目前，所研制的动画软件中还未包含变形处理功能，而利用变形技术，特别是三维变形技术，所描述的细节更丰富，更能很好地体现自然景观，即产生更加奇特和新颖的画面，变形技术在动画制作及画面表示方面所具有的独特效果，是开创性的，在21世纪，必将具有广泛的应用前景。

从所列举的图像技术的多方面应用及其理论基础可以看出，它们无一不涉及高科技的前沿课题，充分说明了图像技术是前沿性与基础性的有机统一。

可以预期，在21世纪初，图像技术将经历一个飞跃发展的成熟阶段，为深入人民生活创造新的文化环境，成为提高生产的自动化、智能化水平的基础科学之一。图像技术的基础性研究，特别是结合人工智能与视觉处理的新算法，从更高水平提取图像信息的丰富内涵，成为人类运算量最大、直观性最强，与现实世界直接联系的视觉和"形象思维"这一智能的模拟和复现，是一个很难而重要的任务。

"图像技术"这一20世纪后期诞生的高科技之花，其前途是不可限量的。

5.4 本章小结

本章主要讲述了图像技术中的3个方面的内容，包括图像概述、图像的获取和图像处理，并通过使用Photoshop专业图像处理软件，结合两个实例来说明常见的图像处理方法。本章知识结构图如图5.37所示。

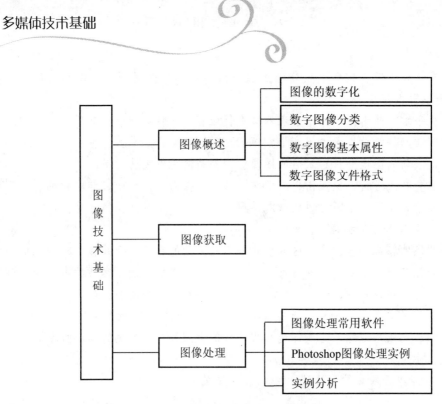

图 5.37　本章知识结构图

思 考 题

1. 图像为什么要进行数字化？在进行数字化的过程中，一般需要哪些步骤？
2. 图像如何分类，图像有哪些基本属性？
3. 数字图像有哪些常用格式，都有什么特点？
4. 参考本章介绍的 Photoshop 实例，选择处理图像，并导出为 JPEG 文件。
5. 列举几种图像获取的方式。
6. 查阅文献资料，简述图像技术应用的领域。

练 习 题

1-1　选择题

1. 一幅彩色静态图像（RGB），设分辨率为 256×512，每一种颜色用 8bit 表示，则该彩色静态图像的数据量为（　　）。

A. $512 \times 512 \times 3 \times 8$bit　　　　　　　　B. $256 \times 512 \times 3 \times 8$bit

C. $256 \times 256 \times 3 \times 8$bit　　　　　　　　D. $512 \times 512 \times 3 \times 8 \times 25$bit

2. （　　）类型的图像文件是没有经过压缩的，所占存储量极大。

A. JPG　　　　　　B. BMP　　　　　　C. GIF　　　　　　D. TIF

3. 下列关于 dpi 的叙述正确的是（　　）。

（1）每英寸的 bit 数

（2）每英寸像素点

（3）dpi 越高图像质量越低

（4）描述分辨率的单位

A.（1）（3）　　　　　B.（2）（4）　　　　　C.（1）（4）　　　　　D. 全部

4. 图像分辨率是指（　　）。

A. 像素的颜色深度　　　　　　　　B. 图像的颜色数

C. 图像的像素密度　　　　　　　　D. 图像的扫描精度

5. 下面哪一种颜色模型用在印刷品输出上面（　　）。

A. RGB 颜色模型　　　　　　　　　B. CMYK 颜色模型

C. HSL 颜色模型　　　　　　　　　D. PRINT 颜色模型

6. 下列哪些工具或操作能在 Photoshop 中选择一个不规则的区域？（　　）

（1）选择框工具

（2）魔术棒

（3）套索工具

（4）钢笔工具

A.（2）（3）（4）　　　　B.（1）（4）　　　　C.（1）（2）（3）　　　D. 全部

7. 用 Photoshop 处理图像时，以下哪种图像格式可以保存所有编辑信息？（　　）

A. BMP　　　　　　　B. GIF　　　　　　　C. TIF　　　　　　　D. PSD

8. Photoshop 中的魔术棒的作用是（　　）。

A. 产生神奇的图像效果　　　　　　B. 按照颜色选取图像的某个区域

C. 图像间区域的复制　　　　　　　D. 是滤镜的一种

9. 图像序列中的两幅相邻图像，后一幅图像与前一幅图像之间有较大的相关，属于（　　）。

A. 空间冗余　　　　B. 时间冗余　　　　C. 信息熵冗余　　　　D. 视觉冗余

10. Photoshop 中缩小当前图像的画布大小后，图像分辨率会发生怎样的变化？（　　）。

A. 图像分辨率降低　　　　　　　　B. 图像分辨率增高

C. 图像分辨率不变　　　　　　　　D. 不能进行这样的更改

11. 在多媒体计算机中常用的图像输入设备是（　　）。

（1）数码照相机

（2）彩色扫描仪

（3）视频信号数字化仪

（4）彩色摄像机

A. 仅（1）　　　　　B.（1）（2）　　　　C.（1）（3）（4）　　　D.（1）（2）（3）（4）

1-2　简答题

1. 简述图形和图像的主要区别。

2. 什么是图像的数字化？图像的数字化的过程是怎样的？

3. 简述获取图像素材的途径和操作方法。

第6章

视频的获取与编辑处理

学习目标

☞ 掌握视频信息处理的基础。
☞ 掌握模拟视频信号的特点及数字化的基本方法。
☞ 了解视频信息获取的基本原理和方法。
☞ 熟悉视频处理软件 Premiere 的基本操作。
☞ 掌握视频编辑的基本步骤和方法。

导入案例

模 拟 电 视

在正式了解数字电视之前，有必要先熟悉一下目前所使用的模拟电视，看它是如何工作的，存在哪些缺陷。模拟电视从图像信号的产生、传输、处理以及图像的复原整个过程都是在模拟信号的体制下完成的。这种体制采用时间轴取样，每帧在垂直方向取样，以幅度调制方式传送电视信号。为避开人眼对图像重现的敏感频率，将一帧分为奇、偶两场，接收端采用隔行扫描方式重现图像。具体过程如下。

（1）摄像机以每秒 30 帧的速度取景。

（2）摄像机将拍到的图片分解成一排排的像素，每个像素具有特定的颜色和亮度。

（3）成排的像素再被合成水平同步信号和垂直同步信号，由电视机中的各种电子器件接收并在屏幕上显示。

所以电视接收到的最终信号是由这些成排的像素和各种水平同步信号、垂直同步信号共同构成的复合视频信号，经由机箱背后的黄色插头进入电视机中的线路板，被其中的电子器件接收并显示在屏幕上，完成拍摄信号的传播。在这种电视机中声音信号是独立的，普通电视机的后面都有一个白色插头（不能播放立体声）或一个白色插头和一个红色插头（可以播放立体声），就是声音信号的通道。

虽然模拟电视发展到今已有 60 余年的历史，质量、效果不断提高，但却始终存在着

"接收质量不够理想"和"清晰度太差"的"先天缺陷"。以我国当前农村用户为例，在收看中央电视台的节目时，其电视信号的传播必须经历以下过程：（中央）电视台—光纤（或地面微波）—卫星转发—光纤（或地面微波或同轴光缆）—地面无线广播（差转）—家庭天线接收。这样即使中央电视台所发出的信号的信噪比在 50 分贝以上，传到普通农户家庭也只有 30 分贝左右了。其主要原因是在模拟电视体系的传输过程中，每增加一个链路环节都会使电视信号的信噪比下降几个分贝。

清晰度太差则是模拟电视的另一致命弱点，而它的好坏则直接影响画面的细节、色彩和人眼观看的舒适程度。由于受隔行扫描的限制，普通电视的有效清晰度只有 512×400 像素，而最差的计算机显示器的清晰度都有 640×480 像素，差别显而易见。所以不少人在计算机前工作了一天，回家想看会电视放松一下，却适应不了电视屏幕，觉得图像失真非常严重。

因此在信息科学技术飞速发展的今天，作为信息载体的模拟电视已走到了自己的极限，难以满足现代人对高质量画面的要求，于是新一代电视——数字电视应运而生，并逐步进入普通百姓家。

视频是多媒体中携带信息最丰富、表现力最强的一种媒体，它同时作用于人的视觉和听觉器官。随着多媒体技术的发展，计算机不但可以播放视频信息，而且还可以准确地编辑处理视频信息。视频信息的处理是多媒体制作中的一个重要环节，比如新闻联播的片头、教学录像、影视剧中的一些特写镜头以及令人眼花缭乱的广告片等都是采用数字视频信息处理技术制作的，是基于现实加工制作的产品。

6.1　视　频　概　述

视频一词译自英文 Video。人们看到的电影、电视、DVD、VCD 等都属于视频的范畴。视频是活动的图像，正如像素是一幅数字图像的最小单元一样，一幅幅静止图像组成了视频，图像是视频的最小和最基本的单元。视频由一系列图像组成，在电视中把每幅图像称为一帧（Frame），在电影中每幅图像称为一格。与静止图像不同，视频是活动的图像。连续的图像变化每秒超过 24 帧（Frame）画面时，根据视觉暂留原理，人眼无法辨别单幅的静态画面，看上去是平滑连续的视觉效果，这样连续的画面叫作视频。视频泛指将一系列的静态影像以电信号方式加以捕捉，记录，处理，储存，传送与重现的各种技术。

6.1.1　基本术语

1. 视频制式

视频制式有 3 类：PAL 制、NTSC 制和 SECAM 制。PAL 制主要被中国、澳大利亚和大部分西欧国家采用，PAL 制式的视频画面为每秒 25 帧，每帧 625 行；NTSC 制在美国、日本和加拿大被广为使用，NTSC 制式的视频图像为每秒 30 帧，每帧 525 行；SECAM 制主要在法国、中东和东欧一些国家使用，SECAM 制式的视频画面为每秒 25 帧，每帧 625 行。人们在日常生活中所见到的视频绝大多数为 PAL 制和 NTSC 制。

2. 帧率

帧率就是每秒钟扫描多少帧。对于 PAL 制电视系统，帧率为 25 帧；对于 NTSC 制电视系统，帧率为 30(29.97)帧。

3. 视频捕获

通常的视频信号都是模拟信号，计算机以数字方式处理信息，因此在计算机上使用之前必须对信号进行数字化采样，即把录像带等模拟视频信号转换成计算机可识别的数字信号，此过程为视频捕获。

4. 视频压缩

由于视频信号包括图像的色彩、亮度、大小等因素，当把模拟视频信号转换成数字视频信号时，对于计算机来说，数据的处理量是相当大的，这对计算机 CPU 的处理速度和硬盘的容量都是一个问题，因此必须对数据进行一定的压缩，这就是视频压缩。压缩前后数据量的比率就是压缩比。对同一种压缩方式来讲，压缩比也是衡量视频质量的一种标准。压缩比越大，视频质量越差。

5. 视频采集卡

视频采集卡是具备视频捕获和视频压缩功能的计算机板卡，用于将视频信号转变为视频文件。

6.1.2 视频分类

视频信号可分为模拟视频信号和数字视频信号两大类。

模拟视频信号是用于传输图像和声音的随时间连续变化的电信号。早期视频的记录、存储和传输都采用模拟方式，普通广播电视信号就是一种典型的模拟视频信号。其视频图像是以一种模拟电信号的形式来记录的，并依靠模拟调幅的手段在空间传播，再用盒式磁带录像机将其作为模拟信号存放在磁带上。模拟视频信号的特点是：以模拟电信号的形式来记录；依靠模拟调幅的手段在空间传播；使用磁带录像机将视频作为模拟信号存放在磁带上；传统视频信号以模拟方式进行存储和传送，然而模拟视频不适合网络传输，在传输效率方面先天不足，而且图像随时间和频道的衰减较大，不便于分类、检索和编辑。要使计算机能对视频进行处理，必须把视频源即来自于电视机、模拟摄像机、录像机、影碟机等设备的模拟视频信号转换成计算机要求的数字视频形式，这个过程称为视频的数字化过程。随着数字电子技术、通信技术和计算机技术的高度发展，数字化已成为视频技术发展的必然方向。

模拟视频信号数字化过程如下。

(1) 对连续时变图像在 y 方向(列)和时间 t 上进行二维取样(即扫描)，得到 x 方向(行)的一维时间函数的模拟视频信号。

(2) 对该模拟信号在水平方向 x 上沿行扫描线取样，得到离散化的三维时-空数字视频信号。

（3）对离散化的三维时-空数字视频传号进行量化编码，从而可得到数字化的视频信号。

数字视频是视频的数字化表示，是随着计算机技术的发展而产生的，是将传统的视频表示方式改变为数字方式。它采用数字的方式拍摄、记录、传输、加工和存储视频声像，使视频技术发生了根本的变革。数字视频的特点是：可以无失真地进行无限次复制，且没有误差积累；可以长时间的存放，且质量不会降低；可以对数字视频进行非线性编辑，并可以增加特技效果等；数据量大，在存储与传输的过程中必须进行压缩编码。

6.1.3 视频文件的格式

在数字视频领域，根据不同的用途，视频压缩编码的标准也不相同，从而形成了多种样式的视频文件格式。

1. MPEG 格式

MPEG 格式是目前普遍使用的视频格式。MPEG(Moving Picture Expert Group)是一种编码标准，由国际标准化组织(International Organization for Standardization，ISO)和国际电工委员会(International Electro Technical Commission，IEC)联合成立的专家组在1988 年制订的，是一种电视图像数据和声音数据的编码、解码和同步的标准，到目前为止，已经开发并使用的 MPEG 标准包括 MPEG-1、MPEG-2、MPEG-4 等。

MPEG-1 是在存储介质上保存和重获运动图像和声音的标准。它以 525 或者 625 解析线压缩影片，数据密度 1.5Mbps(兆比特每秒)。MPEG-1 视频的质量和 VHS 等同，用于制作 VCD、CD-ROM 和网上发布的视频。MP3(MPEG-1 Audio Layer 3)也是源于 MPEG-1。

MPEG-2 是一个直接与数字电视广播有关的高质量图像和声音编码标准。它可以说是 MPEG-1 的扩充，在图像质量上有很大提高。MPEG-2 是数字电视的标准，可用于制作 DVD，提供 720×480 像素和 1280×720 像素的解析度。同时在一些 HDTV(高清晰电视广播)和一些高要求的视频编辑处理上也有相当的应用。

MPEG-4 是为视听数据的编码和交互播放开发的算法和工具，是一个数据速率很低的多媒体通信标准。MPEG-4 是为了播放流式媒体的高质量视频而专门设计的，它可利用很窄的带宽，通过帧重建技术压缩和传输数据，以求使用最少的数据获得最佳的图像质量，它能够保存接近于 DVD 画质的小体积视频文件。由于 MPEG-4 小巧便于传播，从而成为网上在线播放视频的主要格式之一。

2. AVI 格式

AVI 是 Microsoft 公司开发的一种符合 RIFF 文件规范的数字音频与视频文件格式，早期用于 Microsoft Video for Windows 环境，现在已被 Windows 95/98、OS/2 等多数操作系统直接支持。

AVI 格式允许视频和音频交错在一起同步播放，支持 256 色和 RLE 压缩，但 AVI 文件并未限定压缩标准，因此，AVI 文件格式只是作为控制界面上的标准，不具有兼容性，用不同压缩算法生成的 AVI 文件，必须使用相应的解压缩算法才能播放出来。

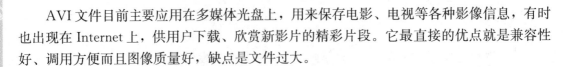

AVI 文件目前主要应用在多媒体光盘上，用来保存电影、电视等各种影像信息，有时也出现在 Internet 上，供用户下载、欣赏新影片的精彩片段。它最直接的优点就是兼容性好、调用方便而且图像质量好，缺点是文件过大。

3. QuickTime 格式

QuickTime 是 Apple 计算机公司开发的一种音频、视频文件格式，用于保存音频和视频信息，具有先进的视频和音频功能，可应用于 Apple Mac OS、Microsoft Windows 等系统中。QuickTime 文件格式支持 RLE、JPEG 等领先的集成压缩技术，可提供 150 多种视频效果，并配有提供了 200 多种 MIDI 兼容音响和设备的声音装置。

新版的 QuickTime 进一步扩展了原有功能，扩充了基于 Internet 应用的关键特性，能够通过网络提供实时的数字化信息流、工作流与文件回放功能。此外，QuickTime 还采用了一种称为 QuickTime VR 的虚拟现实技术，用户可通过鼠标或键盘的操作，实现交互式控制。

4. 流媒体格式

流媒体是指采用流式传输的方式在网上播放的媒体格式，而流式传输方式则是将整个 A/V 及 3D 等多媒体文件经过特殊的压缩方式分成一个个压缩包，由视频服务器向用户计算机连续、实时地传送。在采用流式传输方式的系统中，用户不必等到整个文件全部下载完毕，而是只需经过几秒或几十秒的启动延时即可在用户的计算机上利用解压设备（硬件或软件）对压缩的 A/V、3D 等多媒体文件解压后进行播放和观看，此时多媒体文件的剩余部分将在后台的服务器内继续下载。与单纯的下载方式相比，这种边下载边播放的流式传输方式不仅使启动延时大幅度地缩短，而且对系统缓存容量的需求也有很大降低。

到目前为止，网上使用较多的流媒体格式主要包括 Real Media、Windows Media 和 QuickTime 等。

1）Real Media（*.ram、*.rmm、*.ra、*.rm、*，rp、*.rt)格式

Real Media 包括 Real Audio、Real Video 和 Real Flash 3 类文件。其中 Real Audio 用来传输接近 CD 音质的音频数据；Real Video 用来传输不间断的视频数据；Real Flash 是一种高压缩比的动画格式。Real Media 主要用于在低速率的网上实时传输视频，具有体积小而又较清晰的特点。

Real Media 采用的 Sure Stream（自适应流）技术很具有代表性，通过 Real Server（Real 服务器）将 A/V 文件以流的方式传输，然后利用 Sure Stream 方式，根据客户端不同的拨号速率（不同的带宽），让传输的 A/V 信息自动适应带宽，并始终以流畅的方式播放。

2）Windows Media（*.asf、*.wmv)格式

Windows Media 的核心是 ASF 和 WMV 数据格式，音频、视频、图像以及控制命令脚本等多媒体信息通过这种格式，以网络数据包的形式传输，实现流式多媒体内容发布。这种格式支持任意的压缩/解压缩编码方式，并可以使用任何一种底层网络传输协议，具有很大的灵活性。

3）QuickTime（*.mov)格式

新版的 QuickTime 支持流媒体技术，能够通过网络提供实时的数字化信息流、工作

流与文件回放功能。QuickTime 以其领先的多媒体技术和跨平台特性、较小的存储空间要求、技术细节的独立性以及系统的高度开放性，得到业界的广泛认可。

6.2　视频信息的获取

6.2.1　视频采集卡

将视频信号连续转换成计算机存储的数字视频信号（离散）保存在计算机中或在 VGA 显示器上显示，完成这种功能的视频卡称之为视频采集卡，或称为视频转换卡。如果能够实时完成压缩，则称实时压缩卡。通常可将外部视频输入信号叠加在显示器上，并将视频输入信号变换成计算机可存储的信息保存在硬盘中。只能单帧捕获的，称为图像卡。

6.2.2　数字视频的获取

数字视频的来源主要有两种：一种是利用数字摄像机（硬盘式、光盘式和存储卡式数字摄像机）将视频图像拍摄下来，从信号源开始，就是无失真的数字视频，输入计算机后，通过使用的编辑软件制作成数字视频文件；另一种最常用的是通过视频采集卡把模拟视频转换成数字视频，并按数字视频文件的格式保存。

由于数字视频具有数据量大和实时性的特点，因而对处理数字视频数据的软、硬件平台要求更高。此外，由于数字视频源主要是模拟视频信号，因此在视频的模/数或数/模的转换过程中，数据的质量不仅取决于 MPC 的软、硬件平台，还与模拟视频设备以及信号源的性能有关。

从硬件平台的角度分析，数字视频的获取需要 3 个部分的配合。

首先是提供模拟视频输出的设备，如录像机、电视卡、电视机等；然后是可以对模拟视频信号进行采集、量化和编码的设备，这一般都是由专门的视频采集卡来完成的；最后，由 MPC 接收和记录编码后的数字视频数据。在这一过程中起主要作用的是视频采集卡，它不仅提供接口用来连接模拟视频设备和计算机，而且具有把模拟信号转换成数字数据的功能。

因此一个视频采集系统至少要包括一块实时视频采集卡，视频信号源如录像机、录音机、音箱、电视等外接设备，以及配置较高档的 MPC 系统。

1. 模拟视频信号源及其设备

由于视频采集卡提供复合视频输入和分量视频输入口，因此只要具有复合视频输出或 S-Video 输出端口的设备都可以为采集卡提供视频信号源。这些设备一般包括磁带录像机（VDR）、摄像机（Video Camera），或者激光视盘机（Laserdisc Player）。这些设备至少带有复合视频输出端口（Video Out），或者分量视频输出端口（S-Video Out）。把这些输出端口与采集卡相应的视频输入端口相连就可实现信号的连接。当然，使用 S-Video 端口可以获取更好的图像质量。视频的采集可以按用户的创意及设计捕获图像，但是采集的质量在很大程度上取决于视频采集卡的性能以及模拟视频信号源的质量。要根据不同的模拟视频信号源应分别选择相应的设备。

1) 磁带录像机及录像带

是提供模拟视频信号源的最常用设备。不同档次、规格的录像机对使用的磁带有不同的要求，如 VHS 的磁带仅适用于 VHS 录像机。

2) 摄像机

可以实时获取动态实景，这个实景可以记录在与摄像机配套的磁录像带上，也可以直接通过摄像机的输出端口输出，有的摄像机还具有播放功能，可以播放其录像带上的信号并通过输出端口输出。

准备好了模拟视频信号源及相应的设备，下一步的工作就是把模拟设备与 PC 上的采集卡相连接。需要注意的是由于采集卡一般只具有视频输入端口而没有伴音输入端口，如果需要同步采集模拟信号中的伴音，必须使用带声卡的 MPC 机，采集卡通过 MPC 上的声卡来采集同步伴音。

模拟设备与采集卡的连接包括模拟设备视频输出端口与采集卡视频输入端口的连接，以及模拟设备的音频输出端口与 MPC 声卡的音频输入端口的连接。

2. 视频采集对 MPC 的要求

相比于其他媒体数据，数字视频的数据量是最大的，特别是采集到的原始数字视频数据，在编辑或压缩成可用视频文件之前的数据量更是可观。如果按 AVI 采集性能计算，可计算出按最佳的视频质量采集 10 分钟 AVI 格式的视像序列其数据量为 750MB。而且在采集数字视频时，计算机的作用一是控制采集卡的实时工作，二是能够把采集卡获取的数据通过扩展槽总线接口实时输送到计算机并记录到硬盘上，因此视频序列的数据率越高，对计算机的数据传输率要求越高。由此可见，采集卡的性能越好，对计算机的要求也越高，否则采集卡不能发挥其正常的功能。

1) CPU 处理速度和内存容量

由于模拟视频输入端可以提供不间断的信息源，视频采集卡要采集模拟视频序列中的每帧图像，并在采集下一帧图像之前把这些数据传入 PC 系统。因此，实现实时采集的关键是每一帧所需的处理时间。如果每帧视频图像的处理时间超过相邻两帧之间的相隔时间，就会出现数据的丢失，也就是常说的丢帧现象。性能越高的采集卡处理每一帧所需的时间就越短，因此数据率也越高，要求 MPC 的 CPU 处理速度也越高。因此，选用较高性能的 CPU 并有效地利用内存是采集视频的基本要求。

2) 硬盘的优化

由于采集的数字视频最终要存入硬盘中，因此足够的硬盘容量是视频采集的基础。在实时采集和硬盘存入的过程中，硬盘的存取速度是数据采集和传输的关键。如果采集和处理的数字视频速率高于硬盘的数据传输率，在实时采集的过程中也会出现丢帧现象。

3) 显示设置

普通视频采集卡配备的采集程序一般提供采集预览和实时监视视频数据的功能，即在采集之前可以预览采集的效果以调整采集参数；在采集的时候可以同步监视采集信号源的情况。无论是预览还是采集时同步监视，这个过程都是数字视频的回放。首先把模拟视频信号转换成了数字视频信号，预览时直接把数字数据送到 MPC 的显示缓存进行屏幕显示，而同步监视是把采集到的数字视频数据保存成文件的同时把数据往显示缓存中送。由于数字视频的回放要占用 MPC 较多的系统资源，如果 MPC 系统的处理速度不够，采集时同步监视必然要影响到采集的效果,导致采集时丢帧,因此,采集时监视的效果并不一定是采集后再回放的效果。

如果屏幕的显示深度设置很高,如真彩色或 64K 色,则 MPC 系统要占用更多的资源作为显示处理用,当然也会影响到采集的效果。如果丢帧现象严重,应该把 MPC 的屏幕显示色彩设置得低一些,甚至关闭采集视频的同步监视,这样可以提高采集的效果,减少丢帧。由于伴音的采集是通过声卡进行的,因此即使关闭了同步视像的监视,通过声卡的输出还是可以同步监视伴音。

3. 视频采集的过程

采集视频的过程主要包括如下几个步骤。

(1)采集卡硬件安装以及软件驱动。

(2)设置音频和视频源,把视频源外设的视像输出与采集卡相连、音频输出与 MPC 声卡相连。

(3)准备好 MPC 系统环境,如硬盘的优化处理、相关显示设置、关闭其他进程等。

(4)启动采集程序,预览采集信号.设置采集参数。启动信号源,并进行采集。

(5)播放采集的数据,如果丢帧现象严重,可修改采集参数或进一步优化采集环境,然后重新采集。

(6)由于信号源不间断地送往采集卡的视频输入端口,而且采集的起始和终止又是分别控制的,因此根据需要,可对采集的原始数据进行简单的编辑,如剪切掉起始和结尾处无用的视频序列,剪切掉中间部分无用的视频序列等,以减少数据所占用的硬盘空间。

6.3 视频文件的编辑

6.3.1 视频编辑基本概念

1. 什么是视频编辑

传统的电影作品编辑是将拍摄到的电影素材胶片用剪刀等工具进行剪断和粘贴,去掉无用的镜头,而对于现在的影视作品中的编辑概念而言,其内涵远远超出了传统意义上的界定。数字编辑除了对有用的影视画面的截取和顺序组接外,还包括了对画面的美化、声音的处理等多方面。这些技术让人们感受到梦幻般的虚拟情境,把人们的视野扩展得更远更深,与此同时,也省去了大量的人力物力消耗,节省了电影制作的成本。

视频编辑包括了两个层面的操作含义:其一是传统意义上简单的画面拼接;其二是当前在影视界技术含量高的后期节目包装——影视特效制作。视频编辑经历了模拟视频编辑和数字视频编辑两个阶段。模拟视频编辑使用的编辑方法称作线性编辑,数字视频编辑使用的编辑方法称作非线性编辑。

2. 线性编辑与非线性编辑

无论是线性编辑还是非线性编辑,在进行视频编辑的过程中,常常会涉及一些最基本的概念,如镜头、组合和转场过渡等。

1）场景

一个场景也可称为一个镜头，它是视频作品的基本元素。编辑过程中经常需要对拍摄的冗长场景进行剪切。非线性编辑软件在捕捉过程中可以通过识别磁带上的时间码来判断独立的场景并进行切分。用户也能够手动切分场景。

镜头就是从不同的角度、以不同的焦距、用不同的时间一次拍摄下来，并经过不同处理的一段胶片，它是一部影片的最小单位

镜头从不同的角度拍摄来分有：正拍、仰拍、俯拍、侧拍、逆光、滤光等；以不同拍摄焦距分有：远景、全景、中景、近景、特写、大特写等；按拍摄时所用的时间不同，又分为长镜头和短镜头。

2）镜头组接

谈到镜头的组接，一定会涉及一个专业术语——蒙太奇。蒙太奇是法语 montage 的译音，原是法语建筑学上的一个术语，意为构成和装配。后被借用过来，引申用在电影上就是剪辑和组合，表示镜头的组接。所谓镜头组接，即把一段片子的每一个镜头按照一定的顺序和手法连接起来，成为一个具有条理性和逻辑性的整体。它的目的是通过组接建立作品的整体结构，更好地表达主题，增强作品的艺术感染力，使其成为一个呈现现实、交流思想、表达感情的整体。它需解决的问题是转换镜头，并使之连贯流畅并创造新的时空和逻辑关系。

镜头的组接除了采用光学原理的手段以外，还可以通过衔接规律，使镜头之间直接切换，使情节更加自然顺畅。

3）转场

转场过渡是由程序自动生成的对两个场景衔接处进行的特殊部分，能够将两个片段平滑地衔接起来。

转场效果是电影电视编辑中最常用到的方法，最常见的就是"硬切"，即是从一个剪辑到另一个剪辑的直接变化。而有些时候，正如常在电视节目中看到的，有各种各样的转场过渡效果。为此，很多视频编辑软件都提供了多种风格各异的转场效果，并且每一种效果都有相应的参数设置，使用起来非常方便。

常用的转场方式有淡出与淡入、划像、叠化、翻页、停帧、运用空镜头等形式。

淡出是指上一段落最后一个镜头的画面逐渐隐去直至黑场，淡入是指下一段落第一个镜头的画面逐渐显现直至正常的亮度。有些影片中淡出与淡入之间还有一段黑场，给人一种间歇感，适用于自然段落的转换。

划像可分为划出与划入。前一画面从某一方向退出荧屏称为划出，下一个画面从某一方向进入荧屏称为划入。划出与划入的形式多种多样，根据画面进、出荧屏的方向不同，可分为横划、竖划、对角线划等。划像一般用于两个内容意义差别较大的段落转换。

叠化指前一个镜头的画面与后一个镜头的画面相叠加，前一个镜头的画面逐渐隐去，后一个镜头的画面逐渐显现的过程。在电视编辑中，叠化主要有以下几种功能：一是用于时间的转换，表示时间的消逝；二是用于空间的转换，表示空间已发生变化；三是用叠化

表现梦境、想象、回忆等插叙、回叙场合；四是表现景物变幻莫测、琳琅满目、目不暇接。

翻页是指第一个画面像翻书一样翻过去，第二个画面随之显露出来。

前一段落结尾画面的最后一帧作停帧处理，使人产生视觉的停顿，接着出现下一个画面，这比较适合于不同主题段落间的转换。

运用空镜头转场的方式在影视作品中经常看到，特别是早一些的电影中，当某一位英雄人物壮烈牺牲之后，经常接转苍松翠柏、高山、大海等空镜头，主要是为了让观众在情绪发展到高潮之后能够回味作品的情节和意境。空镜头画面转场可以增加作品的艺术感染力。

除以上常见的转场方法，技巧转场还有正负像互换、焦点虚实变化等其他一些方式。

4）捕捉

视频捕捉这个说法是从模拟视频时代延续下来的。使用模拟视频设备的时候，计算机想要得到视频内容，就需要使用名为捕捉卡的高速数字/模拟（D/A）转换设备来完成这个工作。在使用数字视频编辑时就简单多了，因为不需要进行 D/A 转换，视频设备输出的数字信号可以被直接保存到计算机中。

5）字幕

字幕在一部影视作品中的地位非常重要，在制作视频作品时往往需要在每段视频的开头，以文字来说明标题或与视频相关的其他相关资料；片尾往往也会打出一些制作信息，这就需要为视频添加文字。对字幕功能来说，它可以简单到出现在视频中的一行文字，也可能复杂到包含图形、图像的字幕动画。字幕可以像台标一样静止在屏幕一角，也可以做成节目结束后滚动的工作人员名单。

6）视频滤镜

动态视频处理中的滤镜和静态图像处理的滤镜非常相似。通过在场景上使用滤镜可以调整影片的亮度、色彩、对比度等。

7）特殊效果

常见的特殊效果如图像变形、飞来飞去的窗口等。

模拟视频编辑大多在专业的编辑机上完成，由于素材都始终是录制在以线性结构存储的磁带上的，所以称为线性编辑。数字技术发展起来之后出现了专用的非线性编辑机，可以不按照素材在磁带上的线性位置进行处理。实际上 PC 也是一台非线性编辑机，因为所有的素材都已捕捉到磁盘上了，可随时处理任何时间线性位置上的内容。

非线性编辑的功能要远远超过线性编辑，总结起来，非线性编辑具有如下特点。

非线性编辑系统可替代传统的切换台、编辑机、特技机、字幕机、调音台等制作设备，调取节目容易，可即时完成快速搜索，精确定位，可使编辑序列任意更换、安排，利用预演功能随时观看节目效果，使工作效率大为提高。

非线性视频节目的后期制作包括视频图像编辑、音频编辑、特技及声像合成等工序，是根据前期摄制的节目素材按要求进行的再创造过程。制作完成后的电视画面，其表现力除了单个画面的自身作用外，更取决于画面组接的作用，即由镜头组接所产生的感染力与表现力。

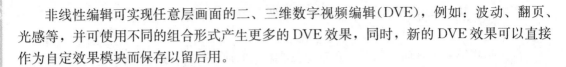

非线性编辑可实现任意层画面的二、三维数字视频编辑（DVE），例如：波动、翻页、光感等，并可使用不同的组合形式产生更多的 DVE 效果，同时，新的 DVE 效果可以直接作为自定效果模块而保存以留后用。

6.3.2 视频处理软件介绍

视频处理软件是集视频剪辑、特技应用、场景切换、字幕叠加、配音配乐等功能于一身，并能够从 VCD、CD、录像机、数码摄像机等设备中捕捉视频、音频信息，进行特效处理，生成多媒体视频文件及视频影音光盘刻录的工具。视频处理软件具有许多高档视频系统才具备的特性，其非线性编辑可随意对视频、音频片段、文字等素材进行加工，满足电子政务对视频信息的需要。视频信息的处理是多媒体制作中的一个重要环节，比如新闻联播的片头、教学录像、影视剧中的一些特写镜头以及令人眼花缭乱的广告片都是采用数字视频信息处理技术制作的，是基于现实加工制作的产品。比较常见的在 PC 上使用的视频编辑工具有 Adobe Premiere Pro、会声会影、Sony Vegas 等。

1. Adobe Premiere

Premiere Pro 是一款由 Adobe 公司推出的、专业化的影视制作及编辑软件，功能十分强大。使用它可以编辑和观看多种格式的视频文件；利用计算机上的视、音频卡，Premiere Pro 可以采集和输出视、音频，可将视频文件逐帧展开，对每一帧的内容进行编辑，并实现音频文件精确同步；能对文字、图像、声音、动画和视频素材进行编辑和合成；还能为视频文件增加字幕、音效，并生成视频文件（如常用的 AVI 格式文件）。使用Premiere Pro 这一非线性音频编辑软件，用户可以很轻松地合成编辑影视作品，成为影视制作的高手。

Premiere 软件为家庭视频编辑提供了创造性操作和可靠性的完美结合。它可自动处理冗长乏味的任务，这样用户就可自由地体验不同的特效、转换、文本和音频，还可轻松地将数码摄像机镜头直接转移到时间线编辑模式。利用菜单和场景索引即可快速编辑所拍摄的镜头、添加有趣的效果，并创建自定义 DVD。

2. 会声会影

会声会影软件目前推出了 9.0 版本，又增加了许多新功能，也为广大 DV 爱好者提供了一款优秀的视频处理软件。它提供了人性化设计的操作方式，它的影片向导为初学者入门提供了方便，它还可自动扫描 DV 影带，并以场景缩图呈现，轻松选择场景缩图，即可精准采集影片。同时可弹性缩放剪辑时间轴，并新增飞梭控制钮，快速或慢速播放寻找影片画面，剪辑精准。该软件在同类产品中也是升级周期最快的，而每次升级在功能上都有领先的技术推出，为用户提供了最新的处理技术。它目前提供的 Flash 文件输入、Flash透明覆叠、全新的配乐引擎、全新动态选单、手机与 PDA 影片格式支持等，均体现出友立公司"快速、创新、先进、独家、完美、领先"的一贯风格。但会声会影仍然存在耗用系统资源大，系统要求配置高，缺少制作光盘封面功能等不足之处，在视、音频轨道层数上和专业软件相比还有一定差距。

3. Sony Vegas

Sony Vegas 是一个专业影像编辑软件，结合高效率的操作界面与多功能的优异特性，让用户更简易地创造丰富的影像。整合影像编辑与声音的编辑，其中无限制的视轨与音轨，更是其他影音软件所没有的特性。在效益上更提供了视讯合成、进阶编码、转场特效、修剪及动画控制等。不论是专业人士或是个人用户，都可因其简易的操作界面而轻松上手。但是，它没有会声会影分割影片的能力。

4. Movie Maker

Movie Maker 作为一款免费的入门级视频编辑软件，可谓是"麻雀虽小，五脏俱全"，无论是转场、特效还是字幕，它都可以提供基本的支持，只是在数量和可定制程度上大大落后于其他产品。它拥有一套完整的视频采集、非线性编辑和输出系统，并且依托微软强大的技术优势。但是，它目前的输出功能还是比较单一。

6.4 Premiere 视频制作与编辑

6.4.1 Adobe Premiere 简介

1. 认识 Premiere

在创建新项目之前，先简单介绍 Premiere Pro 以及项目相关的窗口界面。

新版本的 Premiere Pro CS4 相比过去版本，添加了更多人性化的设定，如图 6.1 所示。

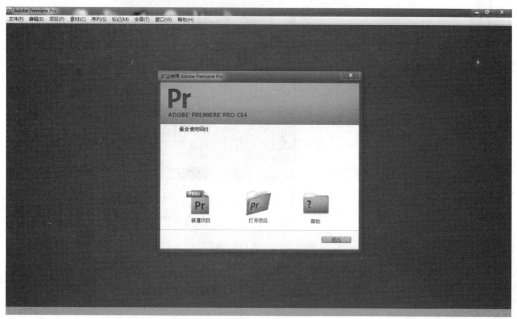

图 6.1 Premiere Pro 初始化引导界面

在启动 Premiere Pro CS4 后，首先呈现给用户的是软件的欢迎界面。通过此欢迎界面，用户可以创建新的项目、打开已有项目、打开最近使用的项目以及获取帮助信息。操作界面如图 6.2 所示。

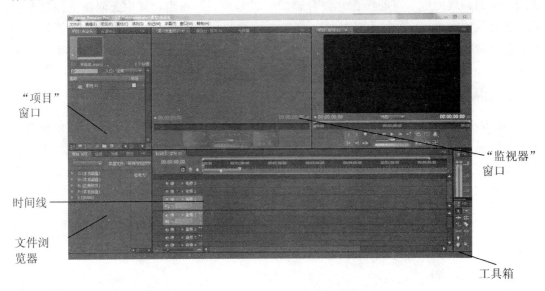

"项目"窗口

"监视器"窗口

时间线

文件浏览器

工具箱

图 6.2　Premiere Pro CS4 操作界面

1)"项目"窗口

"项目"面板主要用于导入、预览和组织各种素材，如图 6.3 所示。

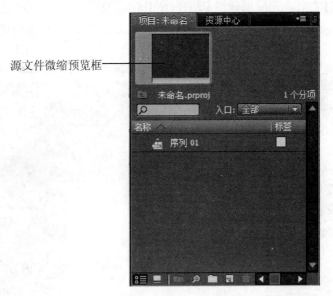

源文件微缩预览框

图 6.3　"项目"窗口

导入视频文件最快捷的方式是直接将文件拖入此框，当然，也可以通过菜单栏的"文件"菜单来打开文件。

2)"监视器"窗口

"监视器"窗口分为左、右两个窗格，如图 6.4 所示。

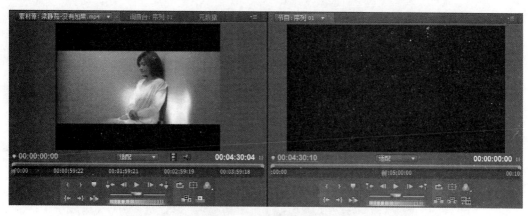

图 6.4 "监视器"窗口

左窗格包含两个选项卡,一个是"源文件预览"选项卡,在"项目"面板中双击源文件图标,就可以把源文件引入到"源文件预览"面板,可以对素材进行预览,给素材设置入点与出点并把它插入或覆盖到其他视频中,而不破坏原文件。另一个选项卡为"调音台"选项卡,如图 6.5 所示。

平衡器旋钮

各音轨音量滑钮

播放控制按钮

图 6.5 调音台

通过"调音台"选项卡可分别对每个音轨的音频文件进行调校,如音量和左右声道的平衡。

"监视器"窗口的右窗格内是"播放"面板,用于控制并预览视频文件的演示,如图 6.6 所示。

3)"时间线"窗口

可以对素材进行非线性编辑操作的窗口,视频文件和音频文件的编辑合成以及特技制作在此完成,如图 6.7 所示。

图 6.6　"播放"面板

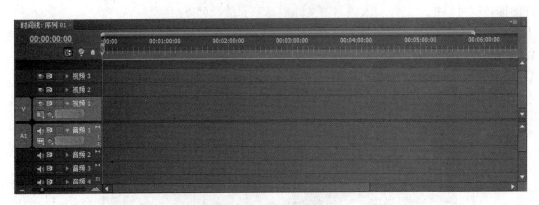

图 6.7　"时间线"窗口

"时间线"窗口是视频和音频文件编辑合成的工作场所,音、视频片段按时间线顺序在此排列和组接,是非线性编辑最为重要额核心部分。

(1) 🔲。"捕捉"按钮,可使两段素材的对齐。

(2) 🔲。"设置时间线上的标记"按钮,可以快速定位要寻找的帧的位置。

(3) 🔲。时间条放缩滑块,为了更细致地编辑视频片段,可以向右拖滑块把时间标尺放大。

(4) 🔲。"播放"按钮,它所在的位置就是当前"监视器"窗口显示的帧。

视频轨道相关按钮如下。

🔲:"视频可视/不可视状态"按钮。🔲状态时视频可见,🔲状态时视频不可见。

"设定显示样式"按钮有 4 种标志。🔲显示头和尾、🔲仅显示开头、🔲显示每帧、🔲仅显示名称。

"锁定轨道"按钮,在🔲状态下,轨道被斜线覆盖,表示此轨道的所有视频片段均不能够被编辑,但可以被播放。

🔲:"显示和关闭帧"按钮,在视频轨道上显示用户设定的关键帧。

① "信息"选项卡。用于显示选定素材的基本信息,如图 6.8 所示。

②"历史"选项卡。用于记录用户的每一步操作，使用"历史"选项卡可以返回到过去的状态，如图6.9所示。

图6.8　"信息"选项卡　　　　　图6.9　"历史"选项卡

4）工具箱

工具箱中存放视频处理的常用工具，如图6.10所示。

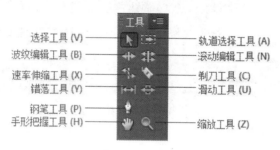

图6.10　工具箱

2. 导入视频素材

创建新项目后，Premiere Pro 可以导入视频素材文件（AVI 或 MPEG 格式文件）、音频文件（MP3 或 WAV 格式文件）以及图像文件（JPEG、PSD、BMP、TIFF 格式文件）。

（1）视频剪辑。选中工具箱的剃刀工具，把鼠标指针移至视频轨道需要剪切食品部分的帧起始位置，单击起始位置，视频文件在此断开。以同样的方法断开需要剪切的视频部分的帧结束位置，如图6.11所示。

图6.11　剪辑素材

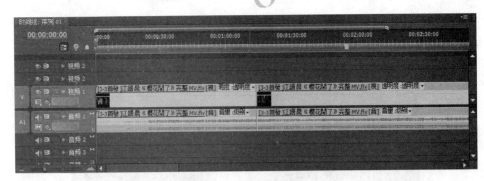

图 6.11　剪辑素材(续)

（2）删除不需要的视频片段。选择工具箱中选择工具 ，在视频轨道中单击需删除的视频部分，然后按 Delete 键，如图 6.12 所示。

图 6.12　删除视频片段

3. 使用过渡效果

1）添加过渡效果

过渡效果是指两个视频片段相接时，片段间的切换效果。系统提供的过渡特效存放在"项目"窗口的"效果"选项卡中，如图 6.13 所示。

Premiere Pro CS4 为用户提供了 11 种过渡特效，单击每种类型左侧的三角按钮 ，可以打开类型文件夹，显示具体过渡特效，如图 6.14 所示。

图 6.13　"效果"选项卡

图 6.14　"效果"细化

2）常用的过渡效果

Premiere Pro CS4 提供的过渡特效类型介绍如下。

（1）3D 运动。产生从二维到三维的立体转换视觉效果。

（2）擦除。后一个视频片段以时钟、风车、袋状等形状擦除前面的画面。

（3）滑行。以画面的滑动为主进行画面的切换。

（4）划像。对画面进行分割，实现转场。

（5）卷页。以页面翻卷或菠萝的效果过渡。

（6）溶解。前后画面易溶解方式实现过渡。

（7）伸展。以伸展的特级进行画面的切换。

（8）缩放。以镜头推拉或缩放的效果实现过渡。

（9）特技。与 Photoshop 等图形软件结合产生的过渡效果。

（10）映射图。以通道叠加或前后画面色彩混合的效果实现过渡。

4. 使用滤镜特效

视频特效实际上就是视频滤镜，它可以使视频文件变幻出许多特技，增强视频文件的艺术效果。系统提供的视频特效存放在"项目"窗口的"效果"选项卡，如图 6.15 所示。

图 6.15 "效果"选项卡

1）滤镜使用方式

Premiere Pro CS4 为用户提供了 18 类特效效果，单击每种类型左侧的三角按钮，可以打开类型文件夹，显示具体特效效果。把选中的视频特效拖至"时间线"窗口中的视频片段，此片段上方出现一条绿线，表示应用了选中的视频特效。"监视器"窗口中的"特效控制台"选项卡可对应用特效进行调整，如图 6.16 所示。

图 6.16 "特效控制台"选项卡

特效名称前的"特效开关"按钮控制特效有效性；单击视频效果前的按钮可以设定特效参数，并预览效果；单击"重置"按钮可使特效设置恢复系统提供的初始值；单击"固定动画"按钮，同时面板上弹出"添加/删除关键帧"按钮，这时可以设置关键帧，每个关键帧允许单独设置特效参数，弹起"固定动画"按钮，可删除所有关键帧；参数设置区可对特效进行参数设置。

2）视频特效

Premiere Pro CS4 提供的视频特效类型介绍如下。

（1）调整。主要用于调节画面的色彩、亮度、对比度等效果。

（2）风格化。使画面产生浮雕、马赛克及风灯滤镜效果。

（3）光效。在画面中产生镜头光晕、闪电或渐变蒙版的效果。

（4）键控。采用叠加技巧，使图像发生变化的滤镜效果。

（5）颗粒。使画面产生玻璃灯颗粒的效果。

（6）模糊锐化。对画面进行模糊或锐化滤镜的处理。

（7）扭曲。对画面进行各种扭曲处理。

（8）色彩校正。对画面的色彩进行校正。

（9）通道。通过不同画面间的混合产生滤镜效果或把画面中的色彩都转换为相应补色的滤镜效果。

（10）透视。使画面产生三维立体效果。

（11）图像控制。对画面的色彩进行调整的滤镜效果。

（12）噪波。画面中的每个像素由它周围像素的 RGB 平均值替代的滤镜效果。

导入到视频轨道上的素材文件可以使用工具箱中的工具进行剪辑，并删除无用的视频片段；对于已经剪辑好的视频片段在切换过程中加入转场效果，并进行参数调整。对视频片段应用视频特效，同时进行适当的参数调整，可以增加影片播放的生动性，给人以视觉艺术的冲击力。

5. 后期音频处理

很多生动的视频文件都带有声音，这些声音有可能是美妙的背景音乐、感人的旁白或者是大自然中的声音，这些声音既可以增强视频文件的真实感，又可以增强感染力。本节的任务就是使用 Premiere Pro CS4，对视频文件中的音频部分进行处理。

对音频内容的处理是在“时间线”窗口内的音频轨道上实现的。音频处理指的是音频过渡处理，比较常用的音频处理方式有两种：音频淡入淡出的调整，即声音从无到有，或从有到无；音频交叉淡化，即两个声音一个逐渐消失，同时另一个逐渐出现。

Premiere Pro CS4 提供的音频处理效果在“项目”窗口的“效果”选项卡中，如图 6.17 所示。

如果对单音频文件进行淡化处理，那么只要把“效果”选项卡中“交叉淡化”文件夹内选中的音频处理效果拖至“时间线”窗口单音频文件的触点即可。如果对两个音频文件进行交叉淡化处理，则首先把两个音频文件在“时间线”窗口排列放好，并有部分重叠，然后把选中的音频特效效果分别拖至两个音频文件的出点和入点。

对音频文件进行特效处理，可以改善音质，增强效果。

Premiere Pro CS4 提供的音频特效处理效果在“项目”窗口的“效果”选项卡中，音频特效效果共分为 3 类：5.1 声道、立体声和单声道，如图 6.18 所示。

对音频文件进行特效处理，只要把“效果”选项卡中选中的音频特效效果拖至音频特效效果拖至“时间线”窗口的音频文件上，在“特效控制台”选项卡中对音频特效参数进行调整即可，如图 6.19 所示。

Premiere Pro CS4 程序处理的音频文件主要是背景音乐和解说旁白，音频文件处理主要包括音频过渡和音频特效两个方面。

图 6.17 "效果"选项卡

图 6.18 音频特效处理效果

图 6.19 音频特效参数调整

音频过渡主要处理单个音频文件的淡入淡出和两个音频文件交叉淡入淡出；音频特效是音频文件进行特效处理，改善音质、增强效果。

为音频文件设置过渡效果后，如果发现过渡发生时间太短促，要调整加长时间，可以执行"编辑"｜"参数"｜"常规"命令，打开"参数"对话框，在"常规"选项卡中调整"默认音频切换持续时间"的值，如图 6.20 所示。

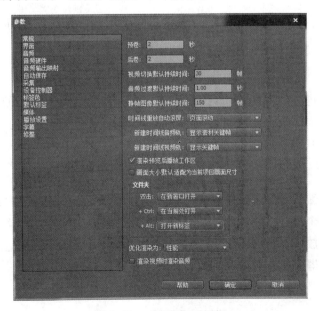

图 6.20 "参数"对话框

6.4.2 视频编辑制作流程

Premiere 数字视频编辑制作一般包括以下基本步骤。

1. 准备素材文件

依据具体的视频剧本以及提供或准备好的素材文件可以更好地组织视频编辑的流程。素材文件包括：通过采集卡采集的数字视频 AVI 文件，由 Adobe Premiere 或其他视频编辑软件生成的 AVI 和 MOV 文件、WAV 格式的音频数据文件、无伴音的动画 FLC 或 FLI 格式文件，以及各种格式的静态图像，包括 BMP、JPG、PCX、TIF 格式文件等。电视节目中合成的综合节目就是通过对基本素材文件的操作编辑完成的。

2. 在时间窗口中编辑素材，进行素材的剪切

各种视频的原始素材片段都称作为一个剪辑。在视频编辑时，可以选取一个剪辑中的一部分或全部作为有用素材导入到最终要生成的视频序列中。剪辑的选择由切入点和切出点定义。切入点指在最终的视频序列中实际插入该段剪辑的首帧；切出点为末帧。也就是说切入和切出点之间的所有帧均为需要编辑的素材，使素材中的瑕疵降低到最少。

3. 使用工具箱编辑素材

运用视频编辑软件中的各种剪切编辑功能进行各个片段的编辑剪切等操作，完成编辑的整体任务，目的是将画面的流程设计得更加通顺合理，时间表现形式更加流畅。

4. 添加画面过渡效果和滤镜特效

添加各种过渡特技效果，使画面的排列以及画面的效果更加符合人眼的观察规律，更进一步进行完善。

5. 添加字幕(文字)

在做电视节目、新闻或者采访的片段中，必须添加字幕，以更明确地表示画面的内容，使人物说话的内容更加清晰。

6. 处理声音效果

在片段的下方进行声音的编辑(在声道线上)，可以调节左右声道或者调节声音的高低、渐近，淡入淡出等效果。这项工作可以减轻编辑者的负担，减少了使用其他音频编辑软件的麻烦，并且制作效果也相当不错。

7. 生成视频文件

对建造窗口中编排好的各种剪辑和过渡效果等进行最后生成结果的处理称编译，经过编译才能生成为一个最终视频文件。最后编译生成的视频文件可以自动地放置在一个剪辑窗口中进行控制播放。在这一步骤生成的视频文件不仅可以在编辑机上播放，还可以在任何装有播放器的机器上操作观看。生成的视频格式一般为 .avi。

6.4.3 视频制作与编辑实例

实例 1 制作 MTV。

本实例制作英文歌曲 My Heart 的 MTV，制作思路是：首先创建歌词文字，然后运用 Premiere 自带的 Linear Wipe 特效来制作歌词随歌声一起同步进行的效果，制作的关键是设置 Linear Wipe 参数的关键帧，使歌词完全跟歌声同步。

（1）首先进行字幕的制作，操作步骤如下。

① 新建一个项目，在"装载预置"选项卡中，选择 DV-PAL 下的 Standard 48kHz，将项目命名为"MTV"，单击"确定"按钮保存项目设置。

② 执行"文件"｜"新建"｜"字幕"命令，打开字幕设计窗口，将其命名为"Pl1"，在工具栏中单击【文本】按钮，在窗口中输入文本文字"Every night in my dreams"，如图 6.21 所示。

图 6.21 输入文本文字

③ 在"字幕属性"面板中，将"字体尺寸"设置为 50，展开"填充"选项，将"色彩"的值设置为 RGB(3，152，252)，展开其"画笔"选项，单击"内部画笔"选项后面的"添加"按钮，展开"内部画笔"选项，将"类型"设置为"凸出"，将"色彩"设置为 RGB(255，255，255)，并将文字拖动到合适的位置，如图 6.22 所示。

④ 关闭字幕设计窗口，保存字幕设置，再次执行"文件"｜"新建"｜"字幕"命令，打开字幕设计窗口，将其命名为"Pl1-1"，单击工具栏中的"文本工具"按钮，输入文本"Every night in my dreams"，在"字幕属性"面板中，将"字体尺寸"设置为 50，并将文字拖动到合适的位置。

（2）依据同样的方法制作出其他的字幕文字"My-Heart"，步骤如下。

① 打开字幕设置窗口，单击工具栏中的"文本工具"按钮，输入歌曲名"MyHeart"，展开其"填充"

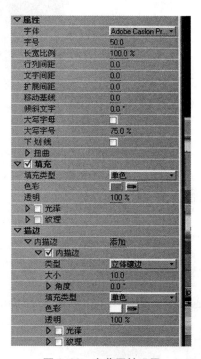

图 6.22 字幕属性设置

139

选项，将"色彩"设置为（255，143，5），展开"内部画笔"选项，将"填充类型"设置为"立体镶边"，将"色彩"设置为（3，188，255）。

②单击工具箱中的"矩形工具"按钮，在窗口中绘制一个矩形，将其"宽度"设置为570，将"高度"设置为7，将"填充"选项下的"色彩"设置为（242，250，5），将其放置到如图6.23所示的位置，制作一条分隔线。

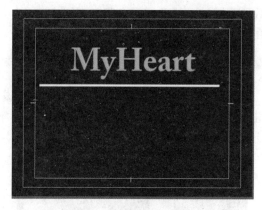

图 6.23　制作分隔线

③再输入演唱者的名字文本"singer：celine dion"，并设置其参数，如图6.24所示。

图 6.24　分割线下再输入文本

（3）导入素材，步骤如下。

①关闭字幕设计窗口，保存字幕设置，在"项目"窗口中右击，在快捷菜单中选择"新文件夹"命令，新建两个文件夹，并将其命名为"图片"、"字幕"，分别将图片和字幕都放置在相应的文件夹中。

②选择"图片"文件夹，右击，在快捷菜单中选择"导入"命令，将图片导入到"项目"窗口中。

③将图片拖动到"视频1"轨道中，并将第一张图片的入点设置在21秒的位置。

④将背景片头的背景图片从"项目"窗口中拖动到"视频1"轨道中，并将其入点设置为0s，将其出点设置为21s。如图6.25所示。

⑤将字幕"曲名"放置到"视频2"轨道中，如图6.26所示，将入点设置为0s，将其出点设置为21s。

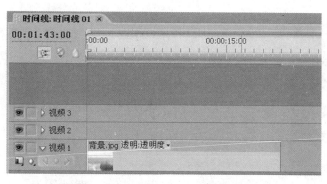

图 6.25 背景片头拖入背景图片

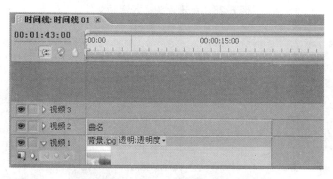

图 6.26 背景片头插入字幕

⑥ 将字幕文件从"Pl1"到"Pl12"的顺序放置到"视频 2"轨道中,将"Pl1 - 1"到"Pl12 - 12"放置到"视频 3"轨道中,如图 6.27 所示。

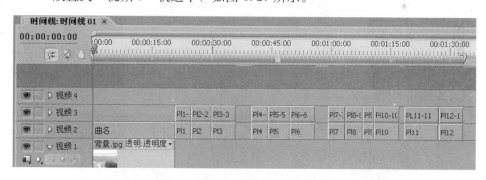

图 6.27 背景片头插入字幕文件

⑦ 在"项目"窗口中右击,在快捷菜单中选择"输入"命令,将背景音乐"myheart. wma"文件导入到"项目"窗口中。

⑧ 将"myheart. wma"音频文件从"项目"窗口中导入到"音频 1"轨道中,将其入点设置为 0s,将其出点设置为 1′28″16,如图 6.28 所示。

⑨ 将"图片"文件夹中的所有图片依次拖放到"视频 1"轨道,调整图片的长度,如图 6.29 所示。

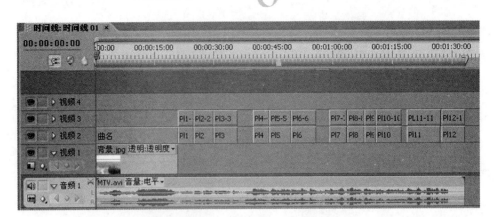

图 6.28　背景片头插入音频文件

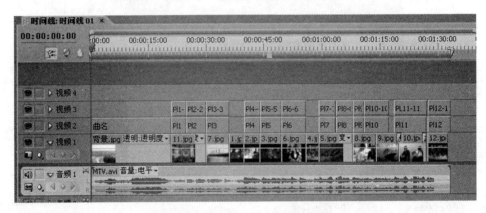

图 6.29　背景片头插入图片文件

（4）设置字幕的关键帧，步骤如下。

① 选择"图片 11"，将时间滑块拖动到 21 秒 13 的位置，单击"缩放"选项前面的"固定动画"按钮，设置一个关键帧，将时间滑块拖动到 29s 的位置，将"缩放"的值设置为 214，如图 6.30 所示。

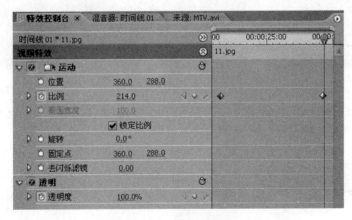

图 6.30　设置关键帧

② 将视频特效"过渡"下"直线划像"的特效添加到"Pl1-1"字幕上，在"特效控

制台"选项卡中展开其参数选项，将时间滑块拖动到 21 秒 02 的位置，单击"过渡比例"选项前面的"固定动画"按钮，将时间滑块拖动到 22 秒 07 的位置，将其设置为 47；将时间滑块拖动到 23 秒 11 的位置，将其值设置为 62；将时间滑块拖动到 24 秒 21 的位置，将其值设置为 85，现在字幕就跟随歌曲同步了，如图 6.31 所示。

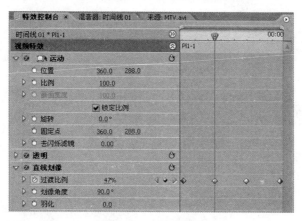

图 6.31　设置视频特效

③ 依次类推设置其他字幕的关键帧。

④ 为"视频 1"轨道上的所有图片添加"视频切换"特效，自己选择和设置"视频切换"特效。总体效果如图 6.32 所示。

图 6.32　视频特效总体效果

实例 2 翻页相册的制作。

新建一个 DV PAL 制式的项目。首先准备好图片素材，如图 6.33 所示。这里假设相册有 1 个封面，3 张内页和一个封底，将素材全部导入到项目窗口。背景素材大小都是 720×576。

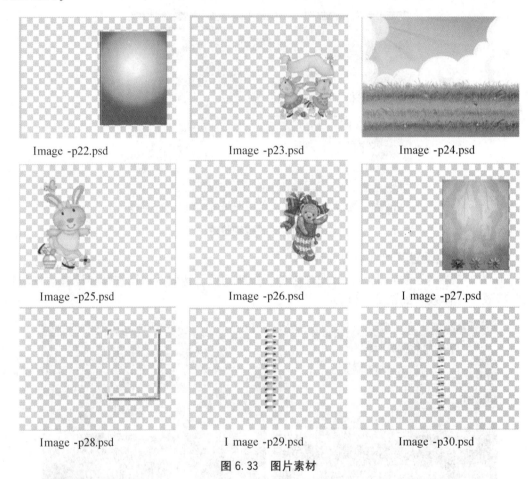

Image -p22.psd   Image -p23.psd   Image -p24.psd

Image -p25.psd   Image -p26.psd   I mage -p27.psd

Image -p28.psd   I mage -p29.psd   Image -p30.psd

图 6.33 图片素材

翻页的照片图片大小为 768×1024，效果如图 6.35 所示。

p1.jpg   p2.jpg   p3.jpg   p4.jpg   p5.jpg   p6.jpg

图 6.34 翻页照片

步骤如下。

1. 创建一个"封面1"序列

（注：以后每个序列创建3个视频轨道和1个立体声轨道）

（1）将 Image-p22.psd 拖放到视频1轨道，起始点为00：00：00：00，持续时间改为7s。

（2）将 Image-p23.psd 拖放到视频2轨道，起始点为00：00：00：00，持续时间改为7s。

（3）创建一个静态字幕01，输入文字"快乐童年"（行楷，45），调节各个文字的基线位移，分别为28，7，10，45。4个字的颜色分别调成绿、紫、深黄和蓝色，并将字幕叠加到视频3轨道上，持续时间也设为7s。

2. 创建一个"封面2"序列

（1）将 Image-p22.psd 拖放到视频1轨道，起始点为00：00：00：00，持续时间改为20s。

（2）添加视频特效，选择"变换"文件夹下的"水平翻转"选项。

（3）将 Image-p25.psd 拖放到视频2轨道，起始点为00：00：00：00，持续时间改为20s。

3. 创建一个"封底1"序列

（1）将 Image-p22.psd 拖放到视频1轨道，起始点为00：00：00：00，持续时间改为23s。

（2）将 Image-p26.psd 拖放到视频2轨道，起始点为00：00：00：00，持续时间改为23s。

4. 创建一个"封底2"序列

（1）将 Image-p22.psd 拖放到视频1轨道，起始点为00：00：00：00，持续时间改为4s。

（2）添加视频特效，选择"变换"文件夹下的"水平翻转"选项。

5. 创建内页序列

1）创建内页1序列

（1）将 Image-p27.psd 拖放到视频1轨道，起始点为00：00：00：00，持续时间改为11s。

（2）将 Image-p28.psd 拖放到视频3轨道，起始点为00：00：00：00，持续时间改为11s。

（3）将 p1.JPG 拖放到视频2轨道，起始点为00：00：00：00，持续时间改为11s。在"效果控制"面板设置比例：30%，位置：525，266。

2）创建内页2序列

（1）将 Image-p27.psd 拖放到视频1轨道，起始点为00：00：00：00，持续时间改为16s。

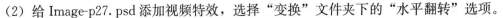

（2）给 Image-p27. psd 添加视频特效，选择"变换"文件夹下的"水平翻转"选项。

（3）将 Image-p28. psd 拖放到视频 3 轨道，起始点为 00：00：00：00，持续时间改为 16s。

（4）给 Image-p28. psd 添加视频特效，选择"变换"文件夹下的"水平翻转"选项。

（5）将 p2. JPG 拖放到视频 2 轨道，起始点为 00：00：00：00，持续时间改为 16s。在"效果控制"面板设置比例：30％，位置：195，266。

3）创建内页 3 序列

（1）将 Image-p27. psd 拖放到视频 1 轨道，起始点为 00：00：00：00，持续时间改为 15s。

（2）将 Image-p28. psd 拖放到视频 3 轨道，起始点为 00：00：00：00，持续时间改为 15s。

（3）将 p3. JPG 拖放到视频 2 轨道，起始点为 00：00：00：00，持续时间改为 15s。在"效果控制"面板设置比例：30％，位置：525，266。

4）创建内页 4 序列

（1）将 Image-p27. psd 拖放到视频 1 轨道，起始点为 00：00：00：00，持续时间改为 12s。

（2）给 Image-p27. psd 添加视频特效，选择"变换"文件夹下的"水平翻转"选项。

（3）将 Image-p28. psd 拖放到视频 3 轨道，起始点为 00：00：00：00，持续时间改为 12s。

（4）给 Image-p28. psd 添加视频特效，选择"变换"文件夹下的"水平翻转"选项。

（5）将 p4. JPG 拖放到视频 2 轨道，起始点为 00：00：00：00，持续时间改为 12s。在"效果控制"面板设置比例：30％，位置：195，266。

5）创建内页 5 序列

（1）将 Image-p27. psd 拖放到视频 1 轨道，起始点为 00：00：00：00，持续时间改为 19s。

（2）将 Image-p28. psd 拖放到视频 3 轨道，起始点为 00：00：00：00，持续时间改为 19s。

（3）将 p5. JPG 拖放到视频 2 轨道，起始点为 00：00：00：00，持续时间改为 19s。在"效果控制"面板设置比例：30％，位置：525，266。

6）创建内页 6 序列

（1）将 Image-p27. psd 拖放到视频 1 轨道，起始点为 00：00：00：00，持续时间改为 8s。

（2）给 Image-p27. psd 添加视频特效，选择"变换"文件夹下的"水平翻转"选项。

（3）将 Image-p28. psd 拖放到视频 3 轨道，起始点为 00：00：00：00，持续时间改为 8s。

（4）给 Image-p28. psd 添加视频特效，选择"变换"文件夹下的"水平翻转"选项。

（5）将 p6. JPG 拖放到视频 2 轨道，起始点为 00：00：00：00，持续时间改为 8s。在"效果控制"面板设置比例：30％，位置：195，266。

6．创建翻页效果序列

（1）设置新建序列的视频轨道数为 10 个。

（2）将 Image-p30.psd 拖放到视频 1 轨道，起始点为 00：00：00：00，持续时间改为 27s。

（3）将 Image-p29.psd 拖放到视频 10 轨道，起始点为 00：00：00：00，持续时间改为 27s。

（4）嵌套叠加封面 1 序列。

① 将封面 1 序列拖放到视频 9 轨道，起始点为 00：00：00：00，解除音视频链接并将音频部分删除。

② 给封面 1 序列添加视频特效，选择"透视"文件夹下的"基本 3D"选项，在"效果控制"面板中展开基本 3D 的参数，将时间线定位在 00：00：05：00，单击"旋转"按钮前面的"切换动画"按钮，设置一个关键帧，再将时间线定位在 00：00：06：24，设置旋转度数：90。

（5）嵌套叠加封底 1 序列。

① 将封底 1 序列拖放到视频 2 轨道，起始点为 00：00：00：00，解除音视频链接并将音频部分删除。

② 给封底 1 序列添加视频特效，选择"透视"文件夹下的"基本 3D"选项，在"效果控制"面板中展开基本 3D 的参数，将时间线定位在 00：00：21：00，单击"旋转"按钮前面的"切换动画"按钮，设置一个关键帧，再将时间线定位在 00：00：22：24，设置旋转度数：90。

（6）嵌套叠加封面 2 序列。

① 将封面 2 序列拖放到视频 3 轨道，起始点为 00：00：07：00，解除音视频链接并将音频部分删除。

② 给封面 2 序列添加视频特效，选择"透视"文件夹下的"基本 3D"选项，在"效果控制"面板中展开基本 3D 的参数，将时间线定位在 00：00：08：24，单击"旋转"按钮前面的"切换动画"按钮，设置一个关键帧，再将时间线定位在 00：00：07：00，设置旋转度数：－90。

（7）嵌套叠加内页 1 序列。

① 将内页 1 序列拖放到视频 8 轨道，起始点为 00：00：00：00，解除音视频链接并将音频部分删除。

② 给内页 1 序列添加"视频特效"，选择"透视"文件夹下的"基本 3D"选项，在"效果控制"面板中展开基本 3D 的参数，将时间线定位在 00：00：09：00，单击"旋转"按钮前面的"切换动画"按钮，设置一个关键帧，再将时间线定位在 00：00：10：24，设置旋转度数：90。

（8）嵌套叠加内页 3 序列。

① 将内页 3 序列拖放到视频 7 轨道，起始点为 00：00：00：00，解除音视频链接并将音频部分删除。

② 给内页 3 序列添加视频特效，选择"透视"文件夹下的"基本 3D"选项，在"效果控制"面板中展开基本 3D 的参数，将时间线定位在 00：00：13：00，单击"旋转"按

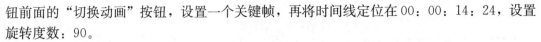

钮前面的"切换动画"按钮，设置一个关键帧，再将时间线定位在00：00：14：24，设置旋转度数：90。

（9）嵌套叠加内页 5 序列。

① 将内页 5 序列拖放到视频 6 轨道，起始点为 00：00：00：00，解除音视频链接并将音频部分删除。

② 给内页 5 序列添加视频特效，选择"透视"文件夹下的"基本 3D"选项，在"效果控制"面板中展开基本 3D 的参数，将时间线定位在 00：00：17：00，单击"旋转"按钮前面的"切换动画"按钮，设置一个关键帧，再将时间线定位在 00：00：18：24，设置旋转度数：90。

（10）嵌套叠加内页 6 序列。

① 将内页 6 序列拖放到视频 6 轨道，起始点为 00：00：19：00，解除音视频链接并将音频部分删除。

② 给内页 6 序列添加视频特效，选择"透视"文件夹下的"基本 3D"选项，在"效果控制"面板中展开基本 3D 的参数，将时间线定位在 00：00：20：24，单击"旋转"按钮前面的"切换动画"按钮，设置一个关键帧，再将时间线定位在 00：00：19：00，设置旋转度数：－90。

（11）嵌套叠加内页 4 序列。

① 将内页 4 序列拖放到视频 5 轨道，起始点为 00：00：15：00，解除音视频链接并将音频部分删除。

② 给内页 4 序列添加视频特效，选择"透视"文件夹下的"基本 3D"选项，在"效果控制"面板中展开基本 3D 的参数，将时间线定位在 00：00：16：24，单击"旋转"按钮前面的"切换动画"按钮，设置一个关键帧，再将时间线定位在 00：00：15：00，设置旋转度数：－90。

（12）嵌套叠加内页 2 序列。

① 将内页 2 序列拖放到视频 4 轨道，起始点为 00：00：11：00，解除音视频链接并将音频部分删除。

② 给内页 2 序列添加视频特效，选择"透视"文件夹下的"基本 3D"选项，在"效果控制"面板中展开基本 3D 的参数，将时间线定位在 00：00：12：24，单击"旋转"按钮前面的"切换动画"按钮，设置一个关键帧，再将时间线定位在 00：00：11：00，设置旋转度数：－90。

（13）嵌套叠加封底 2 序列。

① 将封底 2 序列拖放到视频 9 轨道，起始点为 00：00：23：00，解除音视频链接并将音频部分删除。

② 给封底 2 序列添加视频特效，选择"透视"文件夹下的"基本 3D"选项，在"效果控制"面板中展开基本 3D 的参数，将时间线定位在 00：00：24：24，单击"旋转"按钮前面的"切换动画"按钮，设置一个关键帧，再将时间线定位在 00：00：23：00，设置旋转度数：－90。

"时间线"窗口中各个序列的编排如图 6.35 所示。

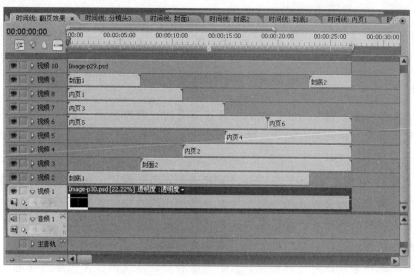

图 6.35　"时间线"窗口

7. 创建分镜头 3 序列

（1）将 Image-p24.psd 拖放到视频 1 轨道，起始点为 00：00：00：00，持续时间改为 29s。

（2）将翻页效果序列拖放到视频 2 轨道，起始点为 00：00：02：00，取消音视频链接并删除音频部分。选中"翻页效果"序列，在效果控制面板中展开运动，时间定位在 00：00：03：24，单击位置前面的"切换动画"按钮，再将时间定位在 00：00：02：00，设置位置为：202，－232，展开位置下面的控制区，右击第 2 个关键点，将变化曲线调整为淡入，见图 6.36 所示。

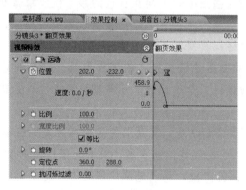

图 6.36　视频特效

6.4.4　实例分析

上述实例介绍了 Premiere 软件的使用方法，以及如何使用 Premiere 对图片处理、设置视频特效、转场效果等内容。总之，影视制作过程由以下 7 个步骤组成：①准备素材；②在时间线窗口中组合和编辑素材；③在监视器窗口中编辑和预览素材；④添加转场、滤镜特效；⑤添加字幕和矢量图形；⑥添加音频；⑦输出影片。

阅读材料

VOD 技术

VOD(视频点播，Video on Demand)即按需要的视频流播放，是近年来新兴的传媒方式，是计算机技术、网络通信技术、多媒体技术、电视技术和数字压缩技术等多学科、多领域融合交叉结合的产物。

视频点播是 20 世纪 90 年代在国外发展起来的，目前我国一些城市在小范围内已有试验性的视频点播系统。视频点播系统主要由控制中心的大型计算机服务器、传输及交换网络、用户端的接收机顶盒或计算机组成。当用户发出点播请求时，该计算机服务器就会根据点播信息，将存放在节目库中的影视信息检索出来，合成一个个视像数据流，通过高速传输网络送到用户家中。对用户而言，只需配备相应的多媒体计算机终端或者一台电视机和一个机顶盒、一个视频点播遥控器。

VOD 技术使人们可以根据自己的兴趣，不用借助录像机、影碟机、有线电视而在计算机或电视上自由地点播节目库中的视频节目和信息，用户可在家中的电视机前，利用遥控器按照自己的意愿来实现点播电视、信息查询、家庭购物、远程医疗、电视教育、电子函件、旅游指南、订票预约、股票交易等活动。这一技术的出现，极大地提高和改善了人们的生活质量和工作效率。视频点播系统是可以对视频节目内容进行自由选择的交互式系统。

视频点播业务是交互型的多媒体调用业务，用户通过它可以获取影视节目、社会服务信息等影视服务，还可以对节目实现编辑与处理(倒退、暂停、搜索等)。视频点播系统可以接收多位用户同时点播同一节目，互相没有冲突。

形象地说，使用视频点播业务就如同在自己的影碟机或录像机上看节目一样方便，并且视频点播向用户提供的服务内容将远远超过普通录像带的内容，如用户甚至可以用视频点播系统浏览 Internet 网络，收发电子邮件等。

VOD 的本质是信息的使用者根据自己的需求主动获得多媒体信息，它区别于信息发布的最大不同，一是主动性，二是选择性。从某种意义上说这是信息的接受者根据自身需要进行自我完善和自我发展的方式，这种方式在当今的信息社会中将越来越符合信息资源消费者的深层需要，可以说 VOD 是信息获取的未来主流方式在多媒体视音频方面的表现。VOD 的概念将会在信息获取的领域快速扩展，具有无限广阔的发展前景。

我国的 VOD 还处在试验阶段，离大范围应用还有一定距离。但是自 1992 年以来，一场电话声讯服务热在全国电信部门兴起。目前，许多城市都已开通了电话声讯服务台，一般每个服务台都要安装十几个或者几十个小型数据库，除了商情、股市信息之外，很大成分属于在线娱乐，如点歌、猜谜、游戏等由电话用户自己拉出的节目。这种以音频为主的在线娱乐看上去是很初级的，但每年则可实现几十亿元的营业收入。这足以使全国上百个大型数据库的拥有者们瞠目结舌。如果把这种声讯服务扩展为 VOD 多媒体服务，与各类信息源部门，包括广播电视、新闻、图书馆业结盟，将会产生何种量级的经济优势呢？毋庸置疑，VOD 将会成为信息业的一个新的增长点，孕育着一个巨大的市场。

从国际发展趋势来看，宽带业务的发展速度并非人们想象的那么快，这主要是因为这些业务尚未成为人们生活的第一需要，或为用户带来更大利益，以及昂贵的费用等诸多因素的限制。从技术的角度来讲，要使 VOD 网络进入商业运营，除了多媒体视频服务器外，ATM 交换机的实用化，IP 网络上传输服务质量的保证问题的解决，接入网的瓶颈的解决，高效实用的用户终端成本的降低，相应软件业的兴起等，都是必须加以考虑的问题。从业务的角度来讲，国家必须尽快制订与信息业的高速发展相适应的法律和法规，如信息版权、许可证等。

VOD 系统刚问世数年，目前大都处于试验阶段，但其巨大的发展潜力与广阔的应用前景却是十分诱人的。在当今社会向高度信息化迈进的时代，VOD 作为最形象、最直接、最合乎用户需求的信息服务手段之一，必将在今后的信息高速公路上传送最多的信息，对社会产生重大的影响，给人们带来巨大的经济效益。对这一新兴的产业，我们应给予足够的关注和支持，并推动这项业务在中国的发展。

我国的视频点播的发展目前还难以预料，但只要网络费用和机顶盒等等的价格大幅度下降，达到用户能承受的能力，那么 VOD 也许会像 VCD 一样火爆起来，从而形成电子信息产业一个新的经济增长点。

6.5　本章小结

本章主要介绍了视频的基本概念、视频信息的获取、视频文件的编辑，并结合两个实例来说明如何使用 Premiere 制作视频。本章知识结构图如图 6.37 所示。

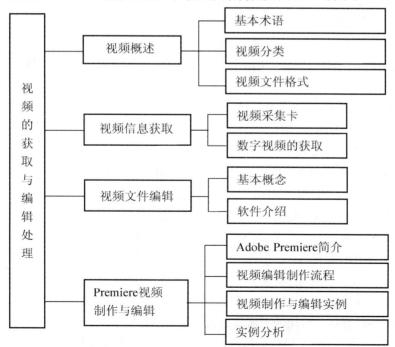

图 6.37　本章知识结构图

思 考 题

1. 简单介绍视频制式的分类与应用。

2. 视频文件格式有哪些?

3. 简述视频信息获取的流程,并画出视频信息获取的流程框图。

4. 简述视频编辑的分类。

5. 非线性编辑的特点是什么?

6. 列举几种视频处理软件。

练 习 题

1—1 选择题

1. 国际上常用的视频制式有(   )。

(1) PAL 制   (2) NTSC 制   (3) SECAM 制   (4) MPEG

A.(1)   B.(1)(2)   C.(1)(2)(3)   D. 全部

2. 全电视信号主要由(   )组成。

A. 图像信号、同步信号、消隐信号

B. 图像信号、亮度信号、色度信号

C. 图像信号、复合同步信号、复合消隐信号

D. 图像信号、复合同步信号、复合色度信号

3. 视频卡的种类很多,主要包括(   )。

(1) 视频捕获卡   (2) 电影卡   (3) 电视卡   (4) 视频转换卡

A.(1)   B.(1)(2)   C.(1)(2)(3)   D. 全部

4. 在 YUV 彩色空间中数字化后 Y∶U∶V 是(   )。

A. 4∶2∶2   B. 8∶4∶2   C. 8∶2∶4   D. 8∶4∶4

5. 彩色全电视信号主要由(   )组成。

A. 图像信号、亮度信号、色度信号、复合消隐信号

B. 亮度信号、色度信号、复合同步信号、复合消隐信号

C. 图像信号、复合同步信号、消隐信号、亮度信号

D. 亮度信号、同步信号、复合消隐信号、色度信号

6. 数字视频编码的方式有(   )。

(1) RGB 视频   (2) YUV 视频   (3) Y/C(S)视频   (4) 复合视频

A. 仅(1)   B.(1)(2)   C.(1)(2)(3)   D. 全部

7. 在多媒体计算机中常用的图像输入设备是(   )。

(1) 数码照相机   (2) 彩色扫描仪   (3) 视频信号数字化仪   (4) 彩色摄像机

A. 仅(1)   B.(1)(2)   C.(1)(2)(3)   D. 全部

8. 视频采集卡能支持多种视频源输入，下列哪些是视频采集卡支持的视频源？（　　）

(1) 放像机　　　　　(2) 摄像机　　　　　(3) 影碟机　　　　(4) CD-ROM

A. 仅(1)　　　　　　B. (1)(2)　　　　　C. (1)(2)(3)　　　　D. 全部

9. 下列数字视频中哪个质量最好？（　　）

A. 240×180 分辨率、24 位真彩色、15 帧/秒的帧率

B. 320×240 分辨率、30 位真彩色、25 帧/秒的帧率

C. 320×240 分辨率、30 位真彩色、30 帧/秒的帧率

D. 640×480 分辨率、16 位真彩色、15 帧/秒的帧率

10. 视频采集卡中与 VGA 的数据连线有什么作用：

(1) 直接将视频信号送到 VGA 显示上显示

(2) 提供 Overlay(覆盖)功能

(3) 与 VGA 交换数据

(4) 没有什么作用，可连可不连

A. 仅(1)　　　　　　B. (1)(2)　　　　　C. (1)(2)(3)　　　　D. 仅(4)

11. 以下（　　）文件是视频影像文件。

A. MPG　　　　　　B. MP3　　　　　　C. MID　　　　　　D. GIF

12. 在动画制作中，一般帧速选择为（　　）。

A. 30 帧/秒　　　　B. 60 帧/秒　　　　C. 120 帧/秒　　　　D. 90 帧/秒

13. 国际上常用的视频制式有（　　）。

(1) PAL 制　　　　(2) NTSC 制　　　　(3) SECAM 制　　　　(4) MPEG

A. (1)　　　　　　　B. (1)(2)　　　　　C. (1)(2)(3)　　　　D. 全部

14. 在数字视频信息获取与处理过程中，下述顺序（　　）是正确的。

A. A/D 变换、采样、压缩、存储、解压缩、D/A 变换

B. 采样、压缩、A/D 变换、存储、解压缩、D/A 变换

C. 采样、A/D 变换、压缩、存储、解压缩、D/A 变换

D. 采样、D/A 变换、压缩、存储、解压缩、A/D 变换

15. 下面关于数字视频质量、数据量、压缩比的关系的论述，（　　）是正确的。

(1) 数字视频质量越高数据量越大

(2) 随着压缩比的增大解压后数字视频质量开始下降

(3) 压缩比越大数据量越小

(4) 数据量与压缩比是一对矛盾

A. 仅(1)　　　　　　B. (1)(2)　　　　　C. (1)(2)(3)　　　　D. 全部

16. 频率为 25 帧/秒的制式为（　　）制。

A. PAL　　　　　　B. SECAM　　　　　C. NTSC　　　　　　D. YUV

17. 下列关于 Premiere 软件的描述（　　）是正确的。

(1) Premiere 软件与 Photoshop 软件是一家公司的产品

(2) Premiere 可以将多种媒体数据综合集成为一个视频文件

(3) Premiere 具有多种活动图像的特技处理功能

（4）Premiere 是一个专业化的动画与数字视频处理软件

A.（1）（3）　　　　　　　　　　B.（2）（4）

C.（1）（2）（3）　　　　　　　　　D. 全部

1-2　简答题

1. 简述视频信息获取的流程，并画出视频信息获取的流程框图。

2. 简述视频信号获取器的工作原理。

第 7 章

动画技术基础

☞ 掌握计算机动画的基本概念和基本原理。
☞ 了解动画发展简史和传统动画制作流程。
☞ 了解动画建模的基本理论。
☞ 会用 3ds Max 进行动画建模和制作动画。

动画发展简史

动画，顾名思义，即活动的图画。在影视中，它不是真人、实物真实动作在屏幕上的再现，而是把动体的动作过程，人为制作成连续静态画面，通过逐格摄影、逐帧录制或储存，将图形记录下来，再以一定的速度连续在屏幕上播放，使之成为活动的图画。

公元前 3 世纪，古希腊哲学家柏拉图对山洞里的光影现象进行论证，被认为是人类对自然界动画的最原始认知。法国考古学家普度欧马研究认为，25000 年前的石器时代洞穴画上的系列野牛奔跑分析图是人类试图用笔捕捉凝结动作的滥觞。达·芬奇著名的黄金比例人体几何图上的 4 只胳膊，就表示双手上下摆动的动作。在中国绘画史上，艺术家一向有把静态绘画赋予生命的传统

现代动画初现于 17 世纪耶稣会教士阿塔纳斯·珂雪发明的"魔术幻灯"。17 世纪末，约翰尼斯·桑把许多玻璃画片放在旋转盘上，使投影在墙上的画面产生一种运动的幻觉。中国唐朝，皮影戏产生。19 世纪，随着物理学、光学、化学、机械学等学科的发展，促进了动画和电影技术的产生

1820 年英国博士约翰·A. 巴利斯用捻动绳子使圆盘绕绳子中心轴旋转，形成"动画"效果。约瑟夫·普拉泰奥发明了可转动轮盘动画装置。1824 年彼得·罗杰在出版的《关于移动物体的视觉暂留现象》一书中指出应用"视觉暂留"现象的 4 个基本原则。1834 年英国人威廉·霍纳尔发明了动画工具"魔轮"。

爱德华·穆布里治发明了"幻灯镜"。他在改良埃米尔·雷诺的"实用镜"，融合魔术幻灯光影、西洋镜动态及摄影技术，发明了"变焦实用镜"。"变焦实用镜"是电影史上"第一架动态影像放映机"。1888 年，爱迪生的实验室诞生了一部记录连续画片的仪器。1895 年，卢米埃兄弟首先利用"电影机"公开放映电影。

1882 年，发明"实用镜"的埃米尔·雷诺开始手给故事图片，先是在纸上，后改画于赛璐珞胶片上。1892 年，在巴黎蜡像馆开设的"光学剧场"，放映了"影片"。现场伴有音乐与音效，引起了巨大的轰动，埃米尔·雷诺是动画始祖。

动画的创作事实上包含了前卫精神与庸俗文化的两极特性。17 世纪荷兰画家笔下，就首度出现了给画史上包含卡通夸张的素描图轴。19 世纪 30 年代路易斯·达尔盖与尼埃普斯相继发明摄影术之后，整个绘画的走向产生了巨大的变化，一是摄影准备的形象记录，迫使绘画放弃写实主义，产生了以杜埃米尔为代表的简御繁的素描漫画，二是反逆于摄影精确描摹力，使追求绘画特色的潮流兴起，导致后续产生的印象主义及现代主义。初期的动画也常被视为一种实验前卫艺术，芬兰画家舍唯吉、瑞典伊果林及德国汉斯瑞希特，都是 20 世纪 20 年代运用动画追求新艺术形式的画家代表。

在电影史上，动画短片出现在"把戏电影"之后。1902 梅礼叶创作幻想电影《月球之旅》。普姆士、史都特、布雷克顿 1899 年做出了早期第一批动作中止兼具特效的动画影片。布雷克顿 1906 年拍了《滑稽脸的幽默相》，成为举世公认的第一部动画影片。1912 年，当代动画片之父科尔受聘于美国伊克莱（Elair）公司，开创了动画创作的新阶段。动画家温瑟·麦凯于 1911 年做出生平第一部内容取自"小尼摩"漫画中人物的逗趣动作及其经历的陆离怪事的动画影片，第一个发展了全动画观念，预示美式卡通时代的来临。

在动画电影发展走向成熟时，美国和欧洲动画朝着不同的方向发展。1915 年易尔赫德开始用赛璐珞胶片取代了以往的动画纸，建立了动画片的基本拍摄方法。同年，麦克斯·佛莱雪发明了"转描机"。1919 年奥图·梅斯麦在《猫的闹剧》中，首次让加菲猫登台亮相。欧洲动画代表性的作品是 1915 年斯堪的那维亚半岛的动画家维克多·柏格达 9 分钟的动画片《Trolldrycken》，1925 年俄国布拉姆帕格姊妹完成的《中国烽火》。欧洲在蒙太奇理论的发展过程中，出现了芬兰的画家 L.舍唯吉、瑞典的维京·伊果林及德国的奥斯卡·费辛杰、汉斯·瑞希特、华特·鲁特曼等代表人物。在同步声音方面，美国主要用来改进角色的特征和个性。而在欧洲，影片中的音乐、动作的影像和音效却是用来做实验的原始素材。在"美国卡通的黄金时代"，最著名的动画片厂当属沃尔特·迪士尼。随着新兴媒体电视的出现，在缓解卡通制作的财务困境中，又推出了新制片形态——电视卡通。

计算机动画初创期主要采用高级语言进行编程，代表作为用 FORTRAN 语言制作的说明牛顿运动定律的动画片。计算机动画成型期实现了计算机动画理论、工程应用和应用工具的构建，主要采用专门用于动画制作的程序语言制作计算机动画。计算机动画成熟期主要采用交互生成技术，实现了动画元素的全数字化、动画三维化和编创数字化，形成了集编辑、调试于一体的计算机动画系统。计算机动画技术的发展过程是由简单到复杂、从二维平面动画到三维立体动画的一个逐渐发展的过程。

7.1　动 画 概 述

动画的英文是 Animation，基本含义为活泼、兴奋。"运动是动画的本质"。历史上，动画的发明要早于电影和电视。计算机动画在电子和网络游戏、电影特技和动画片制作等方面起着决定性的作用。

7.1.1　动画的视觉原理

动画利用了与电影、电视相同的基本视觉原理，即人类存在"视觉暂留"特性。"视觉暂留"是指人眼看到一个物体时，同时在人脑中形成一个对应的物象，该物体突然消失时，人脑中的物象并不会同时消失，仍然有一段时间的滞留。因此，根据人眼视觉固有的"视觉暂留"现象，使一系列彼此略有差别的相关的单个静止画面以一定速率播放，并投射到银幕上产生运动的视觉效果，就形成了动画。

7.1.2　动画与视频的区别

动态图形与图像序列根据每一帧画面的产生形式，又分为两种不同的类型。当每一帧画面是人工或计算机生成的画面时，称为动画。当每一帧画面为实时获得的自然景物图时，称为动态影像视频，简称视频，视频一般由摄像机摄制的画面组成。

7.1.3　应用领域

传统动画主要用于动画电影的制作，也少量用于电视广告和电化教学等方面。

计算机动画是一种融合科学和艺术的产品，计算机动画及其技术的应用领域极其广泛和常见的卡通片和广告片，大致可归纳为以下 5 个领域：①娱乐领域；②宣传领域；③仿真模拟领域；④教育领域；⑤科学研究领域。

7.2　传 统 动 画

以手工绘制为主的传统动画，使用画笔绘制一张张不动的、但又逐渐变化着的连续画面，经过摄影机或摄像机的逐格拍摄，然后以每秒 24 格或 25 格的速度连续播放，这时，所画的静止画面就在银幕上"活动起来"，这就是传统动画。

7.2.1　常用动画术语

1. 格

"格"是一个画面，是动画片的最小单位。10 分钟的动画(24 帧/秒)需 14400 格。

2. 幅

每个画面通常由若干张(透)明片叠合而成，每张"明片"为一个对象(的某一部分)，称之为幅。

3. 关键帧

关键帧是动作的极限(主要/转折)位置,通常由老师傅来画。

4. 小原画

小原画是两个关键帧之间的若干小关键帧,由小画师画。

5. 中间画

中间画是两个关键帧之间的若干过渡画面,可由普通画工来画。

6. 动画特技

常用的传统动画特技有:摇转、推拉、翻转、渐显/隐、淡入/出、卷切等。

7.2.2 传统动画制作流程

传统动画以画面为基础,所有的动画构想、动作发展、表现手法等,都通过手工绘制画面表现出来。这些内容连续但各不相同的画面,由于每幅画面中的物体位置和形态的不同,在连续观看画面时,给人以活动的感觉。传统动画制作的流程如下。

1. 脚本及动画设计

脚本是叙述一个故事的文字提要及详细的文学剧本,根据该剧本要设计出反映动画片大致概貌的各个片断,也即分镜头剧本。然后,对动画片中出现的各种角色的造型、动作、色彩等进行设计,并根据分镜头剧本将场景的前景和背景统一考虑,设计出手稿图及相应的对话和声音。

2. 关键帧的设计

关键帧也称为原画,它一般表达某动作的极限位置、一个角色的特征或其他的重要内容,这是动画的创作过程。

3. 中间帧生成

中间帧是位于关键帧之间的过渡画,可能有若干张。在关键帧之间可能还会插入一些更详细的动作幅度较小的关键帧,称为小原画,以便于中间帧的生成。有了中间画,动作就流畅自然多了。

4. 描线上色

动画初稿通常都是铅笔稿图,将这些稿图进行测试检查以后就要用手工将其轮廓描在透明胶片上,并仔细地描上墨、涂上颜料。动画片中的每一帧画面通常都是由许多张透明胶片叠合而成的,每张胶片上都有一些不同对象或对象的某一部分,相当于一张静态图像中的不同图层。

5. 检查、拍摄

在拍摄前将各镜头的动作质量再检查一遍,然后动画摄影师把动画系列依次拍摄记录到电影胶片上。10分钟的电影动画片,大约需要1万张图画。

6. 后期制作

有了拍摄好的动画胶片以后，还要对其进行编辑、剪接、配音、字幕等后期制作，才能最后完成一部动画片。

由此可以看出，传统动画的设计制作过程相当复杂。其消耗的人力、物力、财力以及时间都是巨大的。因此，当计算机技术发展起来以后，人们开始尝试用计算机进行动画创作。

7.3 计算机动画

7.3.1 概念

计算机动画(Computer Animation)是用计算机生成一系列可供实时演播的连续画面的技术。计算机动画制作过程，是设计师通过计算机设计角色造型，由动画师按照剧情绘制出若干幅静态的关键性动作图像画面，然后由计算机按照一定的补插规则自动生成其余画面，再利用动画软件生成动画作品的一个过程。

7.3.2 分类

可以依据不同特征来对计算机动画进行分类：按照画面景物的透视效果和真实感程度，计算机动画分为二维动画和三维动画两种。

按照计算机处理动画的方式不同，计算机动画分为造型动画、帧动画和算法动画3种。

按照动画的表现效果分，计算机动画又可分为路径动画、调色板动画和变形动画3种。

不同的计算机动画制作软件，根据本身所具有的动画制作和表现功能，又将计算机动画分为更加具体的种类，如渐变动画、遮罩动画、逐帧动画和关键帧动画等。

7.3.3 技术参数

1. 帧速度

一帧就是一幅静态图像，而帧速度表示一秒钟的动画内有几帧静态画面。一般帧速选择为每秒 30 帧或每秒 25 帧。

2. 数据量

在不计压缩的情况下，数据量是指帧速度与每幅图像的数据量的乘积。如果一幅图像为 1MB，则每秒将达到 30MB。

3. 图像质量

图像质量和压缩比有关，一般来说，压缩比较小时对图像质量不会有太大的影响，但当压缩比超过一定的数值后，将会明显地看到图像质量下降。

7.4　动　画　建　模

　　建模是指在场景中创建二维或三维造型。建模是设计的第一步，是三维世界的核心和基础。没有一个好的模型，无论多好的效果都难以表现。3ds Max 具有多种建模手段，除了内置的几何体模型、对图形的挤压、车削、放样建模以及复合物体等基础建模外，还有多边形建模、面片建模、细分建模、NURBS 建模等高级建模。

7.4.1　动画建模理论基础

1. 建模基本技术

　　二维造型是使用样条曲线和图形创建二维图形。二维图形是用两个坐标（如 X、Y）表示的图形对象。可用图形面板创建简单的二维形体，调整修改面板参数创建较为复杂的二维形体；对二维形体进行挤压、旋转、放样创建三维造型。

　　三维造型是使用基础模型、面片、网格、细化及变形来创建三维物体。三维物体是用 X、Y、Z 表示的物体对象。可用内置的标准几何体、扩展几何创建基本造型；利用复合物体进行复合造型；还可用多边形网格、面片、NURBS 创建复杂造型。

　　二维放样是利用先创建物体的横截面并沿一定路径放置，再沿横截面接入一个表面或表皮来创建三维物体。

　　造型组合是把已有的物体组合起来构成新的物体。其中布尔运算和图形合并是最重要的生成技术。

2. 模型参数及修改

　　在 3ds Max 中，所有的几何造型都是参数化的。除造型对象外，其余所有的对象都是非参数化的。

　　参数化对象是以数学方式定义的，其几何体由参数的变量控制，修改这些参数就可以修改对象的几何形状。参数化对象的优点是灵活性强。

　　非参数化对象是指参数不能修改的对象，如网格对象、面片对象、NURBS 对象等。当把造型对象转化成网格对象、面片对象、NURBS 对象后，便失去了参数化本质而变成非参数化对象。对非参数化对象不能再通过修改面板的参数修改来改变几何体形状，而要通过修改编辑器进行修改。非参数化对象的基本特点是：可对次对象（如网格的节点、边、面）以及任何参数化对象不能编辑的部分进行编辑。

　　编辑修改器的作用是：对所创建的造型物体及次对象进行任意修改、调整、变形及扭曲等操作。常用参数化修改器：弯曲、锥化、扭曲、噪波、拉伸。

　　次对象是构成模型的基本元素，包括节点、边、面、元素等。在 3ds Max 中的大多数建模类型都提供了使用次对象的能力，可用主工具栏上的变换工具对次对象进行变换。

3. 建模辅助对象

1）虚拟对象

　　虚拟对象是一个中心处有基准点的立方体，没有参数，不被渲染，只用于变换对象时

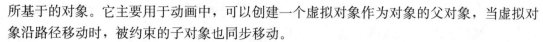

所基于的对象。它主要用于动画中，可以创建一个虚拟对象作为对象的父对象，当虚拟对象沿路径移动时，被约束的子对象也同步移动。

2）点对象

点对象是空间的一个点，由轴的三面角确定。点对象不被渲染，有两个可修改的参数，主要用于场景中标明空间位置。

3）卷尺对象

卷尺对象是用来测量对象之间距离的工具。其使用方法是：单击卷尺对象，在任何视图中将卷尺的三角标志放在开始拖动的起始位置拖到终点位置后释放，就创建了一个卷尺。

4）量角器对象

量角器对象是用来测量对象之间夹角的工具。

5）罗盘对象

罗盘对象是用来确定平坦的星形对象上的东、南、西、北的位置的工具，用于日光系统。

7.4.2　基础建模

1. 内置模型建模

内置模型建模是将系统提供的标准几何体和扩展几何体进行组合而搭建成一个三维模型，这是 3ds Max 三维建模技术中最基本、最简单的建模方法。内置模型是指系统内部提供的可以直接创建物体的模型，有标准几何体和扩展几何体。内置模型可以搭建简单的模型，同时也是创建复杂模型的基础。通过对内置模型的编辑可以创建出难以想象的复杂模型。

内置模型属于多边形对象，由不同尺寸、不同方向的三角形排列而成。当然现实世界中的各种物体形状各异，可以归纳为这些标准几何体或几何体的组合和变形。从理论上说，任何复杂的物体都可以拆分成多个标准的内置模型；反之，多个标准的内置模型也可以合成任何复杂的物体模型。内置模型建模的基本思路是：简单的物体可以用内置模型以类似搭积木的方法进行搭建，通过参数调整其大小、比例和位置，最后形成物体的模型。而更为复杂的物体可以先由内置模型进行搭建再利用编辑修改器进行弯曲、扭曲等变形操作，最后形成所需物体的模型。

2. 二维形体建模

二维形体建模是指具有两个坐标值、由样条曲线和形状组成的图形。样条曲线是一种数学法则的特殊类型的线条；形状是各种成形的标准图形，3ds Max 中有圆形、椭圆、矩形、多边形等图形。二维建模主要用于创建动画路径、放样和 NURBS 截面，以及制作好二维截面后经截面法线方向挤压或轴线方向旋转（车削）而生成三维物体。因此，二维图形的绘制修改方法和技术是创建二维形体的基础。

二维图形的绘制修改包括以下操作：圆角与直角操作；剪切与合并操作（在二维图形运行布尔运算时要求曲线必须是封闭的样条曲线，因此要把开放的样条曲线进行剪切合并）。

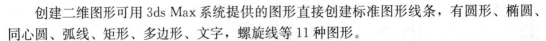

创建二维图形可用 3ds Max 系统提供的图形直接创建标准图形线条，有圆形、椭圆、同心圆、弧线、矩形、多边形、文字、螺旋线等 11 种图形。

二维形体的编辑是通过编辑样条线修改器把样条曲线转换为可编辑曲线后进行的。编辑操作有改变形状（如改变节点控制柄）和改变性质（如合并、连接等）。

要编辑样条曲线形状时，必须先选择次对象的级别。样条曲线分为 3 级次对象：节点、线段、曲线。

曲线编辑器提供了对曲线任意调整的各种工具，如几何卷展栏有次对象创建合并、节点编辑等工具。常用工具有：创建线条、断开、多重连接、焊接、连接、插入、倒圆角、倒直角、布尔运算、镜像、修剪、延伸。

布尔运算是计算机图形学中描述物体结构的一个重要方法，也是一种特殊的生成形式。布尔运算的前提是：两个形体必须是封闭曲线，且具有重合部分。布尔运算可以在二维图形和三维物体的创建上运用，其作用是通过对两个形体的并集、交集、差集运算而产生新的物体形态。

3. 挤压建模

在现实世界中有许多横截面相同的物体，如立体文字、桌子、书架、浮雕、凹凸形标牌、墙面、地形表面等。这些物体都可以通过沿其截面曲线法线方向拉伸挤压得到。挤压的基本原理是以二维图形为轮廓，制作出形状相同、但厚度可调的三维模型。从理论上说，凡是沿某一个方向横截面形状不变的三维物体都可以采用挤压建模的方法创建。

挤压建模思路是：先绘制模型的截面曲线，利用曲线编辑器对图形进行修改或布尔运算。在确定拉伸高度后，使截面图形沿其法线方向进行挤压，从而生成了一个三维形体模型。挤压建模也称挤压放样，是二维图形转换为三维模型的基本方法之一。

4. 车削建模

现实世界中的许多物体或物体的一部分结构是原型对称的，如花瓶、茶杯、饮料瓶以及各种柱子等。这些物体的共同点就是：可通过该物体的某一截面曲线绕中心旋转而成。

车削建模思路是：先从一个轴对称物体分解出一个剖面曲线，绘制该曲线的一半，绘制时可用曲线编辑器对曲线进行修改或进行布尔运算。在确定旋转的轴向和角度后使截面曲线沿中心轴旋转，从而生成一个对称的三维模型。车削建模也称旋转放样，与挤压建模过程相似，是二维图形转为三维模型的基本方法之一。

5. 放样建模

放样是一种古老而传统的造型方法。古希腊的工匠们在造船时，为了确保船体的大小，通常是先制作出主要船体的横截面，再利用支架将船体固定进行装配。横截面在支架中逐层搭高，船体的外壳则蒙在横截面的外边缘平滑过渡。一般，把横截面逐渐升高的过程称为放样。

放样建模是一种将二维图形转为三维物体的造型技术，比挤压建模、车削建模应用更为广泛。它是将两个或两个以上的二维图形组合为一个三维物体，即通过一个路径对各个截面进行组合来创建三维模型。其基础技术是创建路径和截面。

在 3ds Max 中，放样至少需要两个以上的二维曲线：一个用于放样的路径，定义放样物体的深度；另一个用于放样的截面，定义放样物体的形状。路径可以是开口的也可以是闭合的图形，但必须是唯一的线段。截面也可以是开口的或闭合的曲线，在数量上没有任何限制，更灵活的是可以用一条或是一组各不相同的曲线。在放样过程中，通过截面和路径的变化可以生成复杂的模型。而挤压是放样建模的一种特例。放样建模技术可以创建极为复杂的三维模型，在三维造型中应用十分广泛。

放样有两种方法：一种是先选择截面，单击"放样"按钮，再单击获取路径，选择路径生成放样三维模型；另一种是先选择路径，单击"放样"按钮，再单击获取图形，选择图形生成放样三维模型。

3ds Max 提供了 5 种放样编辑器，利用它们可创建形状更为复杂的三维物体。编辑器在修改面板最下面的变形卷展栏中。5 种放样编辑器的功能分别如下所述。

(1) 缩放。在放样的路径上改变放样截面在 X 轴和 Y 轴两个方向的尺寸即可实现缩放。

(2) 扭曲。扭曲即在放样的路径上改变放样截面在 X 轴和 Y 轴两个方向的扭曲角度。

(3) 摇摆。摇摆即在放样的路径上改变物体的角度，以达到某种变形效果。

(4) 倒角。倒角的功能是使物体的转角处圆滑。

(5) 拟合。拟合不是利用变形曲线控制变形程度，而是利用物体的顶视图和侧视图来描述物体的外表形状。

6. 复合物体建模

复合物体是指各种建模类型的混合群体，也称组合形体。

复合物体生成的方法有以下几种。

(1) 变形。变形由两个或多个节点数相同的二维或三维物体组成。通过对这些节点的插入，从一个物体变为另一个物体，其间的形状发生渐变而生成动画。

(2) 连接。通过开放面或空洞可将两个带有开放面的物体连接后组合成一个新的物体。连接的对象必须都有开放的面或空洞，就是两个对象连接的位置。

(3) 布尔。对两个或多个相交的物体实现布尔运算，从而产生另一个单独的新物体。

(4) 形体合并。形体合并是指将样条曲线嵌入到网格对象中，或从网格对象中去掉样条曲线区域。常用于生成物体边面的文字镂空、花纹、立体浮雕效果、从复杂面物体截取部分表面以及一些动画效果等。

(5) 包裹。包裹是指将一个物体的节点包裹到另一个物体表面上，而塑造一个新物体，常用于给物体添加几何细节。

(6) 地形。使用代表海拔等高线的样条曲线创建地形。

(7) 离散。离散即将物体的多个副本散布到屏幕上或定义的区域内。

(8) 水滴网格。"水滴网格"复合对象非常适合制作流动的液体和软的可融合的有机体，这种复合对象的原对象可以是几何体，也可以是以后要讲的粒子系统。

7.4.3 高级建模

高级建模可以制作一些曲面的、复杂的造型，可以制作出逼真的家具造型。3ds Max 有 3 种高级建模技术：网格多边形建模、面片建模、NURBS(非均匀有理 B 样条曲线)建模。

1. 多边形建模

在原始简单的模型上，通过增减点、线、面数或调整点、线、面的位置来产生所需要的模型，这种建模方式称为多边形建模。

多边形建模是最为传统和经典的一种建模方式。3ds Max 中的多边形建模主要有两个命令：可编辑网格(Editable Mesh)和可编辑多边形(Editable Poly)。

可编辑多边形是后来在网格编辑基础上发展起来的一种多边形编辑技术，与编辑网格非常相似，它将多边形划分为四边形的面，实质上和编辑网格的操作方法相同，只是换了另一种模式。在 3ds Max 7 中新加入了对应的编辑多边形修改器，进一步提高了编辑效率。

物体被转换成可编辑多边形物体后，该物体将具有 5 个子物体级别"顶点""边""边界""多边形""元素"，以及各级别下相应的修改命令，这将全面提高对该物体的编辑操作能力，提高操作效率。

2. 面片建模

面片建模是在多边形的基础上发展而来的，但它是一种独立的模型类型，面片建模解决了多边形表面不易进行弹性编辑的难题，可以使用类似编辑 Bezier 曲线的方法来编辑曲面。面片与样条曲线的原理相同，同属 Bezier 方式，并可通过调整表面的控制句柄来改变面片的曲率。面片与样条曲线的不同之处在于：面片是三维的，因此控制句柄有 X、Y、Z 3 个方向。

面片建模的优点是编辑顶点较少，可用较少的细节制作出光滑的物体表面和表皮的褶皱。它适合创建生物模型。

面片建模的两种方法，一种是雕塑法，利用编辑面片修改器调整面片的次对象，通过拉扯节点，调整节点的控制柄，将一块四边形面片塑造成模型；另一种是蒙皮法，类似民间糊灯笼、扎风筝的手工制作，即绘制模型的基本线框，然后进入其次对象层级中编辑次对象，最后添加一个曲面修改器而成三维模型。面片可由系统提供的四边形面片或三边形面片直接创建，或将创建好的几何模型塌陷为面片物体，但塌陷得到的面片物体结构过于复杂，而且会导致出错。

3. NURBS 建模

NURBS(非均匀有理 B 样条曲线)是建立在数学原理的公式基础上的一种建模方法。它基于控制节点调节表面曲度，自动计算出表面精度，相对于面片建模，NURBS 可使用更少的控制点来表现相同的曲线，但由于曲面的表现是由曲面的算法来决定的，而NURBS 曲线函数相对高级，因此对 PC 的要求也最高。

NURBS 与曲线一样是样条曲线。但 NURBS 是一种非一致有理基本曲线，可以说是一种特殊的样条曲线，其控制更为方便，创建的物体更为平滑。若配合放样、挤压和车削操作，可以创建各种形状的曲面物体。NURBS 建模特别适合描述复杂的有机曲面对象，适用于创建复杂的生物表面和呈流线型的工业产品的外观，如汽车、动物等，而不适合创建规则的机械或建筑模型。

NURBS 建模思路是：先创建若干个 NURBS 曲线，然后将这些曲线连接起来形成所需要的曲面物体，或是利用 NURBS 创建工具对一些简单的 NURBS 曲面进行修改而得到较为复杂的曲面物体。

NURBS 曲面有两种类型：点曲面和可控制点曲面。两者分别以点或可控制点来控制线段的曲度。最大区别是："点"是附着在物体上，调整曲线上的点的位置使曲线形状得到调整；而"可控制点"则没有附着在曲线上，而是曲线周围，类似磁铁一样控制曲线的变化，该方式精度较高。

创建 NURBS 曲线有两种方法：一种是先创建样条曲线再转为 NURBS 曲线；另一种是直接创建 NURBS 曲线。

在 NURBS 建模中，应用最多的有 U 轴放样技术和 CV 曲线车削技术。U 轴放样与样条曲线的曲线放样相似，先绘制物体的若干横截面的 NURBS 曲线，再用 U 轴放样工具给曲线包上表皮而形成模型；CV 曲线车削与样条曲线的车削相似，先绘制物体的 CV 曲线，再车削而形成模型。

7.4.4 特殊建模

1. 置换贴图建模

在三维建模方法中，置换贴图建模是最特别的，它可在物体或物体的某一面上进行置换贴图，它以图片的灰度为依据，白凸黑不凸。

2. 动力学建模

动力学建模是一种新型建模方式，它的原理就是依据动力学计算来分布对象，达到非常真实的随机效果。例如可以将一块布料盖在一些凌乱的几何体上以形成一片连绵的山脉。动力学建模适用于一些手工建模比较困难的情况。

3. Hair and Fur 毛发系统

3ds Max 8 中新增了 Hair and Fur 毛发系统，它实际上也是一种特殊的建模方式，可以快速制作出生物表面的毛发效果，或者类似于草地等植物的效果。而且这些对象还可以实现动力学随风摇曳的效果。

4. Cloth 布料系统

3ds Max 8 新增了 Cloth 布料系统，也算是一种特殊的建模方式，可以快速地通过样条曲线来生成制作服装的版型，然后用缝合功能瞬间将版型缝制成衣服，而且可以快速地制作出桌布、窗帘、床单等布料对象，还可以模拟出它们的动态效果。

7.5 动画制作

动画制作可以分成以下两类。

（1）用户级——使用现成的商用动画制作软件和描述性的动画描述语言，进行复杂的

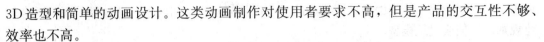

3D 造型和简单的动画设计。这类动画制作对使用者要求不高，但是产品的交互性不够、效率也不高。

（2）程序员级——使用高级语言和图形动画 API，进行简单的 3D 造型和复杂的动画设计。这类动画制作对程序员要求较高，但是产品的交互性好、效率也很高。

这两类方法各有特点，具有一定的互补性，且各有自己不同的主要应用领域。下面介绍常见的动画制作软件。

7.5.1 常用动画制作软件

随着对媒体技术的广泛使用，使用计算机来制作动画变得越来越普遍，图形、图像制作、编辑软件的介入极大地方便了动画的绘制，降低了成本消耗，减少了制作环节，提高了制作效率。对于二维的动画，创作时可以使用 Adobe ImageReady、Gif Animator、Flash 等；对于三维动画的制作，可以使用 3ds Max、Maya、Softimage 等软件。下面介绍几种常用的动画制作软件。

1. Gif Animator

Gif Animator 是一款专门用于平面动画制作的软件，操作、使用都十分简单，比较适合非专业人士使用，这款软件提供"精灵向导"，使用者可以根据向导的提示一步一步地完成动画的制作，同时，它还提供了众多帧之间的转场效果，实现画面间的特色过渡。

这款软件的主要输出类型是 GIF，因此主要用于一些简单的标头动画的制作。

2. Macromedia Flash

Macromedia Flash 是 Macromedia 公司出品的一款功能强大的二维动画制作软件，有很强的矢量图形制作能力，它提供了遮罩、交互的功能，支持 Alpha 遮罩的使用，并能对音频进行编辑。Flash 采用了时间线和帧的制作方式，不仅在动画方面有强大的功能，在网页制作、媒体教学、游戏等领域也有广泛的应用，Flash 是交互式矢量图和 Web 动画的标准。网页设计者使用 Flash 能创建漂亮的、可改变尺寸的、极其紧密的导航界面。无论是对于专业的动画设计者还是对于业余动画爱好者，Flash 都是一个很好的动画设计软件。

3. Ulead Cool 3D

Cool 3D 是由 Ulead 公司出品的一款专门用于三维文字动态效果的文字动画制作软件，主要用于制作影视字幕和界面标题。

这款软件具有操作简单的优点，它采用的是模板式操作，使用者可以直接从软件的模板库里调用动画模板来制作文字三维动画，只需先用键盘输入文字，再通过模板库挑选合适的文字类型，选好之后双击即可应用效果，同样，文字的动画路径和动画样式也可从模板库中进行选择，十分简单易行。

4. Maya

Maya 是 Alias/Wavefront 公司出品的三维动画制作软件，对计算机的硬件配置要求比较高，所以一般都在专业工作站上使用，随着个人计算机性能的提高，使用者也逐渐多了起来。

Maya 软件主要分为 Animation（动画）、Modeling（建模）、Rendering（渲染）、Dynamics（动力学）、Live（对位模块）、Cloth（衣服）6 个模块，有很强大的动画制作能力，很多高级、复杂的动画制作都是用 Maya 来完成的，许多影视作品中都能看到 Maya 制作的绚丽的视觉效果。

5. Poser

Poser 是 Metacreations 公司推出的一款三维动物、人体造型和三维人体动画制作的极品软件。用过 Poser 2 与 Poser 3 的朋友一定能感受到 Poser 的人体设计和动画制作是那么的轻松自如，制作出的作品又是那么生动。而今 Poser 更能为三维人体造型增添发型、衣服、饰品等装饰，让设计与创意轻松展现。

Poser 主要用于人体建模，常配合其他软件来实现真实的人体动画制作。它的操作也很直观，只需鼠标就可实现人体模型的动作扭曲，并能随意观察各个侧面的制作效果。它有很丰富的模型库，使用者通过选择可以很容易地改变人物属性，另外它还提供了服装、饰品等道具，双击即可调用，十分简单。

利用 Poser 进行角色创作的过程较简单，主要为选择模型、姿态、体态设计 3 个步骤，内置了丰富的模型，这些模型以库形式存放在资料板中。

人物模型包括裸体的男性、女性和小孩，穿衣的男性、女性和小孩，无性的人体模型、骷髅、木头人。动物模型包括狗、猫、马、海豚、蛙、蛇、扁鱿、狮子、狼和猛禽，在绝大多数情况下，用户都可以从内置的模型中选出创作某角库色所需的模型。

一个特定的角色造型都有特定的姿态和体态，Poser 的模型及构成模型的各组成部分，如人的手、脚、头等，都带有控制参数盘，通过对参数盘的设置，用户可以随意调整模型的姿态、体态，从而创作出所需的角色造型。姿态一般是指人物或动物在现实生活中的移动方式以及位置移动的过程，而体态则是指人物或动物身、体及其各部位的比例、大小等，对模型进行弯曲、旋转、扭曲。

必要时还可以输入其他工具设计的模型从模型库中移掉。对模型进行姿态调整时，一方面可以结合编辑工具设置参数盘以获得某种姿态，另一方面可以将现有的姿态赋予模型或再作相应调整。

6. 3ds Max

3D Studio Max 是 Autodesk 出品的一款三维动画制作软件，功能很强大，可用于影视广告、室内外设计等领域。它的光线、色彩渲染都很出色，造型丰富细腻，跟其他软件相配合可产生很专业的三维动画制作效果。

这款软件采用的是关键帧的操作概念，通过起始帧和结束帧的设置，自动生成中间的动画过程，使用很广泛。

7.5.2　3ds Max 动画制作实例

1. 用 3ds Max 制作动画片头

1）创建平面

单击创建面板上的"平面"命令，在顶视图中拖动鼠标，创建如图 7.1 所示的平面对象，按图 7.1(a)所示调整参数。

 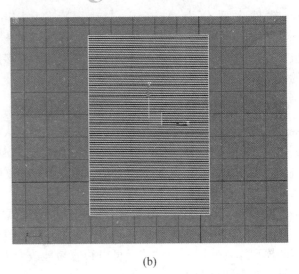

(a) (b)

图 7.1　创建平面

2）添加弯曲修改器

选择平面，单击命令面板中的 按钮，打开修改命令面板，在修改器列表中选择"弯曲"（Bend）修改器，设置角度参数为 140，弯曲轴为 Y 轴，参数面板如图 7.2(a)所示。单击修改器堆栈中"Bend"左侧的"＋"，在展开的列表中选择"Gizmo"，在工具栏中的 按钮上单击右键，在弹出的"旋转变换输入"对话框"相对：世界"栏的 Y 后输入－90，弯曲效果如图 7.2(b)所示。

 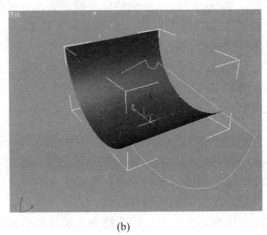

(a) (b)

图 7.2　添加弯曲修改器

3）设置弯曲限制效果

在弯曲修改器参数面板中，选中"限制效果"复选框，设置"上限"参数值为7533.202，把弯曲修改限制在平面的上半部分，下半部分不受弯曲修改器的影响，修改后的"参数"面板如图 7.3 所示。

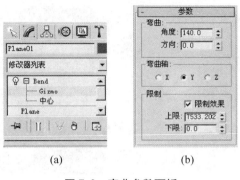

(a)   (b)

图7.3 弯曲参数面板

4）打开强制双面显示

为了使平面能够显示正、反两面，下面进行强制双面显示设置。在视图导航按钮区单击鼠标右键，打开"视口配置"对话框，如图7.4所示，选中对话框里的"强制双面"（Force 2. side）复选框，单击"确定"按钮。

5）创建目标摄影机

单击创建面板上的 按钮，打开摄影机创建面板，选择对象类型面板上的"目标摄影机"，在顶视图中拖动鼠标，创建如图7.5所示的目标摄影机，激活透视图，按快捷键C，把透视图切换成摄影机视图，调整摄影机的位置和参数，使摄影机达到如图7.5所示的拍摄效果。

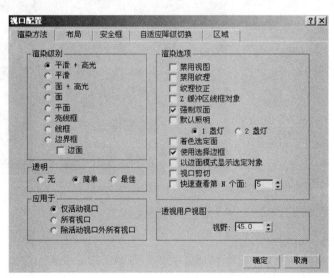

图7.4 "视口配置"对话框

6）创建文字对象

在创建面板上单击 (图形)按钮，进入二维图形创建面板，在"对象类型"卷展栏中单击"文字"（Text）按钮，在前视图中拖动鼠标创建文字对象，单击 按钮，打开修改命令面板，在文本框中输入文字"快乐每一天"，设置"大小"为312.9，"字间距"为－45，参数面板和效果如图7.6所示。

169

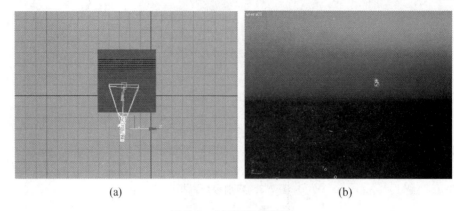

(a)　　　　　　　　　　　　　　(b)

图 7.5　创建目标摄影机

7）制作倒角文字

"倒角"修改器能够把二维对象转换成三维对象，给二维图形增加一个厚度，可以在厚度的两端设置倒角，"倒角值"面板上的"级别 1"和"级别 3"表示两端倒角的高度和倒角大小，"级别 2"表示主体部分的高度，其"轮廓"值一般取 0。

选择文字对象，在修改命令面板的修改器列表中选择"倒角"（Bevel）修改器，按图 7.7所示的参数面板进行设置，完成后的倒角文字效果如图 7.8 所示。

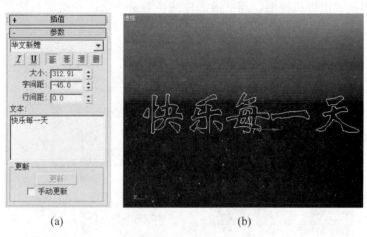

(a)　　　　　　　　　　　　　　(b)

图 7.6　创建文字

8）将文字转换为可编辑多边形

为了便于后续制作，需要把文字转换成多边形对象。在文字上单击右键，弹出如图 7.9所示的快捷菜单，在菜单中选择"转换为"子菜单中的"转换为可编辑多边形"命令。

9）把每个字分离成单独的多边形对象

选择文字，按快捷键 5，进入"元素"次对象层级，如图 7.10 所示。每个文字都是一个元素。选择其中一个字，单击"编辑几何体"卷展栏上的"分离"命令，弹出如图 7.11所示的"分离"对话框，在"分离为"文本框中输入对象名，单击"确定"按钮。利用相同的方法把其他文字都分离成单独的对象。

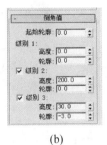

(a)　　　　　　　　　(b)

图7.7　倒角参数面板

图7.8　倒角文字效果

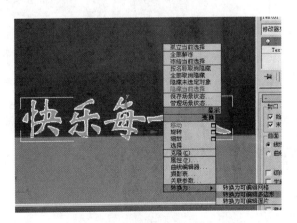

图7.9　将文字转换为可编辑多边形

图 7.10 进入元素级别

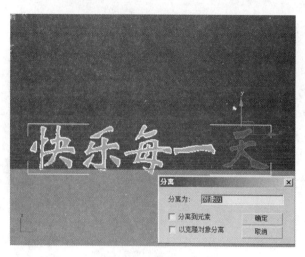

图 7.11 分离文字

10）移动轴心到文字的中心

选择文字，会发现文字的局部坐标中心位于文字的上部，如图 7.11 中"天"字。这将会影响到后面的动画制作，必须把它调整到文字的中心。单击命令面板上的（层级）按钮，打开层级面板，如图 7.12（a）所示。单击面板上的"仅影响轴"（Affect Pivot Only）按钮，坐标轴在视图中以粗箭头显示。在"对齐"选项组中单击"居中到对象"（Center to Object）按钮，坐标轴会移动到文字对象的中心，如图 7.12（b）所示。再次单击"仅影响轴"按钮，退出坐标轴调整状态，坐标轴以正常的箭头显示。技术要点：对象坐标轴心的位置对对象的某些变换会产生较大的影响，如旋转、缩放、制作路径约束动画、二维对象的放样等操作，在这些操作中，如果出现不正常现象，应该检查一下对象的坐标轴心位置，如果没在对象中心，可用上述办法把它移动到对象中心。

(a)

(b)

图 7.12 把坐标轴心移动到文字中心

11）打开安全框

在摄影机视图左上角图标上单击右键，弹出一个快捷菜单，选择"显示安全框"命令，视图效果如图 7.13 所示，只有在安全框内的图形才能渲染输出。

12）设置输出分辨率

按快捷键 F10，打开如图 7.14 所示"渲染场景：默认扫描线渲染器"对话框，设置输出大小为 720×576。

图 7.13　打开安全框

图 7.14　渲染场景设置

13）将文字移出摄影机视图

切换到前视图，将字体向上移动出摄影机视图，各个文字的高度如图 7.15 所示。

14）创建刚体平面

下面要使用 3ds Max 的动力学功能制作文字的跌落效果。单击反应器工具栏上的 ▣ 按钮，在顶视图中单击鼠标，创建刚体平面，如图 7.16 所示，该平面将会和跌落的文字发生碰撞效果，渲染时不显示。

图 7.15　移动文字高度

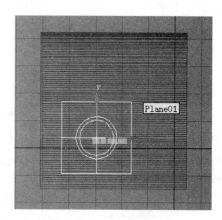

图 7.16　创建刚体平面

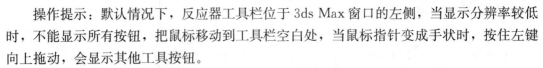

操作提示：默认情况下，反应器工具栏位于 3ds Max 窗口的左侧，当显示分辨率较低时，不能显示所有按钮，把鼠标移动到工具栏空白处，当鼠标指针变成手状时，按住左键向上拖动，会显示其他工具按钮。

15）建立刚体集合

在反应器工具栏上单击 (刚体集)按钮，在视图中单击鼠标创建刚体集，如图 7.17 所示。单击"刚体集"按钮，打开修改命令面板，单击面板上的"Add"（添加）按钮，打开"选择刚体"对话框，选择所有文字对象和两个平面对象，结果如图 7.18 所示。

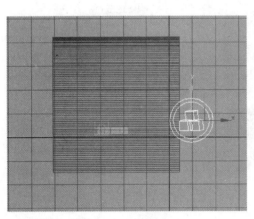

图 7.17　创建刚体集

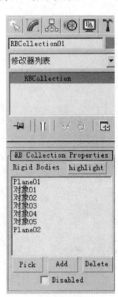

图 7.18　刚体集修改面板

16）设置文字和地面的重量

在视图中选择所有文字对象，在反应器工具栏上单击 (打开属性编辑器)按钮，弹出如图 7.19 所示刚体属性面板，在面板上设置 mass(重量)值为 20，选中"Simulation Geometry"（模拟几何体）选项组中的"Mesh Convex Hull"复选框。选择地面，使用同样的方法打开如图 7.20 所示刚体属性面板，设置地面 mass 值为 0，这样进行动力学计算时地面就不会向下运动，选中"Simulation Geometry"选项组中的"Concave Mesh"复选框。

17）预览动力学动画

单击反应器工具栏上的 (预览动画)按钮，打开如图 7.21 所示窗口，上面列出了参与动力学运算的对象以及每个对象的重量，对象的重量值会影响刚体的碰撞效果，单击窗口下面的"Continue"（继续）按钮，打开如图 7.22 所示的"Reactor Real-time Preview (OpenGL)"（反应器实时预览）窗口，按键盘上的 P 键开始动力学求解，在窗口中能够看到生成的动画效果。

图 7.19 文字的刚体属性参数　　　　图 7.20 地面的刚体属性参数

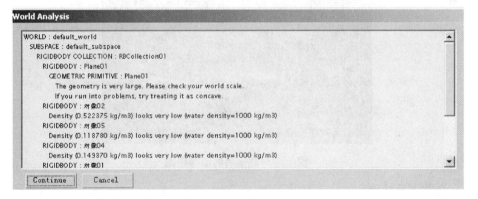

图 7.21 "World Analysis" 窗口

图 7.22 预览动力学动画

18）生成动画关键帧

单击反应器工具栏上的 （创建动画）按钮，弹出如图 7.23 所示对话框，提示用户是否要创建动画，这一过程是不可逆的。单击"确定"按钮，会打开图 7.21 所示窗口，单击"Continue"按钮，系统开始生成动画关键帧，完成后，拖动时间滑块，观看动画效果，如图 7.24 所示。

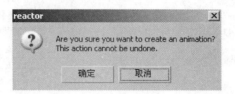

图 7.23　确认面板

图 7.24　跌落后的动画画面

19）合并卡通模型

使用菜单栏中的"文件"｜"合并"命令，把光盘上的"卡通.max"文件合并到当前场景中，合并后的效果如图 7.25 所示。

图 7.25　合并卡通模型

20）设置灯光

按图 7.26 所示创建两盏聚光灯和一盏泛光灯，这 3 盏灯光按三点照明原理确定位置，主光源参数按图 7.27 所示进行设置，辅助光源参数和泛光灯参数按图 7.28 进行设置。

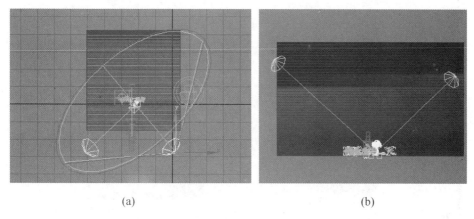

(a)   (b)

图 7.26   设置灯光

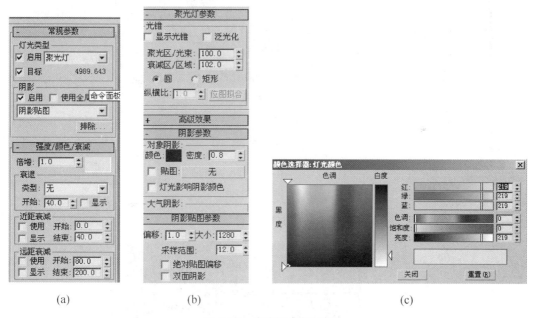

(a)   (b)   (c)

图 7.27   主光源参数面板

21）设置泛光灯的包含对象

泛光灯只需要照亮卡通头下面的阴影，不需要照射其余对象，下面通过灯光的"包含"（Include）功能达到上述目的。选择泛光灯，单击修改面板上的"包含"按钮，在弹出的"排除/包含"对话框中双击"组 01"，"组 01"移动到对话框右侧的列表中，如图 7.29 所示，单击"确定"按钮。按 F9 键进行快速渲染，得到如图 7.30 所示的效果。

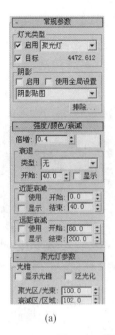

(a)   (b)

图 7.28   辅助光源和泛光灯参数面板

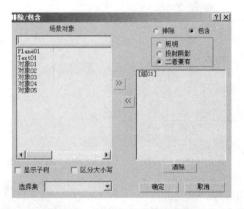

图 7.29   "排除/包含"对话框

图 7.30   设置灯光后的渲染效果

22）制作文字材质

按快捷键 M，打开材质编辑器，参照图 7.31(a)制作文字材质，环境光和漫反射均为淡蓝色，高光级别 80，光泽度为 80。打开贴图面板，在凹凸通道增加"Noise"（噪波）贴图，贴图参数设置如图 7.31(b)所示。

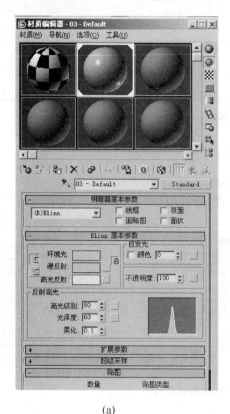
(a)

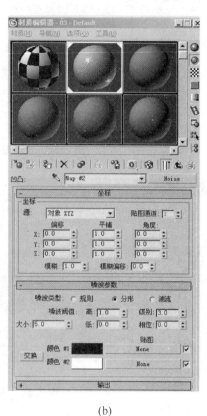
(b)

图 7.31　文字材质参数

23）给卡通对象添加可见性轨迹

在这个片头动画中，卡通在 75～100 帧之间显示出来，0～75 帧不显示，在 75～85 帧之间以淡入的方式显示出来。单击工具栏上的 按钮，打开"轨迹视图-曲线编辑器"窗口，如图 7.32 所示。在左侧列表中选择"组 01"（卡通），执行轨迹视图菜单栏的"轨迹" |"可见性轨迹" | "添加"命令，则对"组 01"添加了一个"可见性轨迹"，通过这个轨迹可以设置对象的可见属性。

24）设置卡通的隐藏和显示属性

在轨迹视图左侧的列表中选择"组 01"下的"可见性"选项，右侧窗口中显示可见性参数的轨迹曲线。单击轨迹视图工具栏上的 （插入关键点）按钮，在曲线 75、85 帧的位置单击，添加关键点，选择 75 帧的关键点，在窗口下方的文本框中把可见性值设为 0。设置完成后的曲线如图 7.33 所示，0～75 帧，可见性参数值为 0，卡通不可见，75～85 帧，可见性参数值从 0 变到 1，卡通淡入式出现，85 帧以后，可见性参数值为 1，卡通一直可见。单击"播放"按钮，观看播放效果。

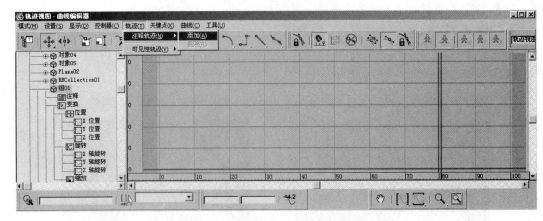

图 7.32　"轨迹视图"-曲线编辑器窗口

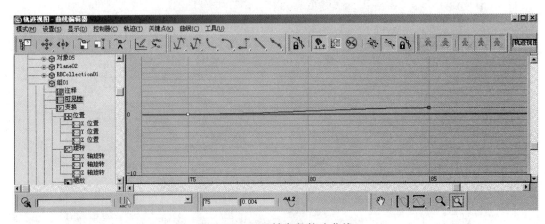

图 7.33　可见性参数轨迹曲线

25）打开"Video Post"窗口

下面使用系统提供的 Video Post 模块给片头添加镜头特效。如图 7.34 所示，在菜单栏执行"渲染"｜"Video Post"命令，打开如图 7.35 所示的窗口。

图 7.34　"渲染"菜单

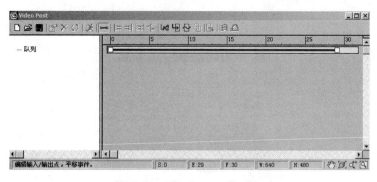

图 7.35 "Video Post" 窗口

26）添加场景事件

单击"Video Post"窗口工具栏上的 按钮，打开如图 7.36 所示对话框，在对话框中选择 Camera01 ，单击"确定"按钮，设置 Camera01 视图为当前场景。

27）添加镜头光斑特效

单击"Video Post"窗口工具栏上的 按钮，打开如图 7.37 所示对话框，打开下拉式列表，选择其中的"镜头效果光斑"特效，单击"确定"按钮。

图 7.36 "添加场景事件"对话框

图 7.37 添加镜头效果光斑

28）设置镜头光斑特效

在"Video Post"窗口中双击列表中的"镜头效果光斑"选项，弹出如图 7.38 所示对话框，单击对话框中的"设置"按钮，打开如图 7.39 所示窗口。打开窗口中的"VP 队列"和"预览"按钮，单击"节点源"按钮，在弹出的对话框中选择"组 01"，单击"更新"按钮，显示默认参数下的预览效果。

29）设置光晕和射线效果

在"镜头效果光斑"窗口右下方设置区中，选中"渲染"列中的"光晕"和"射线"两个复选框，取消选中其他效果项，单击"更新"按钮，效果如图 7.40 左上角所示。

图 7.38　"编辑过滤事件"对话框

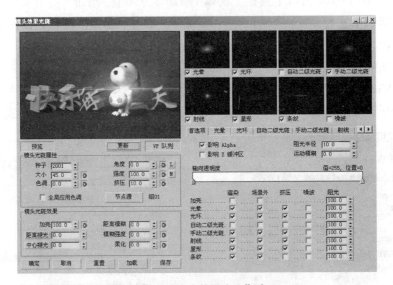

图 7.39　"镜头效果光斑"窗口

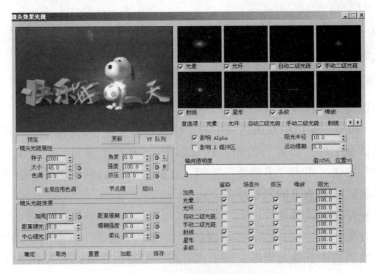

图 7.40　光晕和射线效果

30）设置光晕和射线参数

单击"镜头效果光斑"窗口左侧中部的"光晕"选项卡，参照图 7.41 设置光晕参数，"大小"设为 180。参照图 7.42 设置射线参数，"大小"为 200，"数量"为 200，"锐化"为 8，单击"更新"按钮，效果如图 7.42 左上角所示。

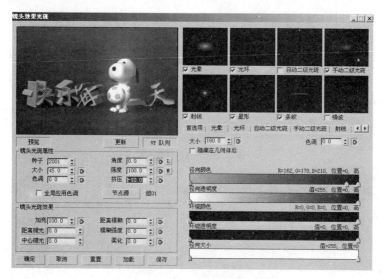

图 7.41　光晕参数

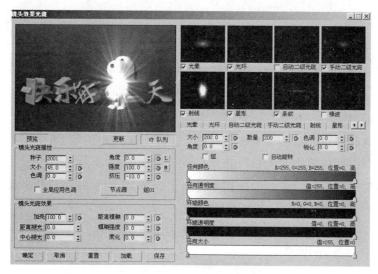

图 7.42　射线参数

31）设置特效出现的时间

镜头特效并不是一开始就出现在场景中，它是在 75 帧随着卡通一起出现，到 85 帧后消失。下面通过曲线编辑器来实现这一效果。打开"轨迹视图-曲线编辑器"窗口，在左侧列表中选择"镜头特效光斑"下的"强度"选项，在右侧窗口中显示出强度轨迹曲线，单击工具栏上的 ☒（插入关键点）按钮，在曲线 75、80、85 帧位置单击鼠标，添加关键帧，如图 7.43 所示。选择 80 帧关键点，按图 7.44 所示设置该点强度值为 200，75、85 帧强度为 0，则会出现镜头效果从弱到强，从强到弱的变化效果。

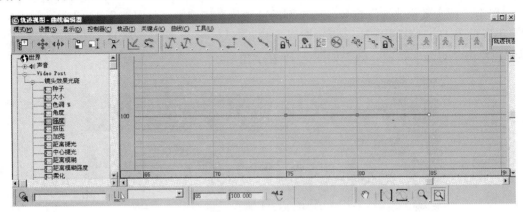

图 7.43　添加关键帧

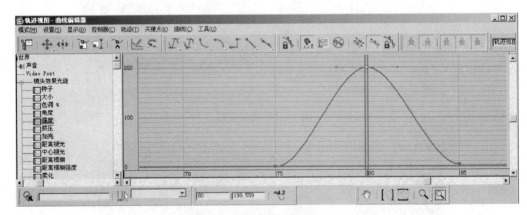

图 7.44　设置强度轨迹曲线

32）设置输出

关闭轨迹视图窗口，单击"Video Post"窗口工具栏中的 （添加图像输出事件）按钮，在弹出的对话框中单击"文件"按钮，设置输出文件名为"111.avi"，如图 7.45 所示。单击工具栏中的 （执行序列）按钮，弹出如图 7.46 所示的对话框，设置输出大小为720×576，单击"渲染"按钮，生成视频文件。

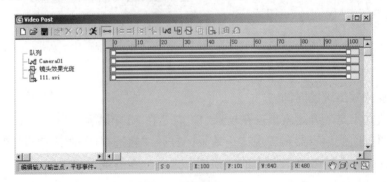

图 7.45　设置输出文件

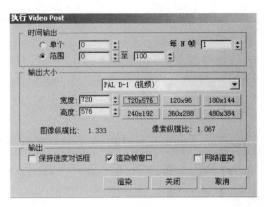

图 7.46　渲染窗口

2. 用 3ds Max 制作片尾动画

1）设置动画长度

单击动画控制按钮区的 按钮，打开"时间配置"对话框，如图 7.47 所示，设置动画长度为 300 帧，PAL 制式。

2）创建粒子系统

在几何体创建面板上单击 标准基本体 右侧的 按钮，打开如图 7.48 所示的下拉列表，在列表中选择"粒子系统"选项，打开如图 7.49 所示的粒子系统创建面板，单击面板上的"暴风雪"按钮，在顶视图中拖动鼠标，创建粒子系统，进入修改命令面板，按图 7.50 所示设置暴风雪粒子系统的基本参数。单击"播放"按钮，观察粒子动画。

要点提示：粒子系统是 3ds Max 提供的一类特殊的对象，这类对象本身就是一个动画，由大量体积较小的几何体组成，创建一个粒子系统后，单击"播放"按钮就可以看到动画效果。粒子系统主要用于创建雨、雪、流水、爆炸等动画特效，在片头、片尾动画制作中有着广泛的应用。

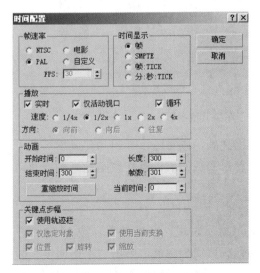

图 7.47　"时间配置"对话框　　　图 7.48　"几何体类型"列表

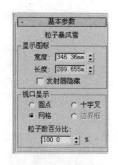

图 7.49　粒子创建面板　　　　　图 7.50　基本参数面板

3）设置粒子系统的参数

选择创建的暴风雪系统，按图 7.51 所示设置参数，面板上的主要参数功能如下："粒子数量"选项组用于设置生成粒子的数量，可以按速率和总数两种方法进行设置；"粒子运动"选项组中，"速度"表示粒子运动的快慢，"变化"表示粒子速度的变化范围，"翻滚"和"反转速率"用于设置粒子运动过程中的旋转；"粒子计时"选项组中，"发射开始"表示生成粒子的起始帧，可以为负值，表示一开始就生成大量的粒子，"发射停止"表示停止粒子发射的帧数，从该帧开始将不再生成新的粒子，"显示时限"和"寿命"表示粒子从产生到消亡所经历的帧数，"变化"表示粒子寿命的变化区间。"粒子大小"卷展栏包括了设置粒子大小和变化范围的选项，"旋转和碰撞"卷展栏用于设置离子的自旋运动。

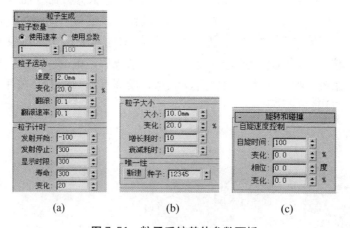

(a)　　　　　　　　(b)　　　　　　　　(c)

图 7.51　粒子系统其他参数面板

要点提示：各种粒子系统的参数有相似之处，读者可以参照"暴风雪"粒子系统的参数学习其他粒子系统，可以尝试性地改变各个参数的值，观察粒子动画的变化，掌握参数的功能。

4）制作粒子材质

粒子对象和其他对象一样，也可以通过材质表现不同的效果。按 M 键打开材质编辑器，选择一个样本球，设置材质的 3 个颜色区域均为白色，单击"不透明度"微调框右侧的▇按钮，在不透明度贴图通道中加入"渐变坡度"程序贴图，如图 7.52 所示。选中"面贴图"复选框，如图 7.53(a)所示，按 F9 键渲染视图，效果如图 7.53(b)所示。

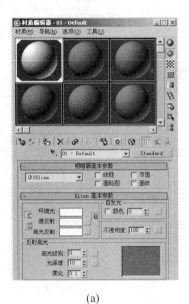

(a)   (b)

图 7.52 设置粒子材质

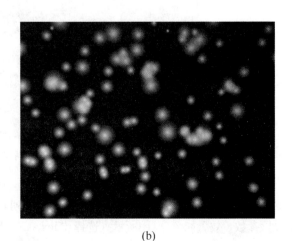

(a)   (b)

图 7.53 粒子材质效果

5）创建文字对象

在前视图中创建如图 7.54 所示的文字，参数如图 7.54(b)所示。

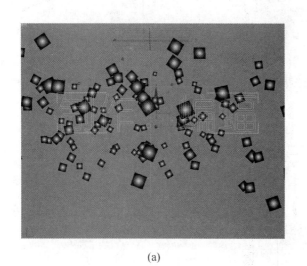 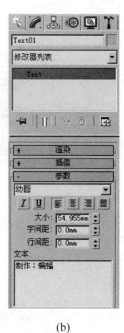

（a）   （b）

图 7.54　创建字体

6）复制文字对象

按住 Shift 键，单击文字对象，原地复制一个，如图 7.55 所示。

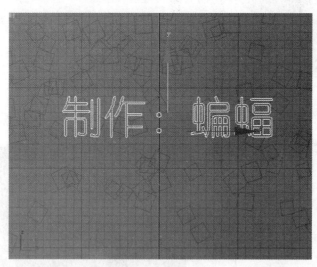

图 7.55　复制字体

7）制作三维文字

选择"Text01"，打开修改命令面板，在修改器列表中选择"倒角"修改器，按图 7.56(a)
所示设置参数，效果如 7.56(b)所示。选择"Text02"，加入"挤出"修改器，参数如图 7.57(a)

所示，取消选中"封口始端"和"封口末端"复选框，效果如图 7.57(b)所示，"Text02"将用于制作文字的光芒。

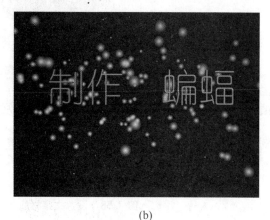

(a)　　　　　　　　　　　　　　　(b)

图 7.56　制作倒角文字

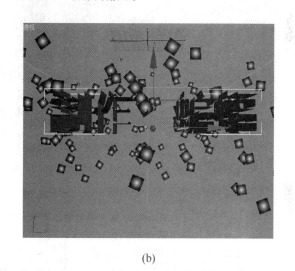

(a)　　　　　　　　　　　　　(b)

图 7.57　挤出字体 2

8）设置字体 01 的材质

选择"字体 01"，添加"编辑多边形"（Edit Poly）修改器，按快捷键 4 进入"多边形"层级，选择倒角文字中间的多边形面，在多边形属性面板上设置材质 ID 为 1，如图 7.58 所示。执行菜单栏中的"编辑"｜"反选"命令，选择两端的面，设置材质 ID 为 2，如图 7.59 所示。按 M 键打开材质编辑器，选择一个样本球，设置为"多维/次对象"材质，设置材质 1 为白色，材质 2 为红色，材质 1、材质 2 参数如图 7.60 所示，把该材质指定给倒角文字。

9）为字体 02 设置材质

选择一个空白的材质球，指定给"Text02"，设置过渡色参数，如图 7.61 所示。在"不透明度"贴图通道中加入"渐变"程序贴图，按图 7.62(a)所示设置颜色和参数，渲染效果如图 7.62(b)所示。

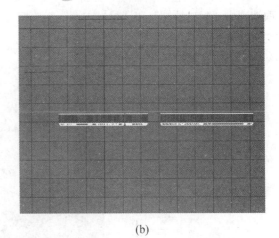

(a)　　　　　　　　　　　(b)

图 7.58　设置文字材质 ID1

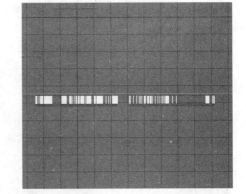

(a)　　　　　　　　　　　(b)

图 7.59　设置文字材质 ID2

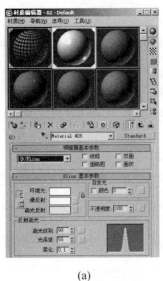
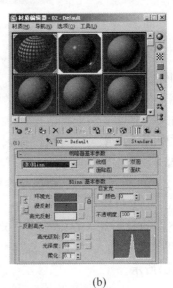

(a)　　　　　　　　　　　(b)

图 7.60　材质设置

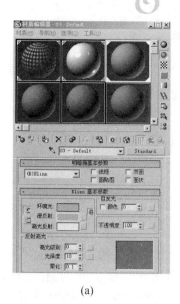
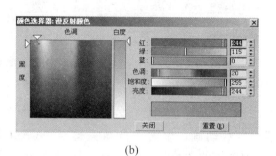

(a)   (b)

图 7.61 设置漫反射颜色

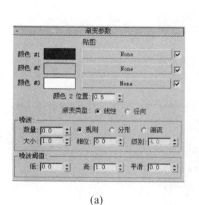
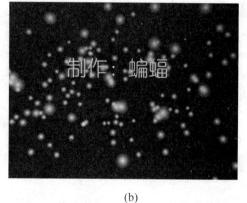

(a)   (b)

图 7.62 渐变参数面板

10）制作字体显示动画

打开"轨迹视图-曲线编辑器"窗口，用前面学过的方法给"Text01"增加"可见性"轨迹，在"可见性"轨迹曲线的 30、60、180 和 210 帧处打关键点，调整轨迹曲线，如图 7.63 所示。采用相同的方法给"Text02"设置可见性动画，动画关键帧为 70、90、150 和 170，调整轨迹曲线如图 7.64 所示。

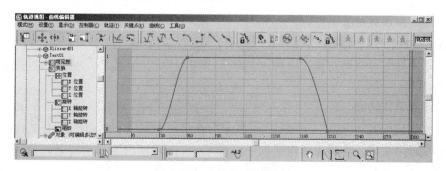

图 7.63 字体 01 轨迹曲线

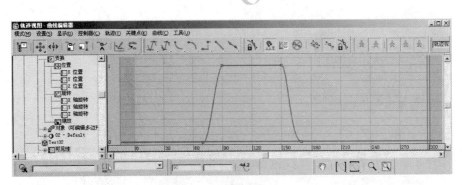

图 7.64   字体 02 轨迹曲线

11）制作光芒掠过文字动画

选择"Text02"，添加"Skew"（倾斜）修改器，参数面板如图 7.65 所示。下面制作修改器的参数动画，单击"自动关键点"（Autokey）按钮，拖动滑块到 70 帧，设置"Skew"修改器的"数量"（Ammount）值为 30，如图 7.66 所示。拖动时间滑块到 170 帧，设置"Skew"修改器的数量值为 −30，如图 7.67 所示。

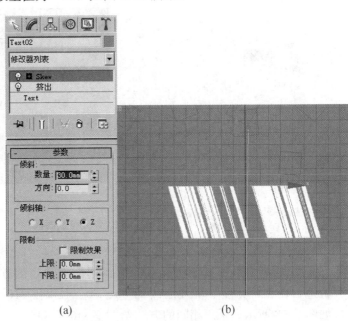

(a)   (b)

图 7.65   帧倾斜参数面板   图 7.66   帧的修改器参数和效果

12）为字体设置对象 ID

选择"Text01"，右键单击打开快捷菜单，选择"对象属性"命令，打开如图 7.68 所示的"对象属性"对话框，在"G 缓冲区"选项组中把"对象 ID"设置为 1，单击"确定"按钮。

13）设置字体特效

执行菜单栏中的"渲染"｜"Video Post"命令，打开 VP 窗口，单击工具栏上的（添加场景事件）按钮，在弹出的对话框中设置 Camera01 视图为当前场景，单击工具栏上

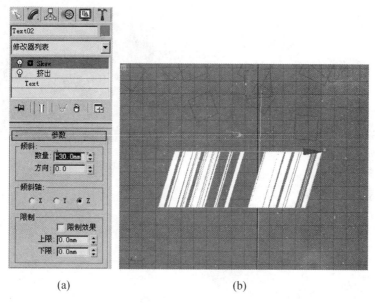

(a)   (b)

图 7.67 帧参数和效果

的 ⊕（添加图像过滤事件）按钮，打开如图 7.69 所示的对话框，在下拉列表中选择"镜头效果光晕"特效，单击"确定"按钮，打开"镜头效果光晕"对话框，如图 7.70 所示，在对话框中选中"对象 ID"复选框，并输入 ID 号 1，表明该特效只作用于 ID 号为 1 的对象，即字体 01 对象，单击"更新"按钮，在对话框中可以看到预览效果。按图 7.71 所示设置对话框的"首选项"和"渐变"选项卡，在"首选项"选项卡中设置"大小"为 2，颜色为"渐变"，"渐变"选项卡上设置径向颜色，左边是橘黄色，右边为红色。

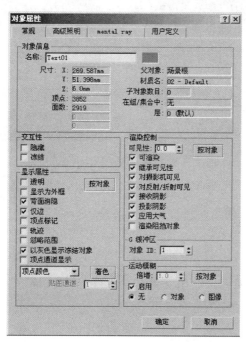

图 7.68 "对象属性"对话框

图 7.69 "添加图像过滤事件"对话框

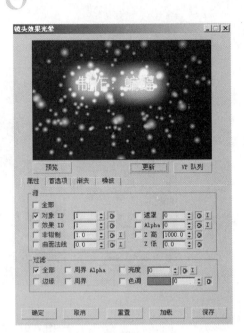

图 7.70 "镜头效果光晕"对话框

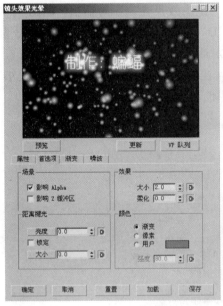

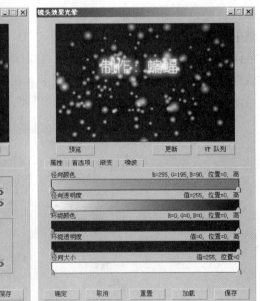

图 7.71 镜头效果光晕设置

14)渲染输出

单击 VP 工具栏中的按钮,在弹出的对话框中单击"文件"按钮,在弹出的对话框中设置输出文件名为"22.avi"。单击工具栏中的按钮,弹出"渲染"对话框,设置输出大小为 720×576,单击"渲染"按钮,生成视频文件。

3. 将分镜头合成短片

通过前面的学习，我们已经完成了多个动画镜头，本节将介绍如何把这些镜头合成一个动画短片，并且为短片配上音乐。视频编辑操作通常通过 Adobe 公司的 Premiere Pro 来完成，这个软件具有强大的视频编辑功能，下面利用这个软件来完成一个动画短片的合成，操作步骤如下。

1）创建项目

双击桌面上的 Adobe Premiere Pro 图标，打开如图 7.72 所示的操作界面，单击界面中的"新建项目"按钮，弹出如图 7.73 所示"新建项目"对话框，在对话框左侧项目列表中选择"DV-PAL"制式，单击对话框下方"位置"文本框后面的"浏览"按钮，设置视频文件的保存路径，在"名称"文本框中输入视频文件名称。完成设置后，单击"确定"按钮。

图 7.72　启动界面

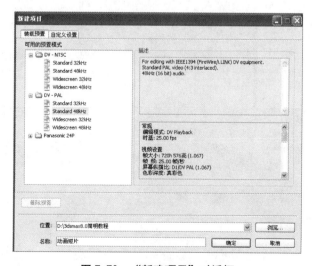

图 7.73　"新建项目"对话框

2）导入项目文件

单击菜单栏中的"文件"｜"导入"命令，打开"导入文件"对话框，选择前面完成的视频文件，导入到项目窗口中，如图 7.74 所示。导入的视频文件包括"片头.avi"、"片尾.avi"、"镜头 1.avi"、"镜头 2.avi"、"镜头 3.avi"，再导入一个音频文件"背景音乐.mp3"。

3）视频文件的编排

把视频文件按次序依次从项目窗口拖动到窗口下方"时间线"中视频 1 所在的一行，如图 7.75 所示，视频文件的编排次序为：片头、镜头 1、镜头 2、镜头 3 和片尾，表示在动画片中这几个镜头按顺序播放，缩放显示刻度为合适的大小，单击播放按钮，观看画面效果。

图 7.74　"文件"菜单和"项目"窗口

图 7.75　编排视频文件

4）给短片加入音乐

选择项目窗口中的"背景音乐.mp3"素材文件，拖动到"时间线"窗口的"音频1"轨道中，给短片加入背景音乐，如图7.76所示。由于视频文件和音乐文件长度不同，必须通过伸缩工具进行声音匹配操作。在进行匹配时，一般调整视频文件，调整音频文件将会使声音失真。单击左侧工具栏上的 ⊢（比例伸展）按钮，在视频1轨道中按住鼠标左键进行缩放操作，使视频文件轨道的长度和音频文件轨道的长度相同。单击"播放"按钮，观看动画效果。

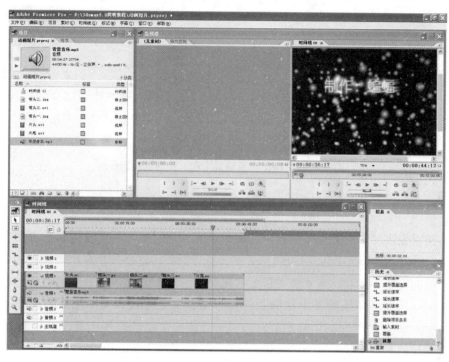

图7.76 给短片加入音乐

5）输出视频文件

在菜单栏执行"文件" | "输出" | "影片"命令，如图7.77所示，弹出"输出影片"

(a) (b)

图7.77 输出影片命令

对话框，在对话框中输入保存影片的路径和文件名，单击"设置"选项，在弹出的"输出电影设置"对话框中设置格式为 AVI，单击"确定"按钮，开始预演动画，显示如图 7.78 所示，完成后观看动画效果。

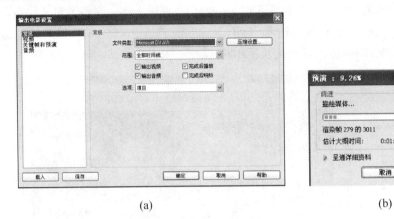

(a)　　　　　　　　　　　　(b)

图 7.78　"输出电影设置"和"预演"对话框

7.5.3　实例分析

本实例首先讲解了片头动画的制作过程，学习了利用动力学系统制作片头文字动画的基本方法，并利用 Video Post 模块制作了镜头光晕效果，这些技术在广告设计和视频包装中有着广泛的应用。接着，本实例讲解了片尾动画的制作过程，通过片尾动画的制作，学习了 3ds Max 中粒子系统的基本功能和使用方法、文字特效和文字光芒的制作方法。最后，利用 Premiere 把前面制作的几个动画镜头合成一个动画短片，学习了在 Premiere 中进行影视编排的基本方法。

由上述可知，实例的制作基本思路可以归结为以下几点：每一部动画片都是由多个镜头组接而成的，一个动画片应该包括片头、片尾，以及构成动画片主体的多个镜头。通过本章的学习，读者将掌握片头、片尾动画的制作方法，了解利用 Premiere 进行视频编辑的基本方法，掌握利用 3ds Max 制作动画片头和片尾的方法，了解 Premiere 的基本功能，能够利用 Premiere 进行简单的动画合成，掌握给动画添加声音效果的方法。

7.6　本章小结

动画(Animation)是运动的艺术，运动是动画的本质。

本章先介绍动画的基本原理、发展历史与主要应用，再介绍传统动画和计算机动画的基本内容，重点放在如何使用 3ds Max 进行动画建模和动画制作。

本章知识结构图如图 7.79 所示。

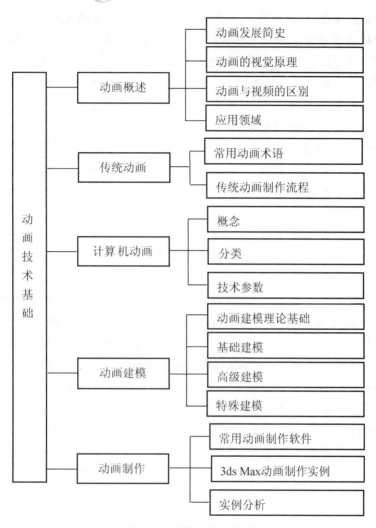

图 7.79　本章知识结构图

动 画 电 影

动画电影指以动画制作的电影。

"动画是一个电影类型，不是儿童片"（徐克语）。英语中把漫画分为儿童看的"Cartoon"（卡通）和青少年看的"Comic"（漫画）的观点，形成的原因主要是：我国的动画片针对的年龄层太小，不但国产的动画片只有 7 岁以下的人才看，连引进的动画片也只是针对 12 岁以下年龄层的。

1907 年，第一部动画片《一张滑稽面孔的幽默姿态》由美国人布莱克顿拍摄完成，美国动画片史正式开始。这一时期的动画影片只有短短的 5 分钟左右，用于正式电影前的加演，制作比较简单粗糙。沃尔特·迪士尼在 20 世纪 20 年代后期崛起，1928 年他推出了

第一部有声动画片《汽船威利号》，1932年推出了第一部彩色动画片《花与树》。

1937—1949年是美国动画片的初步发展时期。1937年，迪士尼公司推出了《白雪公主》，片长达74分钟，这在美国动画片史上是个史无前例的创举，继而推出《木偶奇遇记》《幻想曲》《小鹿班比》等动画长片。第二次世界大战爆发后，迪士尼公司停止了动画长片的拍摄，直到20世纪40年代末期才恢复过来。查克·琼斯创作的动画短片如《兔八哥》《戴飞鸭》等在战争期间也非常受欢迎。

1950—1966年是美国动画片第一次繁荣时期。这个时期，迪士尼公司几乎每年都推出一部经典动画片，如《仙履奇缘》《爱丽斯梦游仙境》《小姐与流氓》《睡美人》，等等。其他的动画制作公司在迪士尼公司的排挤之下纷纷关门停业，迪士尼公司成为动画电影业的霸主。

1967—1988年是美国动画的蛰伏时期。1966年12月15日，伟大的沃尔特·迪士尼因肺癌去世，迪士尼公司陷入了困境，美国动画业也进入萧条时期。此时，电视动画逐渐发展起来。

汉纳和芭芭拉是电视动画的代表人物，他们创作了电视系列片《猫和老鼠》《辛普森一家》等。整个20世纪70年代，只有数部动画片，质量也平平。80年代初，老一代的动画家都到了退休的年纪，迪士尼公司努力培养新人，处于新旧结合时期，拍出了颇有争议的动画电影，如《黑神锅传奇》等。20世纪80年代后期，迪士尼公司开始尝试着利用计算机制作动画，1986年的《妙妙探》，第一次用计算机动画制作了伦敦钟楼的场面。同时，公司任用了专业的企业经理人麦克·艾斯纳接管了公司。

1989年是美国动画又一次繁荣时期。迪士尼公司推出了《小美人鱼》，获得了极大成功，标志着美国动画片又一次进入繁荣时期，一直持续至2002年。这个时期的代表作品很多，如创造了票房奇迹的《狮子王》、第一部全计算机制作的动画片《玩具总动员》以及可以乱真的《恐龙》，等等。20世纪90年代末期，各个大制片公司纷纷涉足动画界，使这一时期的美国动画异彩纷呈。

据《美国动画大百科全书》（杰夫·伦伯格著，切克马克出版社，1999年，第2版）统计，自1911—1998年，美国共生产动画片2286部。

当今3个有名的动画电影制作公司分别是：吉卜力工作室，SUNRISE公司，迪士尼公司。

1) 吉卜力工作室

这是一家日本的动画工作室。作品以高品质著称，其细腻又富有生气，充满想象力的作品，在世界获得极高的评价。工作室成立于1985年中旬，原附属于德间书店，并由极富声望的导演宫崎骏以及他的同事高畑勋、铃木敏夫等一起统筹。

"吉卜力"是由宫崎骏命名的，意思是在撒哈拉沙漠上吹着的热风（ghibli）。在二次世界大战的时候，意大利空军飞行员将他们的侦察机也命名为"吉卜力"。宫崎骏是个飞行器狂，当然也知道这件事，于是决定用"吉卜力"作为他们工作室的名字。而在这个名字的背后，还有一层含意，也就是希望这个工作室能在日本动画界掀起一阵旋风！工作室的标志是使用他们的作品《龙猫》中的登场角色——"龙猫"（卜卜口）来设计的。

2）SUNRISE 公司

是亲自参与动画制作的日本企业之一，隶属 BANDAI 旗下，以制作机器人动画而闻名于世。1972 年虫制作公司（由日本"动漫之神"手冢治虫于 1968 年创立）独立出来的一些职员以"SUNRISE 艺术工作室"的名义开始创业。也就是说，SUNRISE 是现在日本动漫界大热的动画剧场版的制作公司。

3）迪士尼公司

1901 年 12 月 5 日，沃尔特·迪士尼出生在美国芝加哥的一个农民家庭。少年时期他以卖报纸为生，但他却梦想着能够成为一位著名的艺术家。第一次世界大战爆发后，年少的沃尔特结束了他的学生生涯，开始了从军当兵的军旅生活——野战救护车驾驶员。

1922 年，时年 22 岁的沃尔特孤身从老家来到了好莱坞，创立了属于自己的动画创作工作室，开始了艰苦创业的历程。

1925 年 7 月，25 岁的沃尔特·迪士尼和哥哥洛伊·迪士尼创立了迪士尼兄弟制片厂，拍摄了《爱丽丝梦游仙境》及其系列片。同年，迪士尼推出的《兔子奥斯华》获得社会广泛认同并产生巨大的影响。"迪士尼兄弟公司"于 1926 年正式改名为"沃尔特·迪士尼公司"。

迪士尼公司从 1929 年到 1939 年共拍了 60 多部动画短片，它在这些动画片里取得了相当不错的成绩，几乎把这 10 年里所有的奥斯卡最佳动物短片奖囊括入手，例如 1932 年的《花与树》、1933 年的《三只小猪》、1934 年的《龟兔赛跑》、1935 年的《三只小猫咪》、1936 年的《乡下表亲》、1937 年的《老磨坊》、1938 年的《斗牛费迪南》和 1939 年的《丑小鸭》。

而最让迪士尼公司出彩的是 1937 年拍摄完成的世界首部动画长片《白雪公主》，这部动画片很快在美国和世界上风靡开来，使迪士尼公司在美国无可匹敌、首屈一指，并且确立了美国动画王国的地位。1937 年这一年成为了迪士尼动画发展的标志年，同时也是美国动画发展的标志年。

20 世纪 70 年代的时候，迪士尼公司又制作了《救难小英雄》《罗宾汉》等动画影片。20 世纪 90 年代后，迪士尼公司的影片内容开始向着其他国家的文学、故事题材扩展，丰富了影片内容，拓展了创作思路，产生出了诸如《狮子王》《风中奇缘》《花木兰》及《人猿泰山》等作品，让人赏心悦目。迪士尼有个从 1939 年延续至今的传统，那就是基本上一年生产一部长片。

上述 3 个公司都以精美、耗费人力的 2D 动画出名，我们再来看看动画发展趋势的大热门——3D 动画电影。3D 动画电影的优势体现在：①能够完成 2D 手绘非常困难完成的镜头；②可修改性较强，质量要求更易受到控制；③能够对所表现的画面起到美化作用。

梦工场（DreamWorks SKG）是美国排名前十位的一家电影洗印、制作和发行公司，同时也是一家电视游戏，电视节目制作公司。参与的制作或发行电影在北美票房方面，有 2 部过 4 亿，5 部过 3 亿。在短短十多年中，超过 30 部电影过亿。该公司曾出品过经典动画《史莱克》《马达加斯加》《驯龙记》《功夫熊猫》等。梦工场是唯一能与迪士尼抗衡的动画电影公司。

梦工场是在 1994 年初，由原迪斯制片部总裁杰夫利·科兹恩伯格与大导演斯皮尔伯

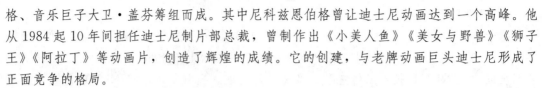

格、音乐巨子大卫·盖芬筹组而成。其中尼科兹恩伯格曾让迪士尼动画达到一个高峰。他从1984起10年间担任迪士尼制片部总裁，曾制作出《小美人鱼》《美女与野兽》《狮子王》《阿拉丁》等动画片，创造了辉煌的成绩。它的创建，与老牌动画巨头迪士尼形成了正面竞争的格局。

1998年，梦工场创作的如梦如幻气势磅礴的《埃及王子》技惊四座，大卖特卖，也让迪士尼为自己数十年来没有突破性的前进而汗颜。《埃及王子》、仿造迪士尼模式的动画片《黄金国之路》、《小蚁雄兵》、黏土动画片《小鸡快跑》等佳作让梦工场冲破了迪士尼一家独大的局面。

梦工场在2001年暑假强档推出《怪物史莱克》，让它的对手迪士尼着实吃了一堑。这部影片让迪士尼花了7年时间费尽心思制作的影片《亚特兰蒂斯：失落的帝国》失去了应有的光彩，更为严重的是，它让迪士尼投入了1.7亿美元拍摄的电影巨作《珍珠港》票房冷淡。究其原因，是因为《怪物史莱克》这部全计算机动画片中的史莱克虽然长相丑陋，并且长着绿毛，但是招人喜欢，不仅赢得了无数观众的青睐，还获得影评人的高度评价。

近年来，计算机为迪士尼公司开拓了新的天地。由乔布斯创办的皮克斯动画在20世纪80年代播出了第一部3D动画，到了21世纪初，与迪士尼合并。利用计算机技术，他们在1995年推出了第一部三维动画片《玩具总动员》，之后又陆续推出《海底总动员》等，1999年推出的三维动画大片《恐龙》，又将人的创造力推向了极致。那些仿真形象表演毫不逊色于好莱坞大牌明星领衔的影片。这些动画片的极限仿真技术可谓达到登峰造极的程度了，甚至有人看过后，都不知道这些片子是用计算机技术创造出来的。

通过迪士尼人的勤劳与创造，直至今天迪士尼公司在商业动画领域的领先地位仍然无人可及。

思 考 题

1. 列举几种广泛应用的动画文件格式，并给出其特点和应用范围。
2. 传统动画和计算机动画有什么不同？
3. 计算机动画研究的内容是什么？
4. 计算机动画应用前景如何？
5. 什么叫关键帧动画？
6. 画出利用3ds Max制作三维动画的流程图。

练 习 题

1-1 填空题

1. 计算机动画是一种融合科学和艺术的产品，计算机动画及其技术的应用领域极其广泛和常见的卡通片和广告片，大致可归纳为以下 5 个领域：①_____；②_____；③_____；④_____；⑤_____。

2. 依据不同特征来对计算机动画进行分类：按照画面景物的透视效果和真实感程度，计算机动画分为_____和_____两种。按照计算机处理动画的方式不同，计算机动画分为_____、_____和_____ 3 种。按照动画的表现效果分，计算机动画又可分为_____、_____和_____ 3 种。

1-2 简答题

1. 什么是动画？它与视频有什么异同？

2. 计算机动画有哪些技术参数？

3. 请描述传统动画制作流程。

第 8 章

数据压缩技术

学习目标

☞ 掌握计算机动画的基本概念和基本原理。
☞ 了解动画发展简史和传统动画制作流程。
☞ 了解动画建模的基本理论。
☞ 会用 3ds Max 进行动画建模和制作动画。

导入案例

压 缩 编 码

计算机里的数据压缩其实类似于美眉们的瘦身运动，不外有两大功用。第一，可以节省空间。拿瘦身美眉来说，要是 8 个美眉可以挤进一辆出租车里，那该有多省钱啊！第二，可以减少对带宽的占用。例如，我们都想在不到 100Kbps 的 GPRS 网上观看 DVD 大片，这就好比瘦身美眉们总希望用一尺布裁出 7 件吊带衫，前者有待于数据压缩技术的突破性进展，后者则取决于美眉们的恒心和毅力。

简单地说，如果没有数据压缩技术，就没法用 WinRAR 为 Email 中的附件瘦身；如果没有数据压缩技术，市场上的数码录音笔就只能记录不到 20 分钟的语音；如果没有数据压缩技术，从 Internet 上下载一部电影也许要花半年的时间……可是这一切究竟是如何实现的呢？数据压缩技术又是怎样从无到有发展起来的呢？

一千多年前的中国学者就知道用"班马"这样的缩略语来指代班固和司马迁，这种崇尚简约的风俗一直延续到了今天的 Internet 时代：当人们在 BBS 上用"7456"代表"气死我了"，或是用"B4"代表"Before"的时候，至少应该知道，这其实就是一种最简单的数据压缩。

严格意义上的数据压缩起源于人们对概率的认识。当人们对文字信息进行编码时，如果为出现概率较高的字母赋予较短的编码，为出现概率较低的字母赋予较长的编码，总的编码长度就能缩短不少。远在计算机出现之前，著名的 Morse 电码就已经成功地实践了这一准则。在 Morse 码表中，每个字母都对应于一个唯一的点划组合，出现概率最高的字母 e 被编码为一个点 "."，而出现概率较低的字母 z 则被编码为 "-- .."。显然，这可以有效缩短最终的电码长度。

信息论之父 C. E. Shannon 第一次用数学语言阐明了概率与信息冗余度的关系。在 1948 年发表的论文 "通信的数学理论"（*A Mathematical Theory of Communication*）中，Shannon 指出，任何信息都存在冗余，冗余大小与信息中每个符号（数字、字母或单词）的出现概率或者说不确定性有关。Shannon 借鉴了热力学的概念，把信息中排除冗余后的平均信息量称为 "信息熵"，并给出了计算信息熵的数学表达式。这篇伟大的论文后来被誉为信息论的开山之作，信息熵也奠定了所有数据压缩算法的理论基础。从本质上讲，数据压缩的目的就是要消除信息中的冗余，而信息熵及相关的定理恰恰用数学手段精确地描述了信息冗余的程度。利用信息熵公式，人们可以计算出信息编码的极限，即在一定的概率模型下，无损压缩的编码长度不可能小于信息熵公式给出的结果。

有了完备的理论，接下来的事就是要想办法实现具体的算法，并尽量使算法的输出接近信息熵的极限了。当然，大多数工程技术人员都知道，要将一种理论从数学公式发展成实用技术，就像仅凭一个 $E=mc^2$ 的公式就要去制造核武器一样，并不是一件很容易的事。

设计具体的压缩算法的过程通常更像是一场数学游戏。开发者首先要寻找一种能尽量精确地统计或估计信息中符号出现概率的方法，然后还要设计一套用最短的代码描述每个符号的编码规则。统计学知识对于前一项工作相当有效，迄今为止，人们已经陆续实现了静态模型、半静态模型、自适应模型、Markov 模型、部分匹配预测模型等概率统计模型。相对而言，编码方法的发展历程更为曲折一些。

1948 年，Shannon 在提出信息熵理论的同时，也给出了一种简单的编码方法——Shannon 编码。1952 年，R. M. Fano 又进一步提出了 Fano 编码。这些早期的编码方法揭示了变长编码的基本规律，也确实可以取得一定的压缩效果，但离真正实用的压缩算法还相去甚远。

第一个实用的编码方法是由 D. A. Huffman 在 1952 年的论文 "最小冗余度代码的构造方法"（*A Method for the Construction of Minimum Redundancy Codes*）中提出的。直到今天，许多《数据结构》教材在讨论二叉树时仍要提及这种被后人称为 Huffman 编码的方法。Huffman 编码在计算机界是如此著名，以至于连编码的发明过程本身也成了人们津津乐道的话题。据说，1952 年时，年轻的 Huffman 还是麻省理工学院的一名学生，他为了向老师证明自己可以不参加某门功课的期末考试，才设计了这个看似简单，但却影响深远的编码方法。

Huffman 编码效率高，运算速度快，实现方式灵活，从 20 世纪 60 年代至今，在数据压缩领域得到了广泛的应用。例如，早期 UNIX 系统上一个不太为现代人熟知的压缩程序 COMPACT 实际就是 Huffman 0 阶自适应编码的具体实现。20 世纪 80 年代初，Huffman 编码又出现在 CP/M 和 DOS 系统中，其代表程序叫 SQ。今天，在许多知名的压缩工具和压缩算法（如 WinRAR、gzip 和 JPEG）里，都有 Huffman 编码的身影。不过，Huffman 编码所得的编码长度只是对信息熵计算结果的一种近似，还无法真正逼近信息熵的极限。正因为如此，现代压缩技术通常只将 Huffman 视作最终的编码手段，而非数据压缩算法的全部。

科学家们一直没有放弃向信息熵极限挑战的理想。1968 年前后，P. Elias 发展了 Shannon 和 Fano 的编码方法，构造出从数学角度看来更为完美的 Shannon-Fano-Elias 编码。沿着这一编码方法的思路，1976 年，J. Rissanen 提出了一种可以成功地逼近信息熵极限的编码方法——算术编码。1982 年，Rissanen 和 G. G. Langdon 一起改进了算术编码。之后，人们又将算术编码与 J. G. Cleary 和 I. H. Witten 于 1984 年提出的部分匹配预测模型(PPM)相结合，开发出了压缩效果近乎完美的算法。今天，那些名为 PPMC、PPMD 或 PPMZ 并号称压缩效果天下第一的通用压缩算法，实际上全都是这一思路的具体实现。

对于无损压缩而言，PPM 模型与算术编码相结合，已经可以最大程度地逼近信息熵的极限。看起来，压缩技术的发展可以到此为止了。不幸的是，事情往往不像想象中的那样简单：算术编码虽然可以获得最短的编码长度，但其本身的复杂性也使得算术编码的任何具体实现在运行时都慢如蜗牛。即使在摩尔定律大行其道，CPU 速度日新月异的今天，算术编码程序的运行速度也很难满足日常应用的需求。没办法，如果不是后文将要提到的那两个犹太人，人们还不知要到什么时候才能用上 WinZIP 这样方便实用的压缩工具。

逆向思维永远是科学和技术领域里出奇制胜的法宝。就在大多数人绞尽脑汁想改进 Huffman 或算术编码，以获得一种兼顾了运行速度和压缩效果的"完美"编码的时候，两个聪明的犹太人 J. Ziv 和 A. Lempel 独辟蹊径，完全脱离 Huffman 及算术编码的设计思路，创造出了一系列比 Huffman 编码更有效，比算术编码更快捷的压缩算法。人们通常用这两个犹太人姓氏的缩写，将这些算法统称为 LZ 系列算法。

按照时间顺序，LZ 系列算法的发展历程大致是：Ziv 和 Lempel 于 1977 年发表题为"顺序数据压缩的一个通用算法"(*A Universal Algorithm for Sequential Data Compression*)的论文，论文中描述的算法被后人称为 LZ77 算法。1978 年，二人又发表了该论文的续篇"通过可变比率编码的独立序列的压缩"(*Compression of Individual Sequences via Variable Rate Coding*)，描述了后来被命名为 LZ78 的压缩算法。1984 年，T. A. Welch 发表了名为"高性能数据压缩技术"(*A Technique for High Performance Data Compression*)的论文，描述了他在 Sperry 研究中心(该研究中心后来并入了 Unisys 公司)的研究成果，这是 LZ78 算法的一个变种，也就是后来非常有名的 LZW 算法。1990 年后，T. C. Bell 等人又陆续提出了许多 LZ 系列算法的变体或改进版本。

说实话，LZ 系列算法的思路并不新鲜，其中既没有高深的理论背景，也没有复杂的数学公式，它们只是简单地延续了千百年来人们对字典的追崇和喜好，并用一种极为巧妙的方式将字典技术应用于通用数据压缩领域。通俗地说，当你用字典中的页码和行号代替文章中每个单词的时候，你实际上已经掌握了 LZ 系列算法的真谛。这种基于字典模型的思路在表面上虽然和 Shannon、Huffman 等人开创的统计学方法大相径庭，但在效果上一样可以逼近信息熵的极限。而且，可以从理论上证明，LZ 系列算法在本质上仍然符合信息熵的基本规律。

LZ 系列算法的优越性很快就在数据压缩领域里体现出来，使用 LZ 系列算法的工具软件数量呈爆炸式增长。UNIX 系统上最先出现了使用 LZW 算法的 Compress 程序，该程序很快成为 UNIX 世界的压缩标准。紧随其后的是 MS-DOS 环境下的 ARC 程序，以及 PKWare、PKARC 等仿制品。20 世纪 80 年代，著名的压缩工具 LHarc 和 ARJ 则是 LZ77 算法的杰出代表。

今天，LZ77、LZ78、LZW 算法以及它们的各种变体几乎垄断了整个通用数据压缩领域，人们熟悉的 PKZIP、WinZIP、WinRAR、gzip 等压缩工具以及 ZIP、GIF、PNG 等文件格式都是 LZ 系列算法的受益者，甚至连 PGP 这样的加密文件格式也选择了 LZ 系列算法作为其数据压缩的标准。

没有谁能否认两位犹太人对数据压缩技术的贡献。在工程技术领域，片面追求理论上的完美往往只会事倍功半，如果大家能像 Ziv 和 Lempel 那样，经常换个角度来思考问题，没准儿就能发明一种新的算法，就能在技术方展史上扬名立万。

LZ 系列算法基本解决了通用数据压缩中兼顾速度与压缩效果的难题。但是，数据压缩领域里还有另一片更为广阔的天地等待着人们去探索。Shannon 的信息论告诉人们，对信息的先验知识越多，就可以把信息压缩得越小。换句话说，如果压缩算法的设计目标不是任意的数据源，而是基本属性已知的特种数据，压缩的效果就会进一步提高。这提醒人们，在发展通用压缩算法之余，还必须认真研究针对各种特殊数据的专用压缩算法。比方说，在今天的数码生活中，遍布于数码相机、数码录音笔、数码随身听、数码摄像机等各种数字设备中的图像、音频、视频信息，就必须经过有效的压缩才能在硬盘上存储或是通过 USB 电缆传输。实际上，多媒体信息的压缩一直是数据压缩领域里的重要课题，其中的每一个分支都有可能主导未来的某个技术潮流，并为数码产品、通信设备和应用软件开发商带来无限的商机。

让我们先从图像数据的压缩讲起。通常所说的图像可以被分为二值图像、灰度图像、彩色图像等不同的类型。每一类图像的压缩方法也不尽相同。

传真技术的发明和广泛使用促进了二值图像压缩算法的飞速发展。CCITT(国际电报电话咨询委员会，国际电信联盟 ITU 下属的一个机构)针对传真类应用建立了一系列图像压缩标准，专用于压缩和传递二值图像。这些标准大致包括 20 世纪 70 年代后期的 CCITT Group 1 和 Group 2，1980 年的 CCITT Group 3，以及 1984 年的 CCITT Group 4。为了适应不同类型的传真图像，这些标准所用的编码方法包括了一维的 MH 编码和二维的 MR 编码，其中使用了行程编码(RLE)和 Huffman 编码等技术。今天，人们在办公室或家里收发传真时，使用的大多是 CCITT Group 3 压缩标准，一些基于数字网络的传真设备和存放二值图像的 TIFF 文件则使用了 CCITT Group 4 压缩标准。1993 年，CCITT 和 ISO(国际标准化组织)共同成立的二值图像联合专家组(Joint Bi-level Image Experts Group，JBIG)又将二值图像的压缩进一步发展为更加通用的 JBIG 标准。

实际上，对于二值图像和非连续的灰度、彩色图像而言，包括 LZ 系列算法在内的许多通用压缩算法都能获得很好的压缩效果。例如，诞生于 1987 年的 GIF 图像文件格式使用的是 LZW 压缩算法，1995 年出现的 PNG 格式比 GIF 格式更加完善，它选择了 LZ77 算法的变体 Zlib 来压缩图像数据。此外，利用前面提到过的 Huffman 编码、算术编码以及 PPM 模型，人们事实上已经构造出了许多行之有效的图像压缩算法。

但是，对于生活中更加常见的，像素值在空间上连续变化的灰度或彩色图像(比如数码照片），通用压缩算法的优势就不那么明显了。幸运的是，科学家们发现，如果在压缩这一类图像数据时允许改变一些不太重要的像素值，或者说允许损失一些精度（在压缩通用数据时，人们绝不会容忍任何精度上的损失，但在压缩和显示一幅数码照片时，如果一片树林里某些树叶的颜色稍微变深了一些，看照片的人通常是察觉不到的），就有可能在压缩效果上获得突破性的进展。这一思想在数据压缩领域具有革命性的地位：通过在用户的忍耐范围内损失一些精度，可以把图像（也包括音频和视频）压缩到原大小的十分之一、百分之一甚至千分之一，这远远超出了通用压缩算法的能力极限。也许，这和生活中常说的"退一步海阔天空"的道理有异曲同工之妙吧。

这种允许精度损失的压缩也被称为有损压缩。在图像压缩领域，著名的 JPEG 标准是有损压缩算法中的经典。JPEG 标准由静态图像联合专家组（Joint Photographic Experts Group，JPEG）于 1986 年开始制订，1994 年后成为国际标准。JPEG 以离散余弦变换（DCT）为核心算法，通过调整质量系数控制图像的精度和大小。对于照片等连续变化的灰度或彩色图像，JPEG 在保证图像质量的前提下，一般可以将图像压缩到原大小的 $1/20 \sim 1/10$。如果不考虑图像质量，JPEG 甚至可以将图像压缩到"无限小"。

JPEG 标准的最新进展是 1996 年开始制订，2001 年正式成为国际标准的 JPEG-2000。与 JPEG 相比，JPEG-2000 作了大幅改进，其中最重要的是用离散小波变换（DWT）替代了 JPEG 标准中的离散余弦变换。在文件大小相同的情况下，JPEG-2000 压缩的图像比 JPEG 质量更高，精度损失更小。作为一个新标准，JPEG-2000 暂时还没有得到广泛的应用，不过包括数码相机制造商在内的许多企业都对其应用前景表示乐观，JPEG-2000 在图像压缩领域里大显身手的那一天应该不会特别遥远。

JPEG 标准中通过损失精度来换取压缩效果的设计思想直接影响了视频数据的压缩技术。CCITT 于 1988 年制订了电视电话和会议电视的 H.261 建议草案。H.261 的基本思路是使用类似 JPEG 标准的算法压缩视频流中的每一帧图像，同时采用运动补偿的帧间预测来消除视频流在时间维度上的冗余信息。在此基础上，1993 年，ISO 通过了动态图像专家组（Moving Picture Experts Group，MPEG）提出的 MPEG-1 标准。MPEG-1 可以对普通质量的视频数据进行有效编码。人们现在看到的大多数 VCD 影碟，就是使用 MPEG-1 标准来压缩视频数据的。

为了支持更清晰的视频图像，特别是支持数字电视等高端应用，ISO 于 1994 年提出了新的 MPEG-2 标准（相当于 CCITT 的 H.262 标准）。MPEG-2 对图像质量作了分级处理，可以适应普通电视节目、会议电视、高清晰数字电视等不同质量的视频应用。在人们的生活中，可以提供高清晰画面的 DVD 影碟所采用的正是 MPEG-2 标准。

Internet 的发展对视频压缩提出了更高的要求。在内容交互、对象编辑、随机存取等新需求的刺激下，ISO 于 1999 年通过了 MPEG-4 标准（相当于 CCITT 的 H.263 和 H.263＋标准）。MPEG-4 标准拥有更高的压缩比率，支持并发数据流的编码、基于内容的交互操作、增强的时间域随机存取、容错、基于内容的尺度可变性等先进特性。Internet 上新兴的 DivX 和 Xvid 文件格式就是采用 MPEG-4 标准来压缩视频数据的，它们可以用更小的存储空间或通信带宽提供与 DVD 不相上下的高清晰视频，这使人们在 Internet 上发布或下载数字电影的梦想成为现实。

就像视频压缩和电视产业的发展密不可分一样，音频数据的压缩技术最早也是由无线电广播、语音通信等领域里的技术人员发展起来的。这其中又以语音编码和压缩技术的研究最为活跃。自从 1939 年 H. Dudley 发明声码器以来，人们陆续发明了脉冲编码调制(PCM)、线性预测(LPC)、矢量量化(VQ)、自适应变换编码(ATC)、子带编码(SBC)等语音分析与处理技术。这些语音技术在采集语音特征，获取数字信号的同时，通常也可以起到降低信息冗余度的作用。像图像压缩领域里的 JPEG 一样，为获得更高的编码效率，大多数语音编码技术都允许一定程度的精度损失。而且，为了更好地用二进制数据存储或传送语音信号，这些语音编码技术在将语音信号转换为数字信息之后又总会用 Huffman 编码、算术编码等通用压缩算法进一步减少数据流中的冗余信息。

对于计算机和数字电器(如数码录音笔、数码随身听)中存储的普通音频信息，人们最常使用的压缩方法主要是 MPEG 系列中的音频压缩标准。例如，MPEG-1 标准提供了 Layer Ⅰ、Layer Ⅱ和 Layer Ⅲ共 3 种可选的音频压缩标准，MPEG-2 又进一步引入了 AAC (Advanced Audio Coding)音频压缩标准，MPEG-4 标准中的音频部分则同时支持合成声音编码和自然声音编码等不同类型的应用。在这许多音频压缩标准中，声名最为显赫的恐怕要数 MPEG-1 Layer Ⅲ，也就是人们常说的 MP3 音频压缩标准了。从 MP3 播放器到 MP3 手机，从硬盘上堆积如山的 MP3 文件到 Internet 上版权纠纷不断的 MP3 下载，MP3 早已超出了数据压缩技术的范畴，而成了一种时尚文化的象征。

很显然，在多媒体信息日益成为主流信息形态的数字化时代里，数据压缩技术特别是专用于图像、音频、视频的数据压缩技术还有相当大的发展空间——毕竟，人们对信息数量和信息质量的追求是永无止境的。

从信息熵到算术编码，从犹太人到 WinRAR，从 JPEG 到 MP3，数据压缩技术的发展史就像是一个写满了"创新"、"挑战"、"突破"和"变革"的羊皮卷轴。也许，我们在这里不厌其烦地罗列年代、人物、标准和文献，其目的只是要告诉大家，前人的成果只不过是后人有望超越的目标而已，谁知道在未来的几年里，还会出现几个 Shannon，几个 Huffman 呢？

谈到未来，我们还可以补充一些与数据压缩技术的发展趋势有关的话题。

1994 年，M. Burrows 和 D. J. Wheeler 共同提出了一种全新的通用数据压缩算法。这种算法的核心思想是对字符串轮转后得到的字符矩阵进行排序和变换，类似的变换算法被称为 Burrows-Wheeler 变换，简称 BWT。与 Ziv 和 Lempel 另辟蹊径的做法如出一辙，Burrows 和 Wheeler 设计的 BWT 算法与以往所有通用压缩算法的设计思路都迥然不同。如今，BWT 算法在开放源码的压缩工具 bzip 中获得了巨大的成功，bzip 对于文本文件的压缩效果要远好于使用 LZ 系列算法的工具软件。这至少可以表明，即便在日趋成熟的通用数据压缩领域，只要能在思路和技术上不断创新，仍然可以找到新的突破口。

分形压缩技术是图像压缩领域近几年来的一个热点。这一技术起源于 B. Mandelbrot 于 1977 年创建的分形几何学。M. Barnsley 在 20 世纪 80 年代后期为分形压缩奠定了理论基础。从 20 世纪 90 年代开始，A. Jacquin 等人陆续提出了许多实验性的分形压缩算法。今天，很多人相信，分形压缩是图像压缩领域里最有潜力的一种技术体系，但也有很多人对此不屑一顾。无论其前景如何，分形压缩技术的研究与发展都提示我们，在经过了几十

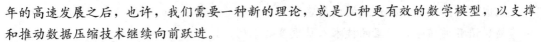

年的高速发展之后，也许，我们需要一种新的理论，或是几种更有效的数学模型，以支撑和推动数据压缩技术继续向前跃进。

人工智能是另一个可能对数据压缩的未来产生重大影响的关键词。既然 Shannon 认为，信息能否被压缩以及能在多大程度上被压缩与信息的不确定性有直接关系，假设人工智能技术在某一天成熟起来，假设计算机可以像人一样根据已知的少量上下文猜测后续的信息，那么，将信息压缩到原大小的万分之一乃至十万分之一，恐怕就不再是天方夜谭了。

回顾历史之后，人们总喜欢畅想一下未来。但未来终究是未来，如果仅凭几句话就可以理清未来的技术发展趋势，那技术创新的工作岂不就索然无味了吗？

多媒体计算机涉及的信息包括：文字、语音、图形、图像、视频和动画等。这些信息经过数字化处理后的数据量非常庞大，那么如何在多媒体系统中有效地保存和传送这些数据就成了多媒体计算机面临的一个最基本的问题，也是最大的难题之一。数据压缩技术有效地解决了这一问题，是多媒体计算机发展的关键性技术。

8.1 数据压缩概述

8.1.1 什么是数据压缩

数据压缩是指对原始数据进行重新编码，以去除原始数据中的冗余，以较小的数据量表示原始数据的技术，是实现在计算机上处理图像、音频、视频等多种媒体数据的前提。数据压缩常常又称为数据信源编码，或简称为数据编码。

8.1.2 多媒体信息的数据量

从某种程度上说，多媒体研究的就是声音与图像，或者是由它们组成的视频。数字化了的音频和图像信号的数据量是非常庞大的，以下分别以声音和图像为例说明。

(1) 语音信号。人说话的音频一般在 20Hz～4kHz，需带宽为 4kHz。由采样定理，并设数字化精度为 8bit，则人讲一分钟话的数据量约为 480KB。

(2) 音频信号。音乐信号的频带很宽，激光唱盘 CD-DA 的采样频率为 44.1kHz，每个采样样本为 16bit，二通道立体声，则 100MB 的硬盘仅能存储 10 分钟的录音。

(3) 静态图像。分辨率为 640×480 的彩色（24bit/Pixel）数字图像的数据量约 7.37Mbit/F，则一个 100MB 的硬盘只能存放约 100 帧（F）静态图像画面。当帧速率为 1/25s 时，那么视频信号的传输速率需达 184Mbps。

(4) 视频图像。根据采样原理，当采样频率大于或等于两倍的原始信号的频率时，才能保证采样后信号保真地恢复为原始信号。彩色电视信号的数据量约为每秒 100Mbit，因而一个 1GB 容量的光盘仅能存约 1 分钟的原始电视数据。

由以上例子可以看出，数字化信息的数据量十分庞大，无疑给存储器的存储量、通信干线的信道传输率以及计算机的速度都增加了极大的压力。如果单纯靠扩大存储器容量、增加通信干线传输率的办法来解决问题是不现实的。通过数据压缩技术可以大大降低数据量，以压缩的形式存储和传输，既节约了存储空间，又提高了通信干线的传输效率，同时也使计算机得以实时处理音频、视频信息，保证播放出高质量的视频和音频节目。

因此，高效实时地压缩视频和音频的数据量是多媒体技术中不可回避的关键技术问题。压缩的目的就是保持信源信号在一个可以接受的状况的前提下把需要的比特数减到最低程度，这样来减少存储、处理和传输的成本。

8.1.3 多媒体信息的冗余

虽然为了传输和存储数据，需要进行数据压缩，但数据压缩是否可行呢？回答是肯定的。数据压缩之所以可实现，是因为原始信源数据(视频图像和音频信号)存在着很大的冗余度，比如电视图像帧内邻近像素之间空域相关性及前后帧之间的时域相关性都很大，因而可以进行数据压缩减少或消除冗余。另一方面，在多媒体应用领域中，人是主要接收者，眼睛是图像信息的接收端，耳朵是声音信息的接收端。这样就有可能利用人的视觉对于图像边缘急剧变化不敏感，对图像的亮度信息敏感和对色彩的分辨力弱的特点，以及听觉的生理特性实现数据压缩。多媒体数据中存在的数据冗余类型如下。

（1）空间冗余。空间冗余是静态图像中存在的最主要的一种数据冗余。一般来说在同一幅图像中，规则物体和规则背景在形状、颜色上具有相似之处。更具体来说一帧图像内的任何一个场景都是由若干像素点构成的，因此一个像素通常与它周围的某些像素在亮度和色度上存在一定的关系，在同一幅图像中，规则物体和规则背景的表面物理特性具有相关性。这些相关性的光成像结果在数字化图像中就表现为数据的空间冗余。

（2）时间冗余。时间冗余是动画、视频和声音中经常包含的冗余。图像序列中的两幅相邻的图像，后一幅图像与前一幅图像之间有较大的相关，这反映为时间冗余。同理，在语音中，由于人在说话时其发音的音频是连续和渐变的过程，而不是一个完全时间上独立的过程，因而存在着时间冗余。

（3）信息熵冗余。1984 年，香农提出了"信息熵"的概念，解决了对信息的量化度量问题。熵定义为信源的平均信息量。信息熵冗余是指数据所携带的信息量少于数据本身而反映出来的数据冗余。信息熵冗余也称为编码冗余，例如图像中平均每个像素使用的比特数大于该图像的信息熵，则图像中存在冗余，这种冗余称为信息熵冗余。

（4）结构冗余。结构冗余是指图像中存在很强的纹理结构或自相似性。例如草席图像在结构上存在冗余。

（5）知识冗余。有许多图像的理解与某些基础知识有相当大的相关性。例如：人脸的图像有固定的结构，比如嘴的上方有鼻子，鼻子位于正脸图像的中线上等。这类规律性的结构可由先验知识和背景知识得到，在数据处理中可依照规律作编码压缩，此类冗余称为知识冗余。

（6）视觉(听觉)冗余。人类的视觉系统对图像场任何变化都能察觉，如对色差信号的变化不敏感。这样在数据压缩和量化过程中引入了噪声，使图像发生变化，只要这个变化值不超过视觉的可见阈值，就认为是足够好。事实上人类视觉系统的一般分辨能力估计为 26 灰度等级，而一般图像的量化采用的是 28 灰度等级，像这样的冗余，人们称之为视觉冗余。对于听觉，人耳对不同频率的声音的敏感性是不同的，并不能察觉所有频率的变化，对某些频率不必特别关注，因此存在听觉冗余。

（7）其他冗余。例如由图像的空间非定常特性所带来的冗余等。

8.1.4　数据压缩的过程

数据压缩的典型操作包括预准备、处理、量化和编码等过程，图 8.1 给出了它们的操作序列。数据可以是静止图像、视频和音频数据等。

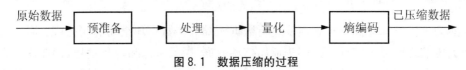

图 8.1　数据压缩的过程

下面以图像处理为例对压缩过程作简要说明。

1．预准备

预准备包括模数转换和生成适当的数据表达信息。一幅图像分割成 8×8 像素的块，每一像素以固定的数据位表达。

2．处理

它实际上是使用复杂算法压缩处理的第一个步骤。从时域到频域的变换可以用离散余弦变换（Discrete Cosine Transform，DCT）实现。在活动视频压缩中，对帧间每个 8×8 块采用运动矢量编码。

3．量化

量化过程对上一步骤产生的结果进行处理，该过程定义了从实数到整数映射方法。这一处理过程导致精度的降低。这也如同应用于音频数据的 μ 律和 A 律一样，在变换域中，相关系数视它们的重要性而区别处理。例如，每一相关系数可以采用不同的数据位来进行量化。

4．熵编码

熵编码通常是最后一步。它对序列数据流进行无损压缩。例如，数据流中一零值序列可以通过定义零值本身和后面的重复个数来进行压缩。

"处理"和"量化"可以在反馈环中交互地重复多次。压缩后的视频构成一数据流，其中图像起点和压缩技术的标识说明成为数据流的一部分，纠错码也可以加在数据流中。

8.1.5　数据压缩技术的分类

根据数据的失真度，数据压缩可分为：无损压缩、有损压缩、混合压缩。无损压缩是指对压缩了的数据进行重构后与原来的数据完全相同，无损压缩法去掉或减少了数据中的冗余，但这些冗余是可以重新插入到数据中的，因此无损压缩是可逆的过程。无损压缩用于要求重构信号与原始信号完全一致的场合。无损压缩法不会产生失真，在多媒体技术中一般用于文本数据的压缩。一个常见的例子是磁盘文件的压缩。根据目前的技术水平，无损压缩算法一般可以把普通文件的数据压缩到原来的 1/2 ～1/4。一些常用的无损压缩算法有哈夫曼(Huffman)算法和 LZW(Lempel-Ziv-Welch)压缩算法。

有损数据压缩方法是经过压缩、解压的数据与原始数据不同但是非常接近的压缩方法。有损数据压缩又被称为破坏型压缩，即利用人类对图像或声波中的某些频率成分不敏感的特性，允许压缩过程中损失一定的信息；将次要的信息数据压缩掉，损失一些质量来减少数据量，使压缩比提高。有损压缩广泛应用于语音，图像和视频数据的压缩。常用的有损压缩方法有：PCM(脉冲编码调制)、预测编码、变换编码、插值等。

混合压缩是利用了各种单一压缩的长处，以求在压缩比、压缩效率及保真度之间取得最佳折中。该方法在许多情况下被应用，如 JPEG 和 MPEG 标准就采用了混合编码的压缩方法。

8.2 无损压缩算法

8.2.1 游程编码

如果数据项 d 在输入流中连续出现 n 次，则以单个字符对 nd 来替换连续出现 n 次的数据项，这 n 个连续出现的数据项叫游程 n，这种数据压缩方法称游程编码(RLE)，游程编码又称"运行长度编码"或"行程编码"，是一种统计编码，该编码属于无损压缩编码。比如将一行中颜色值相同的相邻像素用一个计数值和该颜色值来代替。例如 aaabccccccddeee 可以表示为 3a1b6c2d3e，即有 3 个 a，1 个 b，6 个 c，2 个 d，3 个 e。如果一幅图像由很多块颜色相同的大面积区域组成，那么采用游程编码的压缩效率是惊人的。然而，该算法也导致了一个致命弱点，如果图像中每两个相邻点的颜色都不同，用这种算法不但不能压缩，反而数据量增加一倍。因此对有大面积色块的图像用行程编码效果比较好。

游程编码的压缩方法对于自然图片来说是不太可行的，因为自然图片像素点错综复杂，同色像素连续性差，如果硬要用游程编码方法来编码就适得其反，图像体积不但没减少，反而加倍。对于计算机桌面图，图像的色块大，同色像素点连续较多，所以游程编码对于计算机桌面图像来说是一种较好的编码方法。

游程编码有算法简单、无损压缩、运行速度快、消耗资源少等优点。

8.2.2 LZW 算法

LZW 压缩算法是一种新颖的压缩方法，由 Lemple-Ziv-Welch 三人共同创造，用他们的名字命名。LZW 采用了一种先进的串表压缩，将每个第一次出现的串放在一个串表中，用一个数字来表示串，这个数字与此字符串在串表中的位置有关，并将这个数字存入压缩文件中，如果这个字符串再次出现，即可用表示它的数字来代替，并将这个数字存入文件中。

压缩文件只存储数字，不存储串，从而使图像文件的压缩效率得到较大的提高。不管是在压缩还是在解压缩的过程中都能正确地建立这个串表，压缩或解压缩完成后，这个串表又被丢弃。如"print"字符串，如果在压缩时用 266 表示，只要再次出现，均用 266 表

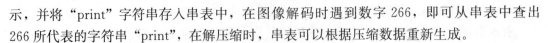

示，并将"print"字符串存入串表中，在图像解码时遇到数字 266，即可从串表中查出 266 所代表的字符串"print"，在解压缩时，串表可以根据压缩数据重新生成。

下面以 GIF 文件为例介绍 LZW 压缩算法的实现。

1. 初始化串表

在压缩图像信息时，首先要建立一个字符串表，用以记录每个第一次出现的字符串。一个字符串表最少由两个字符数组构成，一个称为当前数组，一个称为前缀数组，因为在 GIF 文件中每个基本字符串的长度通常为 2，但它表示的实际字符串长度可达几百甚至上千，一个基本字符串由当前字符和它前面的字符（也称前缀）构成。

前缀数组中存入字符串中的首字符，当前数组存放字符串中的尾字符，其存入位置相同，因此只要确定一个下标，就可确定它所存储的基本字符串，所以在数据压缩时，用下标代替基本字符串。

一般串表大小为 4096 个字节（即 2 的 12 次方），这意味着一个串表中最多能存储 4096 个基本字符串，在初始化时根据图像中色彩数目多少，将串表中起始位置的字节均赋以数字，通常当前数组中的内容为该元素的序号（即下标），如第一个元素为 0，第二个元素为 1，第 15 个元素为 14，直到下标为色彩数目加 2 的元素为止。如果色彩数为 256，则要初始化到第 258 个字节，该字节中的数值为 257。

其中数字 256 表示清除码，数字 257 为图像结束码。后面的字节存放文件中每一个第一次出现的串。同样也要前缀数组初始化，其中各元素的值为任意数，但一般均将其各位置 1，即将开始位置的各元素初始化为 0XFF，初始化的元素数目与当前数组相同，其后的元素则要存入每一个第一次出现的字符串了。如果加大串表的长度可进一步提高压缩效率，但会降低解码速度。

2. 压缩方法

了解压缩方法时，先要了解几个名词：一是字符流，二是代码流，三是当前码，四是当前前缀。字符流是源图像文件中未经压缩的图像数据；代码流是压缩后写入 GIF 文件的压缩图像数据；当前码是从字符流中刚刚读入的字符；当前前缀是刚读入字符前面的字符。

GIF 文件在压缩时，不论图像色彩位数是多少，均要将颜色值按字节的单位放入代码流中，每个字节均表示一种颜色。虽然在源图像文件中用一个字节表示 16 色、4 色、2 色时会出现 4 位或更多位的浪费（因为用一个字节中的 4 位就可以表示 16 色），但用 LZW 压缩法时可回收字节中的空闲位。

在压缩时，先从字符流中读取第一个字符作为当前前缀，再取第二个字符作为当前码，当前前缀与当前码构成第一个基本字符串（如当前前缀为 A，当前码为 B 则此字符串即为 AB），查串表，此时肯定不会找到同样的字符串，则将此字符串写入串表，当前前缀写入前缀数组，当前码写入当前数组，并将当前前缀送入代码流，当前码放入当前前缀，接着读取下一个字符，该字符即为当前码了，此时又形成了一个新的基本字符串（若当前码为 C，则此基本字符串为 BC），查串表，若有此串，则丢弃当前前缀中的值，用该串在串表中的位置代码（即下标）作为当前前缀，再读取下一个字符作为当前码，形成新的基本字符串，直到整幅图像压缩完成。

由此可看出，在压缩时，前缀数组中的值就是代码流中的字符，大于色彩数目的代码肯定表示一个字符串，而小于或等于色彩数目的代码即为色彩本身。

3. 清除码

事实上压缩一幅图像时，常常要对串表进行多次初始化，往往一幅图像中出现的第一次出现的基本字符串个数会超过 4096 个，在压缩过程中只要字符串的长度超过了 4096，就要将当前前缀和当前码输入代码流，并向代码流中加入一个清除码，初始化串表，继续按上述方法进行压缩。

4. 结束码

当所有压缩完成后，就向代码流中输出一个图像结束码，其值为色彩数加 1，在 256 色文件中，结束码为 257。

5. 字节空间回收

在 GIF 文件输出的代码流中的数据，除了以数据包的形式存放之外，所有的代码均按单位存储，这样就有效地节省了存储空间。这如同 4 位彩色（16 色）的图像，按字节存放时，只能利用其中的 4 位，另外的 4 位就浪费了，可按位存储时，每个字节就可以存放两个颜色代码了。

事实上，在 GIF 文件中使用了一种可变数的存储方法，由压缩过程可看出，串表前缀数组中各元素的值是有规律的，以 256 色的 GIF 文件中，第 258~511 元素中值的范围是 0~510，正好可用 9 位的二进制数表示，第 512~1023 元素中值的范围是 0~1022，正好可用 10 位的二进制数表示，第 1024~2047 元素中值的范围是 0~2046，正好用 11 位的二进制数表示，第 2048~4095 元素中值的范围是 0~4094，正好用 12 位的二进制数表示。

用可变位数存储代码时，基础位数为图像色彩位数加 1，随着代码数的增加，位数也在加大，直到位数超过为 12（此时字符串表中的字符串个数正好为 2 的 12 次方，即 4096个）。其基本方法是：每向代码流加入一个字符，就要判别此字符所在串在串表中的位置（即下标）是否超过 2 的当前位数次方，一旦超过，位数加 1。

如在 4 位图像中，对于刚开始的代码按 5 位存储，第一个字节的低 5 位放第一个代码，高三位为第二个代码的低 3 位，第二个字节的低 2 位放第二个代码的高两位，依次类推。对于 8 位（256 色）的图像，其基础位数就为 9，一个代码最小要放在两个字节。

6. LZW 压缩算法的压缩范围

以下为 256 色 GIF 文件编码实例，如果留心就会发现这是一种奇妙的编码方法，同时在压缩完成后不再需要串表，而且还在解码时根据代码流信息能重新创建串表。

```
字符串    1, 2, 1, 1, 1, 1, 2, 3, 4, 1, 2, 3, 4, 5, 9, …
当前码    2, 1, 1, 1, 1, 2, 3, 4, 1, 2, 3, 4, 5, 9, …
当前前缀  1, 2, 1, 1, 260, 1, 258, 3, 4, 1, 258, 262, 4, 5, …
当前数组  2, 1, 1, 1, 3, 4, 1, 4, 5, 9, …
数组下标  258, 259, 260, 261, 262, 263, 264, 265, 266, 267, …
代码流    1, 2, 1, 260, 258, 3, 4, 262, 4, 5, …
```

8.2.3 哈夫曼算法

哈夫曼(Huffman)编码是一种常用的压缩编码方法,是 Huffman 于 1952 年为压缩文本文件建立的。它的基本原理是频繁使用的数据用较短的代码代替,较少使用的数据用较长的代码代替,每个数据的代码各不相同。这些代码都是二进制码,且码的长度是可变的。

1) 哈夫曼编码步骤

(1) 将信源符号按概率从大到小的顺序排列,令 $p(x_1) \geqslant p(x_2) \geqslant \cdots \geqslant p(x_n)$

(2) 给两个概率最小的信源符号 $p(x_n-1)$ 和 $p(x_n)$ 各分配一个码位"0"和"1",将这两个信源符号合并成一个新符号,并用这两个最小的概率之和作为新符号的概率,结果得到一个只包含 $(n-1)$ 个信源符号的新信源。称为信源的第一次缩减信源,用 S1 表示。

(3) 将缩减信源 S1 的符号仍按概率从大到小顺序排列,重复步骤 2,得到只含 $(n-2)$ 个符号的缩减信源 S2。

(4) 重复上述步骤,直至缩减信源只剩两个符号为止,此时所剩两个符号的概率之和必为 1。然后从最后一级缩减信源开始,依编码路径向前返回,就得到各信源符号所对应的码字。

哈夫曼算法的实质是针对统计结果对字符本身重新编码,而不是对重复字符或重复子串编码。实用中符号的出现频率不能预知,需要统计和编码两次处理,所以速度较慢,无法实用。而自适应(或动态)哈夫曼算法取消了统计,可在压缩数据时动态调整哈夫曼树,这样可提高速度。因此,哈夫曼编码效率高,运算速度快,实现方式灵活。

2) 采用哈夫曼编码时需注意的问题

(1) 哈夫曼码无错误保护功能,译码时,码串若无错就能正确译码;若码串有错应考虑增加编码,提高可靠性。

(2) 哈夫曼码是可变长度码,因此很难随意查找或调用压缩文件中间的内容,然后再译码,这就需要在存储代码之前加以考虑。

(3) 哈夫曼树的实现和更新方法对设计非常关键。

8.2.4 算术编码

算术编码是一种无损数据压缩方法,也是一种熵编码的方法。和其他熵编码方法不同的地方在于,其他的熵编码方法通常是把输入的消息分割为符号,然后对每个符号进行编码,而算术编码是直接把整个输入的消息编码为一个数,一个满足 $(0.0 \leqslant n < 1.0)$ 的小数 n。算术编码在图像数据压缩标准(如 JPEG,JBIG)中扮演了重要的角色。

在算术编码中,消息用 0~1 之间的实数进行编码,算术编码用到两个基本的参数:符号的概率和它的编码间隔。信源符号的概率决定压缩编码的效率,也决定编码过程中信源符号的间隔,而这些间隔包含在 0~1 之间。编码过程中的间隔决定了符号压缩后的输出。大概率符号出现的概率越大,对应于区间越宽,可用长度较短的码字表示;小概率符号出现概率越小,对应于区间越窄,需要较长码字表示。

算术编码是用符号的概率和它的编码间隔两个基本参数来描述的。算术编码可以是静态的或是自适应的。在自适应算术编码中，信源符号的概率根据编码时符号出现的频繁程度动态地进行修改。在静态算术编码中，信源符号的概率是固定的。

算术编码压缩也是一种根据字符出现概率重新编码的压缩方案。该思想和哈夫曼编码有些相似，但哈夫曼编码的每个字符需用整数个位表示。而算术编码方法则无这一限制，它是将输入流视为整体进行编码。虽然算术编码压缩率高，但运算复杂，速度慢。

在算术编码中需要注意以下几个问题。

(1) 由于实际的计算机的精度不可能无限长，运算中出现溢出是一个明显的问题，但多数机器都有 16 位、32 位或者 64 位的精度，因此这个问题可使用比例缩放方法解决。

(2) 算术编码器对整个消息只产生一个码字，这个码字是在间隔[0，1)中的一个实数，因此译码器在接收到表示这个实数的所有位之前不能进行译码。

(3) 算术编码也是一种对错误很敏感的编码方法，如果有一位发生错误就会导致整个消息译错。

算术编码可以是静态的或者自适应的。在静态算术编码中，信源符号的概率是固定的。在自适应算术编码中，信源符号的概率根据编码时符号出现的频繁程度动态地进行修改，在编码期间估算信源符号概率的过程叫作建模。需要开发动态算术编码的原因是因为事先知道精确的信源概率是很难的，而且是不切实际的。当压缩消息时，我们不能期待一个算术编码器获得最大的效率，所能做的最有效的方法是在编码过程中估算概率。因此动态建模就成为确定编码器压缩效率的关键。

8.3 有损压缩算法

虽然人们总是期望无损压缩，但冗余度很少的信息对象用无损压缩技术并不能得到可接受的结果。当使用的压缩方法会造成一些信息损失时，关键的问题是看这种损失的影响。有损压缩经常用于压缩音频、灰度或彩色图像和视频对象等，因为它们并不要求精确的数据。

8.3.1 预测编码

预测编码是根据离散信号之间存在着一定关联性的特点，利用前面一个或多个信号预测下一个信号进行，然后对实际值和预测值的差(预测误差)进行编码。如果预测比较准确，误差就会很小。在同等精度要求的条件下，就可以用比较少的比特进行编码，达到压缩数据的目的。

预测编码中典型的压缩方法有脉冲编码调制(Pulse Code Modulation，PCM)、差分脉冲编码调制(Differential Pulse Code Modulation，DPCM)、自适应差分脉冲编码调制(Adaptive Differential Pulse Code Modulation，ADPCM)等，它们较适合于声音、图像数据的压缩，因为这些数据由采样得到，相邻样值之间的差相差不会很大，可以用较少位来表示。

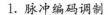

1. 脉冲编码调制

脉冲编码调制是概念上最简单、理论上最完善的编码系统。它是最早研制成功、使用最为广泛的编码系统，但也是数据量最大的编码系统。PCM 的实现主要包括 3 个步骤：抽样、量化、编码，分别完成时间上离散、幅度上离散及量化信号的二进制表示。根据 CCITT 的建议，为改善小信号量化性能，采用压扩非均匀量化，有两种建议方式，分别为 A 律和 μ 律方式，我国采用了 A 律方式，由于 A 律压缩实现复杂，常使用 13 折线法编码，采用非均匀量化 PCM 编码示意图如图 8.2 所示。

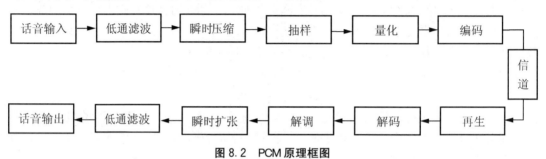

图 8.2　PCM 原理框图

下面将介绍 PCM 编码中抽样、量化及编码的原理。

1）抽样

所谓抽样，就是对模拟信号进行周期性扫描，把时间上连续的信号变成时间上离散的信号。该模拟信号经过抽样后还应当包含原信号中所有信息，也就是说能无失真地恢复原模拟信号。它的抽样速率的下限是由抽样定理确定的。

2）量化

从数学上来看，量化就是把一个连续幅度值的无限数集合映射成一个离散幅度值的有限数集合。如图 8.3 所示，量化器 Q 输出 L 个量化值 y_k，$k=1,2,3,\cdots,L$。y_k 常称为重建电平或量化电平。当量化器输入信号幅度 x 落在 x_k 与 x_{k+1} 之间时，量化器输出电平为 y_k。

这个量化过程可以表达为：$y=Q(x)=Q\{x_k<x\leqslant x_{k+1}\}=y_k$，$k=1,2,3,\cdots,L$。这里 x_k 称为分层电平或判决阈值。通常 $\Delta_k=x_{k+1}-x_k$ 称为量化间隔。

图 8.3　模拟信号的量化

模拟信号的量化分为均匀量化和非均匀量化。均匀量化存在的主要缺点是：无论抽样值大小如何，量化噪声的均方根值都固定不变。因此，当信号 $m(t)$ 较小时，则信号量化噪声功率比也就很小，这样，对于弱信号时的量化信噪比就难以达到给定的要求。通常，把满足信噪比要求的输入信号取值范围定义为动态范围，可见，均匀量化时的信号动态范围将受到较大的限制。为了克服这个缺点，实际中，往往采用非均匀量化。

非均匀量化是根据信号的不同区间来确定量化间隔的。对于信号取值小的区间，其量化间隔 Δv 也小；反之，量化间隔就大。它与均匀量化相比，有两个突出的优点：首先，当输入量化器的信号具有非均匀分布的概率密度(实际中常常是这样)时，非均匀量化器的输出端可以得到较高的平均信号量化噪声功率比；其次，非均匀量化时，量化噪声功率的均方根值基本上与信号抽样值成比例。因此量化噪声对大、小信号的影响大致相同，即改善了小信号时的量化信噪比。

实际中，非均匀量化的实际方法通常是将抽样值通过压缩再进行均匀量化。通常使用的压缩器中，大多采用对数式压缩。广泛采用的两种对数压缩律是 μ 压缩律和 A 压缩律。美国采用 μ 压缩律，我国和欧洲各国均采用 A 压缩律，因此，PCM 编码方式采用的也是 A 压缩律。

3）编码

所谓编码就是把量化后的信号变换成代码，其相反的过程称为译码。当然，这里的编码和译码与差错控制编码和译码是完全不同的，前者属于信源编码的范畴。

在现有的编码方法中，若按编码的速度来分，大致可分为两大类：低速编码和高速编码。通信中一般都采用第二类。编码器的种类大体上可以归结为 3 类：逐次比较型、折叠级联型、混合型。在逐次比较型编码方式中，无论采用几位码，一般均按极性码、段落码、段内码的顺序排列。

在 13 折线法中，无论输入信号是正是负，均按 8 段折线(8 个段落)进行编码。若用 8 位折叠二进制码来表示输入信号的抽样量化值，其中用第一位表示量化值的极性，其余 7 位(第二位至第八位)则表示抽样量化值的绝对大小。具体的做法是：用第二至第四位表示段落码，它的 8 种可能状态来分别代表 8 个段落的起点电平。其他 4 位表示段内码，它的 16 种可能状态来分别代表每一段落的 16 个均匀划分的量化级。这样处理的结果，8 个段落被划分成 $2^7 = 128$ 个量化级。

2. 差分脉冲编码调制

在 PCM 系统中，原始的模拟信号经过采样后得到的每一个样值都被量化成为数字信号。为了压缩数据，可以不对每一样值都进行量化，而是预测下一样值，并量化实际值与预测值之间的差值，这就是 DPCM(Differential Pulse Code Modulation，差分脉冲编码调制)。

3. 自适应差分脉冲编码调制

进一步改善量化性能或压缩数据率的方法是采用自适应量化或自适应预测，即自适应脉冲编码调制(ADPCM)。它的核心想法是：①利用自适应的思想改变量化阶的大小，即使用小的量化阶(Step-size)去编码小的差值，使用大的量化阶去编码大的差值；②使用过去的样本值估算下一个输入样本的预测值，使实际样本值和预测值之间的差值总是最小。

8.3.2　变换编码

预测编码的压缩能力是有限的。以 DPCM 为例，一般只能压缩到每样值 2～4 比特。20 世纪 70 年代后，科学家们开始探索比预测编码效率更高的编码方法。人们首先讨论了 K-L 变换(Karhunen-Loeve Transform)、傅里叶变换等正交变换，得到了比预测编码效率高得多的结果，但苦于算法的计算复杂性太高，进行科学研究可以，实际使用起来很困难。直到 20 世纪 70 年代后期，研究者发现离散余弦变换 DCT 与 KL 变换在某一特定相关函数条件下具有相似的基向量，而用 DCT 的变换矩阵来做正交变换就可以节省大量的求解特征向量的计算，因而大大简化了算法的计算复杂性。DCT 的使用使变换编码压缩进入了实用阶段。小波变换是继 DCT 之后科学家们找到的又一个可以实用的正交变换，它与 DCT 各有千秋，因而分别被不同的研究群体所推崇。

变换编码的基本原理是先对信号进行某种函数变换，从一种信号（空间）变换到另一种（空间），然后再对信号进行编码。如将时域信号变换到频域，因为声音、图像大部分信号都是低频信号，在频域中信号的能量较集中，再进行采样、编码，那么可以肯定能够压缩数据。

变换编码系统中压缩数据有变换、变换域采样和量化 3 个步骤。变换本身并不进行数据压缩，它只把信号映射到另一个域，使信号在变换域里容易进行压缩，变换后的样值更独立和有序。这样，量化操作通过比特分配可以有效地压缩数据。

在变换编码系统中，用于量化一组变换样值的比特总数是固定的，它总是小于对所有变换样值用固定长度均匀量化进行编码所需的总数，所以量化使数据得到压缩，是变换编码中不可缺少的一步。在对量化后的变换样值进行比特分配时，要考虑使整个量化失真最小。

变换编码不是直接对空域图像信号进行编码，而是首先将空域图像信号映射变换到另一个正交矢量空间（变换域或频域），产生一批变换系数，然后对这些变换系数进行编码处理。变换编码是一种间接编码方法，其中关键问题是在时域或空域描述时，数据之间相关性大，数据冗余度大，经过变换在变换域中描述，数据相关性大大减少，数据冗余量减少，参数独立，数据量少，这样再进行量化，编码就能得到较大的压缩比。目前常用的正交变换有：傅里叶（Fouries）变换、沃尔什（Walsh）变换、哈尔（Haar）变换、斜（Slant）变换、余弦变换、正弦变换、K-L（Karhunen-Loeve）变换等。

8.3.3　基于模型编码

从 20 世纪 80 年代中后期开始，科学家们开始探讨基于模型的编码，并在包括人脸图像的编码等应用中使用。如果把以预测编码和变换编码为核心的基于波形的编码作为第一代编码技术，则基于模型的编码就是第二代编码技术。

N. Jayant 指出，压缩编码的极限结果原则上可通过那些能够反映信号产生过程最早阶段的模型而得到。这就是基于模型编码的思想。一个例子是人类发音的"清晰声带-声道模型"（The Articulatory Vocal Cord-Vocal Tract Model），它把注意焦点从线性预测编码（Linear Predictive Coding，LPC）分析扩展到声道区分析，原则上为低码率矢量量化提供了强得多的定义域，并允许更好地处理声带-声道的相互作用。另一个例子是人脸的线框（Wire-frame）模型，它为压缩可视电话这类以人脸为主要景物的序列图像提供了一个强有力的手段。

基于模型图像编码首先由瑞典 Forchheimer 等人于 1983 年提出。基于模型方法的基本思想是：在发送端，利用图像分析模块对输入图像提取紧凑和必要的描述信息，得到一些数据量不大的模型参数；在接收端，利用图像综合模块重建原图像，是对图像信息的合成过程。

与经典方法中的预测编码方法类似，基于模型编码在发送端既有分析用的编码器，同时又有综合用的解码器。只有这样，在发送端才能获得与接收端相同的综合后的重建图像，并将后者与原始图像进行"比较"，以确定图像失真是否低于"某种阈值"，以便修正模型参数。

同经典方法比较，基于模型编码还有两点显著不同。

一是编码失真。基于模型编码所引起的失真已从传统方法的量化误差转化为几何失真，并可能进一步转化为物理失真或行为失真。

二是如何评价重建图像质量。传统的以像素为单位计算原始图像与重建图像之间"逼真度"（如均方误差、信噪比）的方法不能测量几何失真和物理失真等，从原理上讲根本不适用于基于模型编码。

8.3.4　分形编码

1988年1月，美国 Georgia 理工学院的 M. F. Barnsley 在 BYTE 发表了分形压缩方法。分形编码法（Fractal Coding）的目的是发掘自然物体（比如天空、云雾、森林等）在结构上的自相似形，这种自相似形是图像整体与局部相关性的表现。分形压缩正是利用了分形几何中的自相似的原理来实现的。首先对图像进行分块，然后再去寻找各块之间的相似形，这里相似形的描述主要是依靠仿射变换确定的。一旦找到了每块的仿射变换，就保存下这个仿射变换的系数，由于每块的数据量远大于仿射变换的系数，因而图像得以大幅度的压缩。

分形编码以其独特新颖的思想，成为目前数据压缩领域的研究热点之一。分形编码、基于模型编码与经典图像编码方法相比，在思想和思维上有了很大的突破，理论上的压缩比可超出经典编码方法两三个数量级。

分形编码的最显著的特点是自相似性（self-similarity）。与经典方法相比，它不但去除了数据之间局部的相关性，而且去除整体与局部之间的相关性，所以有望达到经典编码方法所达不到的压缩比，是一种思想全新、很有潜力的编码技术。分形编码的主要特点有以下几个。

（1）分形编码的图像压缩比比经典编码方法的压缩比高出许多。

（2）由于分形编码可把图像划分成大得多、形状复杂得多的区分，故压缩所得的文件的大小不会随着图像像素数目的增加即分辨率的提高而变大。而且，分形压缩还能依据压缩时确定的分形模型给出高分辨率的清晰的边缘线，而不是将其作为高频分量加以抑制。

（3）分形压缩和解压缩不对称，压缩较慢，而解压缩很快。这是由于对每块确定仿射变换时，要对整幅图像进行相似性搜索，因而较慢。而恢复时只需简单的反复迭代过程，因而较快。

8.3.5　其他编码

1. 子带编码

子带编码（Sunband Coding，SBC）是一种在频域中进行数据压缩的方法。在子带编码中，首先用一组带通滤波器将输入信号分成若干个在不同频段上的子带信号，然后将这些

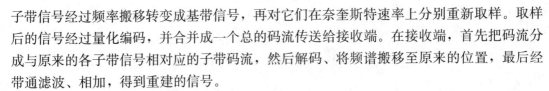

子带信号经过频率搬移转变成基带信号，再对它们在奈奎斯特速率上分别重新取样。取样后的信号经过量化编码，并合并成一个总的码流传送给接收端。在接收端，首先把码流分成与原来的各子带信号相对应的子带码流，然后解码、将频谱搬移至原来的位置，最后经带通滤波、相加，得到重建的信号。

对每个子带分别编码有以下好处。

(1) 可以利用人耳(或人眼)对不同频率信号的感知灵敏度不同的特性，在人的听觉(或视觉)不敏感的频段采用较粗糙的量化，从而达到数据压缩的目的。例如，在声音低频子带中，为了保护音调和共振峰的结构，就要求用较小的量化阶、较多的量化级数，即分配较多的比特数来表示样本值。而话音中的摩擦音和类似噪声的声音，通常出现在高频子带中，对它分配较少的比特数。

(2) 各个子带的量化噪声都束缚在本子带内，这就可以避免能量较小的频带内的信号被其他频带中量化噪声所掩盖。

(3) 通过频带分裂，各个子带的取样频率可以成倍下降。例如，若分成频谱面积相同的 N 个子带，则每个子带的取样频率可以降为原始信号取样频率的 $1/N$，因而可以减少硬件实现的难度，并便于并行处理。

1976 年子带编码技术首次被美国贝尔实验室的 R. E. Crochiere 等人应用于语音编码。

下面以语音子带编码为例说明其过程。音频频带的分割可以用树型结构的式样进行划分。首先把整个音频信号带宽分成两个相等带宽的子带：高频子带和低频子带。然后对这两个子带用同样的方法划分，形成 4 个子带。这个过程可按需要重复下去，以产生 $2K$ 个子带，K 为分割的次数。用这种办法可以产生等带宽的子带，也可以生成不等带宽的子带。例如，对带宽为 4000Hz 的音频信号，当 $K=3$ 时，可分为 8 个相等带宽的子带，每个子带的带宽为 500Hz。也可生成 5 个不等带宽的子带，分别为 $[0, 500)$，$[500, 1000)$，$[1000, 2000)$，$[2000, 3000)$ 和 $[3000, 4000]$。

把音频信号分割成相邻的子带分量之后，用 2 倍于子带带宽的采样频率对子带信号进行采样，就可以用它的样本值重构出原来的子带信号。例如，把 4000Hz 带宽分成 4 个等带宽子带时，子带带宽为 1000Hz，采样频率可用 2000Hz，它的总采样率仍然是 8000Hz。

由于分割频带所用的滤波器不是理想的滤波器，经过分带、编码、译码后合成的输出音频信号会有混叠效应。据有关资料的分析，采用正交镜像滤波器(Quandrature Mirror Filter，QMF)来划分频带，混叠效应在最后合成时可以抵消。

2. 矢量量化编码

矢量量化编码也是在图像、语音信号编码技术中研究得较多的新型量化编码方法，它的出现并不仅仅是作为量化器设计而提出的，更多的是将它作为压缩编码方法来研究的。在传统的预测和变换编码中，首先将信号经某种映射变换变成一个数的序列，然后对其一个一个地进行标量量化编码。而在矢量量化编码中，则是把输入数据几个一组地分成许多组，成组地量化编码，即将这些数看成一个 k 维矢量，然后以矢量为单位逐个矢量进行量化。矢量量化是一种限失真编码，其原理仍可用信息论中的率失真函数理论来分析。而率失真理论指出，即使对无记忆信源，矢量量化编码也总是优于标量量化。

3. 感知编码

感知编码将感知知识应用于编码中。感知编码已经在声音编码中得到了应用。

心理声学模型中一个基本的概念就是听觉系统中存在一个听觉阈值，低于这个阈值的声音信号就听不到。听觉阈值的大小随声音频率的改变而改变，各个人的听觉阈值也不同。大多数人的听觉系统对 2～5kHz 之间的声音最敏感。一个人是否能听到声音取决于声音的频率，以及声音的幅度是否高于这种频率下的听觉阈值。显然，低于听觉阈值的信号在声音压缩时可以去掉。

心理声学模型中的另一个概念是听觉掩蔽效应，即一个强的语音信号可以掩盖一个相邻的弱信号。例如，同时有两种频率的声音存在，一种是 1000Hz 的声音，另一种是 1100Hz 的声音，但它的强度比前者低 18 分贝，在这种情况下，1100Hz 的声音就听不到。也许你有这样的体验，在一安静房间里的普通谈话可以听得很清楚，但在播放摇滚乐的环境下同样的普通谈话就听不清楚了。声音压缩算法也同样可以根据这种特性去掉更多的冗余数据。

8.4　压缩算法的评价指标

评价压缩算法优劣的指标一般有 3 个：压缩比、算法复杂度、恢复效果。压缩比越大、压缩和解压缩的速度越快、恢复后的图像质量越好，那么数据压缩的算法就越好。

1. 压缩比

压缩比也称压缩率，通常有两种衡量的方法：

(1) 用压缩前的数据量与压缩后的数据量之比值来衡量；

(2) 用压缩后每个显示像素的平均比特数 bpdp(Bit Per Displayed Pixel)来衡量。

2. 算法复杂度

算法复杂度通常用压缩和解压缩的速度来衡量，它是压缩系统的重要性能指标。实现压缩的算法要简单，压缩、解压缩速度要快，尽可能地做到实时压缩、解压。

3. 恢复效果

恢复效果通常由 3 个指标来衡量：

(1) 信噪比 SNR(Signal to Noise Ratio)；

(2) 简化计算的峰值信噪比 PSNR(Peak Signal to Noise Ratio)；

(3) 国际电信联盟无线电组织规定的主观评定标准。

8.5　图像压缩标准

8.5.1　JPEG 标准

JPEG 是联合图像专家组(Joint Picture Expert Group)的英文缩写，是由 ISO 和 CCITT 联合制订的静态图像压缩编码标准。该标准不仅适用于静止图像的压缩，也适用于电视图像序列的帧内图像压缩。JPEG 压缩算法基本步骤是：首先进行颜色模式转化，把 RGB 转换为 YIO 或 YUV，并且二次采样；其次对图像块 DCT 变换后量化；再对其 Z 字形编码，并且使用差分脉冲编码调制对直流系数进行编码，使用行程长度编码对交流系数进行编码；最后进行熵编码。

JPEG 标准支持多种模式，一些常用的模式有：顺序模式，渐进模式，分级模式，无损模式。顺序模式是 JPEG 默认的一种模式，它对灰度图和彩色图像分量进行从左到右、从上到下的扫描并编码。渐进式 JPEG 首先快速传递低质量的图像，接着传送高质量的图像，这种模式在网页浏览中得到广泛应用。分级 JPEG 对处于不同分辨率层次中的图像进行编码。无损 JPEG 是 JPEG 的一种特殊情况，它没有图像的损失，只采用了一种简单的微分编码方法，不涉及任何的变换编码。

8.5.2　JPEG-2000 标准

JPEG 标准是迄今为止最为成功和通用的图像格式。它成功的主要原因就在于它在相对出色的压缩率下仍有很好的输出质量。为了满足需求，出现了新的标准，即 JPEG-2000 标准。新的 JPEG-2000 标准不仅在压缩率失真间进行了很好的权衡，改善了图像的质量，而且新增了现有的 JPEG 标准所缺乏的一些功能，特别是，还可以解决地低率压缩、无损和有损压缩、大图像、单一的解压体系结构、噪声环境中的传输、渐进传输、感兴趣区域编码、计算机生成的影像、复合文件。

另外，JPEG-2000 能处理 256 路的信息，因此它使用各种应用。JPEG-2000 中使用的主要压缩方法是带有优化截断嵌入式块编码（EBCOT）算法，它的基本思想是首先将图像进行小波变换，生成子带 LL、LH、HL、HH，再将这些子带划分成小块，这些小块称为码块。每一个码块都独立编码，因而不会用到其他块的信息。EBCOT 算法包括以下 3 个步骤。

(1) 码块和位流的生成。

(2) 压缩后比例失真优化。

(3) 层格式化及表示。

JPEG-2000 采用 EBCOT 算法作为主要的编码方法。但是，这个算法作了少量的修改以提高压缩率并减少计算复杂度。为了进一步提高压缩效率，与原来在所有上下文中使用等概率状态来初始化熵编码器不同，JPEG-2000 标准假设对于某些上下文分布很不对称，以此来减少对典型图像的模型适应代价。同时，对原有的算法进行了一些调整以进一步减少时间执行时间。JPEG-2000 标准的一个重要特征就是可以实现感兴趣区域编码。这样，相对于图像的背景或其他部分来说，某些部分可以采取高质量编码。

8.5.3　JPEG-LS 标准

通常来说，人们会采用一种无损压缩方案来处理某些重要的图像，可以与 JPEG-2000 中的无损模式相媲美的标准是 JPEG-LS 标准，目的是实现无损编码。JPEG-LS 与 JPEG-2000 相比，主要优点是采用的算法复杂度低。JPEG-LS 是 ISO 对医学图像建立更好标准的努力结果。它的核心算法称为图像的低复杂度无损压缩算法（LOCO-I），是由惠普公司提出的。该算法的设计基础是，降低复杂性通常要比采用更复杂的压缩算法使压缩结果稍有提高更为重要。LOCO-I采用上下建模的概念。上下建模的思想是利用输出源中的结构——在图像中每一个像素之后出现的像素值的条件概率。LOCO-I可以分解为以下3个部分。

（1）预测。用因果模板预测下一个样本X的值。

（2）确定上下文。决定X出现的上下文条件。

（3）残差编码。以X的上下文为条件对预测的残差作熵编码。

JPEG-LS标准也提供准无损模式，其中，重建的样本与原来样本相差不超过某个X无损JPEG-LS模式可被看作误差模式X＝0时的特例。

8.5.4　二值图像压缩标准

由于人们越来越多地使用电子形式来处理文档，因此越来越需要能够有效压缩二值图像的方法。JBIG是由联合二值图像专家组提出的二值图像的编码标准。这种无损压缩标准主要用来为打印的图像和手写的文本、由计算机产生的文字和传真进行编码。它具有渐进的编码和解码能力，这种标准也可以用来独立的为每一个平面来编码灰度和彩色图像，JBIG压缩标准具有3种独特的操作模式：渐进式、渐进-兼容序列式和单渐进序列式。渐进-兼容序列式使用与渐进模式一致的位流，唯一不同的是，在这种模式下数据被分成"条"。单渐进序列模式具有唯一的最低的分辨率层。因此，可以在不参照其他较高分辨率层的情况下为整幅图像编码。这两种模式都可以看作渐进模式的特例。JBIGL编码器可以分解成两个部分：分辨率缩减和差分层编码器和最低分辨率层编码器。

输入图像经过一系列分辨率缩减和差分层编码器。每一个编码器在功能上是相同的，只是它们输入的图像具有不同的分辨率。最低分辨率的图像使用最低分辨率层编码器来进行编码。

尽管JBIG标准提供无损和渐进的编码功能，此标准产生的有损图像与原始图像相比，质量上相差很多，因为有损图像的像素数目最多只能有原始图像像素数目的1/4。相比而言，JBIG2标准用于有损、无损和有损至无损图像的压缩。JBIG2的目标不仅在于提供比已有标准更好的无损压缩性能，而且要更能融合有损压缩标准，在提高压缩率的前提下，尽可能减少图像质量下降。

JBIG2的独特之处在于它具有质量渐进和内容渐进。质量渐进的意思是，它的位流和JBIG标准的表现相似，在JBIG标准中，图像质量从低向高(甚至可能无损)渐进。另一方面，内容渐进允许不同类型的图像数据可以渐进相加。JBIG2编码器将输入的二值图像分解成具有不同属性的区域，并且对每一部分使用不同的方法分别进行编码。

JBIG2可以进行内容渐进编码和通过基于模型的编码提供较好的压缩性能。在基于模型的编码中，在一个图像中为不同的数据构造不同模型，这样就可实现附加的编码增益。

JBIG2规范要求编码首先将输入图像分割成不同数据类型的区域，特别是文本和半色调区域，然后每个区域再根据各自的特征分别编码。

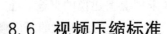

8.6 视频压缩标准

8.6.1 视频编码

视频是由一系列的时间上有序的图像所组成的。解决视频压缩的一个简单方案就是基于前面的帧的预测。

视频压缩技术是计算机处理视频的前提。视频信号数字化后数据带宽很高，通常在20MB/s以上，因此计算机很难对之进行保存和处理。采用压缩技术以后通常数据带宽已降到1～10MB/s，这样就可以将视频信号保存在计算机中并作相应的处理。常用的算法是由 ISO 制订的，即 JPEG 和 MPEG 算法。JPEG 是静态图像压缩标准，适用于连续色调彩色或灰度图像，它包括两部分：一是基于 DPCM(空间线性预测)技术的无失真编码，一是基于 DCT(离散余弦变换)和哈夫曼编码的有失真算法，前者压缩比很小，主要应用的是后一种算法。在非线性编辑中最常用的是 MJPEG 算法，即 Motion JPEG。它是将视频信号 50F/s(PAL 制式)变为 25F/s，然后按照 25F/s 的速度使用 JPEG 算法对每一帧压缩。通常压缩倍数在 3.5～5 倍时可以达到 Betacam 的图像质量。MPEG 算法是适用于动态视频的压缩算法，它除了对单幅图像进行编码外还利用图像序列中的相关原则，将冗余去掉，这样可以大大提高视频的压缩比。MPEG-I 用于 VCD 节目中，MPEG-II 用于 VOD、DVD 节目中。

1) 去时域冗余信息

视频图像数据有极强的相关性，也就是说有大量的冗余信息。其中冗余信息可分为空域冗余信息和时域冗余信息。压缩技术就是将数据中的冗余信息去掉(去除数据之间的相关性)，压缩技术包含帧内图像数据压缩技术、帧间图像数据压缩技术和熵编码压缩技术。去时域冗余信息使用帧间编码技术可去除时域冗余信息，它包括以下 3 部分。

(1) 运动补偿。运动补偿是通过先前的局部图像来预测、补偿当前的局部图像，它是减少帧序列冗余信息的有效方法。

(2) 运动表示。不同区域的图像需要使用不同的运动矢量来描述运动信息。运动矢量通过熵编码进行压缩。

(3) 运动估计。运动估计是从视频序列中抽取运动信息的一整套技术。通用的压缩标准都使用基于块的运动估计和运动补偿。

2) 去空域冗余信息

(1) 变换编码。帧内图像和预测差分信号都有很高的空域冗余信息。变换编码将空域信号变换到另一正交矢量空间，使其相关性下降，数据冗余度减小。

(2) 量化编码。经过变换编码后，产生一批变换系数，对这些系数进行量化，使编码器的输出达到一定的位率。这一过程导致精度的降低。

(3) 熵编码。熵编码是无损编码。它对变换、量化后得到的系数和运动信息进行进一步的压缩。

8.6.2　视频压缩标准

视频压缩标准是多媒体领域中的重要内容，针对视频会议、网络通信、数字广播等广泛的应用场合制订了一系列的标准，包括 H.263、MPEG-1、MPEG-2，MPEG-4 等。

1. H.263 标准

H.263 视频编码标准是专为中高质量运动图像压缩所设计的低码率图像压缩标准。H.263 采用运动视频编码中常见的编码方法，将编码过程分为帧内编码和帧间编码两个部分。在帧内用改进的 DCT 变换并量化，在帧间采用 1/2 像素运动矢量预测补偿技术，使运动补偿更加精确，量化后适用改进的变长编码表(VLC)对量化数据进行熵编码，得到最终的编码系数。

H.263 标准压缩率较高，CIF 格式全实时模式下单路占用带宽一般在几百左右，具体占用带宽视画面运动量多少而不同。缺点是画质相对差一些，占用带宽随画面运动的复杂度而大幅变化。

2. MPEG-1 标准

MPEG-1 是 1992 年通过的视频压缩标准，用于 CIF 格式的视频在速率约 1.5Mbps 的各种数字存储介质(如 CD-ROM，DAT，硬盘及光驱等)上的编码表示，主要应用在交互式多媒体系统中。

MPEG-1 算法与 H.261 算法相似，另外有一些自己的特点。它在 1.2Mbps(视频信号)速率下压缩和解压缩 CIF 格式的视频质量与 VHS 记录的模拟视频质量相当。它是一种通用标准，在这个标准中，规定了编码位流的表示语法和解码方法，提供的支持操作有运动估计、运动补偿预测、DCT、量化和变长编码。与 JPEG 不同的是其中没有定义产生合法数据流所需的详细算法，为编码器设计提供了大量的灵活性。MPEG-1 的特点有：①随机存取；②支持快速双向搜索；③允许大约 1s 的编码/解码延迟，比 H.261 的 150ms 内的严格限制松得多。

3. MPEG-2 标准

MPEG-2 是 1993 年通过的视频压缩标准，用于高清晰度视频和音频的编码，也包含用于可视电话中的超低码率(8～32Kbps)的压缩编码。MPEG-2 是 MPEG-1 的兼容扩展，广泛应用于各种速率(2.20Mbps)和各种分辨率情况下的场合。

MPEG-2 的 DVD 标准，制订于 1994 年，设计目标是高级工业标准的图像质量以及更高的传输率，主要针对高清晰度电视(HDTV)的需要，传输速率在 3～10Mbps 间，与 MPEG-1 兼容，适用于 1.5～60Mbps 甚至更高的编码范围。分辨率为 $720 \times 480 \times 30$ (NTSC 制)或 $720 \times 576 \times 25$ (PAL 制)。MPEG-2 是家用视频制式(VHS)录像带分辨率的两倍。MPEG-2 的音频编码可提供左右中及两个环绕声道，以及一个加重低音声道，和多达 7 个伴音声道(DVD 可有 8 种语言配音的原因)。由于 MPEG-2 在设计时的巧妙处理，大多数 MPEG-2 解码器也可播放 MPEG-1 格式的数据，如 VCD。除了作为 DVD 的指定标准外，MPEG-2 还可用于为广播，有线电视网，电缆网络以及多级多点的直播(Direct Broadcast Satellite)提供广播级的数字视频。MPEG-2 的画质质量最好，但同时占用带宽

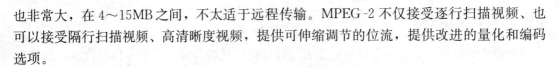

也非常大，在 4～15MB 之间，不太适于远程传输。MPEG-2 不仅接受逐行扫描视频、也可以接受隔行扫描视频、高清晰度视频，提供可伸缩调节的位流，提供改进的量化和编码选项。

4. MPEG-4 标准

如果说 MPEG-1 "文件小，但质量差"；而 MPEG-2 则 "质量好，但更占空间" 的话，那么 MPEG-4 则很好地结合了前两者的优点。它于 1998 年 10 月定案，在 1999 年 1 月成为一个国际性标准，随后为扩展用途又进行了第二版的开发，于 1999 年底结束。MPEG-4 是超低码率运动图像和语言的压缩标准，它不仅是针对一定比特率下的视频、音频编码，更加注重多媒体系统的交互性和灵活性。MPEG-4 标准主要应用于视像电话（Video Phone），视像电子邮件（Video Email）和电子新闻（Electronic News）等，其传输速率要求较低，在 4800～64Kbps 之间，分辨率为 176×144。MPEG-4 利用很窄的带宽，通过帧重建技术，压缩和传输数据，以求以最少的数据获得最佳的图像质量。MPEG-4 的特点是其更适于交互 AV 服务以及远程监控。MPEG-4 是第一个有交互性的动态图像标准；它的另一个特点是其综合性；从根源上说，MPEG-4 试图将自然物体与人造物体相融合。MPEG-4 的设计目标还有更广的适应性和可扩展性。

MPEG-4 与 MPEG-1 和 MPEG-2 标准的区别在于它是基于内容的压缩编码方法，它对一幅图像按内容切分为块，将感兴趣的物体从场景中分割出来进行编码，可以获得高压缩比效果，而且可以支持基于内容的交互。MPEG-4 引入视频对象 VO（Video Object）和视频对象平面 VOP（Video Object Plane）概念来表示内容。视频对象 VO 的构成依赖于具体的应用和实际系统所处的环境。VO 的描述通过 3 类信息来实现：运动信息、形状信息和纹理信息。

8.7 音频压缩标准

8.7.1 ITU-TG 系列声音压缩标准

随着数字电话和数据通信容量日益增长的迫切要求，人们不希望明显降低传送话音信号的质量，除了提高通信带宽之外，对话音信号进行压缩是提高通信容量的重要措施。另一个可说明话音数据压缩的重要性的例子是，用户无法使用 28.8Kbps 的调制解调器来接收因特网上的 64Kbps 话音数据流，这是一种单声道、8 位、采样频率为 8kHz 的话音数据流。ITU-TSS 为此制订了并且将继续制订一系列话音（Speech）数据编译码标准。其中，G.711 使用 μ 率和 A 率压缩算法，信号带宽为 3.4kHz，压缩后的数据率为 64Kbps；G.721 使用 ADPCM 压缩算法，信号带宽为 3.4kHz，压缩后的数据率为 32Kbps；G.722 使用 ADPCM 压缩算法，信号带宽为 7kHz，压缩后的数据率为 64Kbps。在这些标准基础上还制订了许多话音数据压缩标准，如 G.723、G.723.1、G.728、G.729、G.729.A 等。在此简要介绍以下几种音频编码技术标准。

1. 电话质量的音频压缩编码技术标准

电话质量语音信号频率规定在 300Hz～3.4kHz，采用标准的脉冲编码调制 PCM。当采样频率为 8kHz，进行 8bit 量化时，所得数据速率为 64Kbps，即一个数字电话。1972年，CCITT 制订了 PCM 标准 C.711，速率为 64Kbps，采用非线性量化，其质量相当于 12bit 线性量化。

1984 年，CCITT 公布了自适应差分脉冲编码调制 ADPCM 标准 G.721，速率为 32Kbps。这一技术是对信号和它的预测值的差分信号进行量化，同时再根据邻近差分信号的特性自适应改变量化参数，从而提高压缩比，又能保持一定信号质量。因此，ADPCM 对中等电话质量要求的信号能进行高效编码，而且可以在调幅广播和交互式激光唱盘音频信号压缩中应用。

为了适应低速率语音通信的要求，必须采用参数编码或混合编码技术，如线性预测编码 LPC，矢量量化 VQ，以及其他的综合分析技术。其中较为典型的码本激励线性预测编码 CELP 实际上是一个闭环 LPC 线性预测编码系统，由输入语音信号确定最佳参数，再根据某种最小误差准则从码本中找出最佳激励码本矢量。CELP 具有较强的抗干扰能力，在 4～16Kbps 传输速率下，即可获得较高质量的语音信号。1992 年，CCITT 制订了短时延码本激励线性预测编码 LD-CELP 的标准 G.728，速率 16Kbps，其质量与 32Kbps 的 G.721 标准基本相当。

1988 年，欧洲数字移动特别工作组制订了采用长时延线性预测规则码本激励 RPE-LTP 标准 GSM，速率为 13Kbps。1989 年，美国采用矢量和激励线性预测技术 VSELP，制订了数字移动通信语音标准 CTIA，速率为 8Kbps。为了适应保密通信的要求，美国国家安全局 NSA 分别于 1982 年和 1989 年制订了基于 LPC，速率为 2.4bps 和基于 CELP，速率为 4.8Kbps 的编码方案。

2. 调幅广播质量的音频压缩编码技术标准

调幅广播质量音频信号的频率在 50Hz～7kHz 范围内。CCITT 在 1988 年制订了 G.722 标准。G.722 标准采用 16kHz 采样，14bit 量化，信号数据速率为 224Kbps，采用子带编码方法，将输入音频信号经滤波器分成高子带和低子带两个部分，分别进行 ADPCM 编码，再混合形成输出码流，224Kbps 可以被压缩成 64Kbps。因此，利用 G.722 标准可以在窄带综合服务数据网 N-ISDN 中的一个 B 信道上传送调幅广播质量的音频信号。

3. 高保真度立体声音频压缩编码技术标准

高保真立体声音频信号频率范围是 50Hz～20kHz，采用 44.1kHz 采样频率，16bit 量化进行数字化转换，其数据速率每声道达 705Kbps。1991 年，国际标准化组织 ISO 和 CCITT 开始联合制订 MPEG 标准，其中 ISO CD11172.3 作为"MPEG 音频"标准，成为国际上公认的高保真立体声音频压缩标准。MPEG 音频第一层和第二层编码是将输入的音频信号进行采样频率为 48kHz、44.1kHz、32kHz 的采样，经滤波器组将其分为 32 个子带，同时利用人耳屏蔽效应，根据音频信号的性质计算各频率分量的人耳屏蔽门限，选择

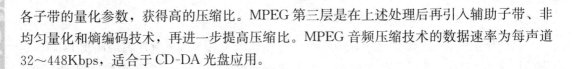

各子带的量化参数，获得高的压缩比。MPEG 第三层是在上述处理后再引入辅助子带、非均匀量化和熵编码技术，再进一步提高压缩比。MPEG 音频压缩技术的数据速率为每声道 32～448Kbps，适合于 CD-DA 光盘应用。

8.7.2　MP3 压缩技术

MP3 的全名是 MPEG Audio Layer-3，简单地说就是一种声音文件的压缩格式。1987 年，德国的研究机构 IIS(Institute Integrierte Schaltungen)开始着手一项声音编码及数字音频广播的计划，名称叫作 EUREKA EUl47，即 MP3 的前身。之后，这项计划由 IIS 与 Erlangen 大学共同合作，开发出一套非常强大的算法。经由 ISO 国际标准组织认证之后，符合 ISO-MPEG Audio Layer-3 标准，就成为现在的 MP3。

ISO/MPEG 音频压缩标准里包括了 3 个使用高性能音频数据压缩方法的感知编码方案(Perceptual Coding Schemes)，按照压缩质量(每 bit 的声音效果)和编码方案的复杂程度划分为 Layer 1、Layer 2、Layer 3。所有这 3 层的编码采用的基本结构是相同的，在采用传统的频谱分析和编码技术的基础上还应用了子带分析和心理声学模型理论，也就是通过研究人耳和大脑听觉神经对音频失真的敏感度，在编码时先分析声音文件的波形，利用滤波器找出噪声电平(Noise Level)，然后滤去人耳不敏感的信号，通过矩阵量化的方式将余下的数据每一位打散排列，最后编码形成 MPEG 的文件。其音质听起来与 CD 相差不大。MP3 的好处在于大幅降低数字声音文件的容量，而不会破坏原来的音质。以 CD 音质的 Wave 文件来说，如采样频率 44.1kHz，量化为 16bit，声音模式为立体声，那么存储 1 秒钟 CD 音质的 Wave 文件，必须要用 16bit×44100Hz×2 Stereo＝1411200bit，也就是相当于 1411.2KB 的存储容量，存储介质的负担相当大。不过通过 MP3 格式压缩后，文件便可压缩为原来的 1/10～1/12，每 1 秒钟 CD 音质的 MP3 文件只需 112～128KB 就可以了。具体的 MPEG 的压缩等级与压缩比率见表 8-1，声音品质与 MP3 压缩比例关系见表 8-2。

表 8-1　MPEG 的压缩等级与压缩比率

MPEG 编码等级	压缩比	数字流码率/Kbps
Layer 1	1∶4	384
Layer 2	1∶(6～8)	192～256
Layer 3	1∶(10～12)	128～154

表 8-2　声音品质与 MP3 压缩比例关系

声音质量	带宽/kHz	模式	比特率/Kbps	压缩比率
电话	2.5	单声道	8	96∶1
好于短波	4.5	单声道	16	48∶1
好于调幅广播	7.5	单声道	32	24∶1

续表

声音质量	带宽/kHz	模式	比特率/Kbps	压缩比率
类似调频广播	11	立体声	56～64	(26～24)：1
接近 CD	15	立体声	96	16：1
CD	>15	立体声	112～128	(14～12)：1

8.7.3　MP4 压缩技术

MP4 并不是 MPEG-4 或者 MPEG Layer 4，它的出现是针对 MP3 的大众化、无版权的一种保护格式，由美国网络技术公司开发，美国唱片行业联合会倡导公布的一种新的网络下载和音乐播放格式。

从技术上讲，MP4 使用的是 MPEG-2 AAC 技术，也就是俗称的 a2b 或 AAC。其中，MPEG-2 是 MPEG 于 1994 年 11 月针对数码电视(数码影像)提出的。它的特点是：音质更加完美而压缩比更加大(1：15)。MPEG-2 AAC(ISO/IEC 13818-7)在采样率为 8～96kHz 下提供了 1～48 个声道可选范围的高质量音频编码。AAC 是 Advanced Audio Coding 的缩写，即先进音频编码，适用于从比特率在 8Kbps 单声道的电话音质到 160Kbps 多声道的超高质量音频范围内的编码，并且允许对多媒体进行编码/解码。AAC 与 MP3 相比，增加了诸如对立体声的完美再现、比特流效果音扫描、多媒体控制、降噪优异等 MP3 没有的特性，使得在音频压缩后仍能完美地再现 CD 音质。

MP4 技术的优越性要远远高于 MP3，因为它更适合多媒体技术的发展以及视听欣赏的需求。但是，MP4 是一种商品，它利用改良后的 MPEG-2 AAC 技术并强加上由出版公司直接授权的知识产权协议作为新的标准；而 MP3 是一种自由音乐格式，任何人都可以自由使用。此外，MP4 实际上是由音乐出版界联合授意的官方标准；MP3 则是广为流传的民间标准。相比之下，MP3 的灵活度和自由度要远远大于 MP4，这使得音乐发烧友们更倾向于使用 MP3。更重要的一点是，MP3 是目前最为流行的一种音乐格式，它占据着大量的网络资源，这使得 MP4 的推广普及难上加难。从长远来看，MP4 流行是迟早的事(指其优越的技术性)。但是，如果 MP4 不改进其技术构成(即强加的版权信息)的话，那么，自由的 MP3 在使用了 MPEG-2 AAC 技术后，胜负就很明显了。

在国际标准中，统一使用 MOS(Mean Opinion Score)方法评价语音压缩后的质量。在 MOS 方法中，电话语音质量的标准定为 4 分。也就是说，如果一种算法将语音压缩后，MOS 值能达到 4 分，即说明其语音质量和电话质量等同，用户无法分辨出其中的区别。

8.8　本章小结

本章主要介绍了多媒体数据压缩的基本概念和方法、数据压缩的编码方法、多媒体数据压缩编码的国际标准。数据压缩可分成两种类型，一种叫做无损(Lossless)压缩，另一种叫做有损(Lossy)压缩。无损压缩编码技术包括哈夫曼编码、算术编码、RLE 编码和

LZW 编码。有损压缩技术包括预测编码、变换编码、基于模型编码，分形编码和其他编码。在由音频、彩色图像、视频以及其他专门数据组成的多媒体对象中，可以单独使用有损压缩技术，也可与无损压缩技术共同使用。本章简要知识结构图如图 8.4 所示。

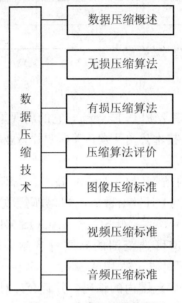

图 8.4　本章知识结构图

思　考　题

1. 多媒体信息为什么可以压缩，什么是有损压缩和无损压缩？
2. 什么叫信息冗余？分别介绍各种冗余产生的原因。
3. 简述图像信息可能存在的冗余信息。
4. 分形编码的主要特点有哪些？
5. 常用的音频和视频压缩标准有哪些？
6. 评价压缩算法优劣的指标是什么？

练　习　题

1-1　选择题

1. 下列说法中，哪些是正确的？（　　）
(1) 冗余压缩法不会减少信息量，可以原样恢复原始数据
(2) 冗余压缩法减少冗余，不能原样恢复原始数据
(3) 冗余压缩法是有损压缩法
(4) 冗余压缩的压缩比一般都比较小
A.（1）（3）　　　　B.（1）（4）　　　　C.（1）（3）（4）　　　　D. 仅（3）

2. 图像序列中的两幅相邻图像，后一幅图像与前一幅图像之间有较大的相关，这是（   ）。

A. 空间冗余　　　　　B. 时间冗余　　　　　C. 信息熵冗余　　　　D. 视觉冗余

3. 将相同的或相似的数据或数据特征归类，使用较少的数据量描述原始数据，以达到减少数据量的目的，这种压缩称为（   ）。

A. 无损压缩　　　　　B. 有损压缩　　　　　C. 哈夫曼编码压缩　　D. 预测编码压缩

4. 下列说法中，哪一种是不正确的？（   ）

A. 预测编码是一种只能针对空间冗余进行压缩的方法

B. 预测编码是根据某一种模型进行的

C. 预测编码需将预测的误差进行存储或传输

D. 预测编码中典型的压缩方法有 DPCM、ADPCM

5. 下列说法中，哪一种是正确的？（   ）

A. 信息量等于数据量与冗余量之和　　　B. 信息量等于信息熵与数据量之差

C. 信息量等于数据量与冗余量之差　　　D. 信息量等于信息熵与冗余量之和

6. $P \times 64K$ 是视频通信编码标准，要支持通用中间格式 CIF，要求 P 至少为（   ）。

A. 1　　　　　　　　B. 2　　　　　　　　C. 4　　　　　　　　D. 6

7. 在 MPEG 中为了提高数据压缩比，采用了下列哪些方法？（   ）

A. 运动补偿与运行估计　　　　　　　　B. 减少时域冗余与空间冗余

C. 帧内图像数据与帧间图像数据压缩　　D. 向前预测与向后预测

8. 在 JPEG 中使用了哪两种熵编码方法？（   ）

A. 统计编码和算术编码　　　　　　　　B. PCM 编码和 DPCM 编码

C. 预测编码和变换编码　　　　　　　　D. 哈夫曼编码和自适应二进制算术编码

9. 在数据压缩方法中，有损压缩具有（   ）的特点。

A. 压缩比大，不可逆　　　　　　　　　B. 压缩比小，不可逆

C. 压缩比大，可逆　　　　　　　　　　D. 压缩比小，可逆

1-2　简答题

1. 预测编码的基本思想是什么？

2. 简述 MPEG 和 JPEG 的主要差别。

参 考 文 献

[1] 李才伟. 多媒体技术基础[M]. 北京：清华大学出版社，北京交通大学出版社，2009.

[2] 朱从旭，田琪. 多媒体技术与应用[M]. 北京：清华大学出版社，2011.

[3] 赵子江. 多媒体技术应用教程[M]. 6版. 北京：机械工业出版社，2010.

[4] 于永彦，关明山，王娅茹. 多媒体开发与编程[M]. 北京：北京大学出版社，2011.

[5] 龚沛曾，李湘梅. 多媒体技术及应用[M]. 北京：高等教育出版社，2012.

[6] 林福宗. 多媒体技术基础[M]. 3版. 北京：清华大学出版社，2014.

北京大学出版社本科计算机系列实用规划教材

序号	标准书号	书名	主编	定价	序号	标准书号	书名	主编	定价
1	7-301-10511-5	离散数学	段禅伦	28	38	7-301-13684-3	单片机原理及应用	王新颖	25
2	7-301-10457-X	线性代数	陈付贵	20	39	7-301-14505-0	Visual C++程序设计案例教程	张荣梅	30
3	7-301-10510-X	概率论与数理统计	陈荣江	26	40	7-301-14259-2	多媒体技术应用案例教程	李 建	30
4	7-301-10503-0	Visual Basic 程序设计	闵联营	22	41	7-301-14503-6	ASP .NET 动态网页设计案例教程(Visual Basic .NET 版)	江 红	35
5	7-301-21752-8	多媒体技术及其应用(第2版)	张 明	39	42	7-301-14504-3	C++面向对象与 Visual C++程序设计案例教程	黄贤英	35
6	7-301-10466-8	C++程序设计	刘天印	33	43	7-301-14506-7	Photoshop CS3 案例教程	李建芳	34
7	7-301-10467-5	C++程序设计实验指导与习题解答	李 兰	20	44	7-301-14510-4	C++程序设计基础案例教程	于永彦	33
8	7-301-10505-4	Visual C++程序设计教程与上机指导	高志伟	25	45	7-301-14942-3	ASP .NET 网络应用案例教程(C# .NET 版)	张登辉	33
9	7-301-10462-0	XML 实用教程	丁跃潮	26	46	7-301-12377-5	计算机硬件技术基础	石 磊	26
10	7-301-10463-7	计算机网络系统集成	斯桃枝	22	47	7-301-15208-9	计算机组成原理	娄国焕	24
11	7-301-22437-3	单片机原理及应用教程(第2版)	范立南	43	48	7-301-15463-2	网页设计与制作案例教程	房爱莲	36
12	7-5038-4421-3	ASP .NET 网络编程实用教程(C#版)	崔良海	31	49	7-301-04852-8	线性代数	姚喜妍	22
13	7-5038-4427-2	C 语言程序设计	赵建锋	25	50	7-301-15461-8	计算机网络技术	陈代武	33
14	7-5038-4420-5	Delphi 程序设计基础教程	张世明	37	51	7-301-15697-1	计算机辅助设计二次开发案例教程	谢安俊	26
15	7-5038-4417-5	SQL Server 数据库设计与管理	姜 力	31	52	7-301-15740-4	Visual C# 程序开发案例教程	韩朝阳	30
16	7-5038-4424-9	大学计算机基础	贾丽娟	34	53	7-301-16597-3	Visual C++程序设计实用案例教程	于永彦	32
17	7-5038-4430-0	计算机科学与技术导论	王昆仑	30	54	7-301-16850-9	Java 程序设计案例教程	胡巧多	32
18	7-5038-4418-3	计算机网络应用实例教程	魏 峥	25	55	7-301-16842-4	数据库原理与应用 (SQL Server 版)	毛一梅	36
19	7-5038-4415-9	面向对象程序设计	冷英男	28	56	7-301-16910-0	计算机网络技术基础与应用	马秀峰	33
20	7-5038-4429-4	软件工程	赵春刚	22	57	7-301-15063-4	计算机网络基础与应用	刘远生	32
21	7-5038-4431-0	数据结构(C++版)	秦 锋	28	58	7-301-15250-8	汇编语言程序设计	张光长	28
22	7-5038-4423-2	微机应用基础	吕晓燕	33	59	7-301-15064-1	网络安全技术	骆耀祖	30
23	7-5038-4426-4	微型计算机原理与接口技术	刘彦文	26	60	7-301-15584-4	数据结构与算法	佟伟光	32
24	7-5038-4425-6	办公自动化教程	钱 俊	30	61	7-301-17087-8	操作系统实用教程	范立南	36
25	7-5038-4419-1	Java 语言程序设计实用教程	董迎红	33	62	7-301-16631-4	Visual Basic 2008 程序设计教程	隋晓红	34
26	7-5038-4428-0	计算机图形技术	龚声蓉	28	63	7-301-17537-8	C 语言基础案例教程	汪新民	31
27	7-301-11501-5	计算机软件技术基础	高 巍	25	64	7-301-17397-8	C++程序设计基础教程	郝亚辉	30
28	7-301-11500-8	计算机组装与维护实用教程	崔明远	33	65	7-301-17578-1	图论算法理论、实现及应用	王桂平	54
29	7-301-12174-0	Visual FoxPro 实用教程	马秀峰	29	66	7-301-17964-2	PHP 动态网页设计与制作案例教程	房爱莲	42
30	7-301-11500-8	管理信息系统实用教程	杨月江	27	67	7-301-18514-8	多媒体开发与编程	于永彦	35
31	7-301-11445-2	Photoshop CS 实用教程	张 瑾	28	68	7-301-18538-4	实用计算方法	徐亚平	24
32	7-301-12378-2	ASP .NET 课程设计指导	潘志红	35	69	7-301-18539-1	Visual FoxPro 数据库设计案例教程	谭红杨	35
33	7-301-12394-2	C# .NET 课程设计指导	龚自霞	32	70	7-301-19313-6	Java 程序设计案例教程与实训	董迎红	45
34	7-301-13259-3	VisualBasic .NET 课程设计指导	潘志红	30	71	7-301-19389-1	Visual FoxPro 实用教程与上机指导（第2版）	马秀峰	40
35	7-301-12371-3	网络工程实用教程	汪新民	34	72	7-301-19435-5	计算方法	尹景本	28
36	7-301-14132-8	J2EE 课程设计指导	王立丰	32	73	7-301-19388-4	Java 程序设计教程	张剑飞	35
37	7-301-21088-8	计算机专业英语(第2版)	张 勇	42	74	7-301-19386-0	计算机图形技术(第2版)	许承东	44

序号	标准书号	书 名	主 编	定价	序号	标准书号	书 名	主 编	定价
75	7-301-15689-6	Photoshop CS5 案例教程(第2版)	李建芳	39	87	7-301-21271-4	C#面向对象程序设计及实践教程	唐 燕	45
76	7-301-18395-3	概率论与数理统计	姚喜妍	29	88	7-301-21295-0	计算机专业英语	吴丽君	34
77	7-301-19980-0	3ds Max 2011 案例教程	李建芳	44	89	7-301-21341-4	计算机组成与结构教程	姚玉霞	42
78	7-301-20052-0	数据结构与算法应用实践教程	李文书	36	90	7-301-21367-4	计算机组成与结构实验实训教程	姚玉霞	22
79	7-301-12375-1	汇编语言程序设计	张宝剑	36	91	7-301-22119-8	UML 实用基础教程	赵春刚	36
80	7-301-20523-5	Visual C++程序设计教程与上机指导(第2版)	牛江川	40	92	7-301-22965-1	数据结构(C 语言版)	陈超祥	32
81	7-301-20630-0	C#程序开发案例教程	李挥剑	39	93	7-301-23122-7	算法分析与设计教程	秦 明	29
82	7-301-20898-4	SQL Server 2008 数据库应用案例教程	钱哨	38	94	7-301-23566-9	ASP.NET 程序设计实用教程(C#版)	张荣梅	44
83	7-301-21052-9	ASP.NET 程序设计与开发	张绍兵	39	95	7-301-23734-2	JSP 设计与开发案例教程	杨田宏	32
84	7-301-16824-0	软件测试案例教程	丁宋涛	28	96	7-301-24245-2	计算机图形用户界面设计与应用	王赛兰	38
85	7-301-20328-6	ASP. NET 动态网页案例教程(C#.NET 版)	江 红	45	97	7-301-24352-7	算法设计、分析与应用教程	李文书	49
86	7-301-16528-7	C#程序设计	胡艳菊	40	98	7-301-25340-3	多媒体技术基础	贾银洁	32

北京大学出版社电气信息类教材书目(已出版)
欢迎选订

序号	标准书号	书名	主编	定价	序号	标准书号	书名	主编	定价
1	7-301-10759-1	DSP 技术及应用	吴冬梅	26	48	7-301-11151-2	电路基础学习指导与典型题解	公茂法	32
2	7-301-10760-7	单片机原理与应用技术	魏立峰	25	49	7-301-12326-3	过程控制与自动化仪表	张井岗	36
3	7-301-10765-2	电工学	蒋 中	29	50	7-301-23271-2	计算机控制系统(第 2 版)	徐文尚	48
4	7-301-19183-5	电工与电子技术(上册)(第2版)	吴舒辞	30	51	7-5038-4414-0	微机原理及接口技术	赵志诚	38
5	7-301-19229-0	电工与电子技术(下册)(第2版)	徐卓农	32	52	7-301-10465-1	单片机原理及应用教程	范立南	30
6	7-301-10699-0	电子工艺实习	周春阳	19	53	7-5038-4426-4	微型计算机原理与接口技术	刘彦文	26
7	7-301-10744-7	电子工艺学教程	张立毅	32	54	7-301-12562-5	嵌入式基础实践教程	杨 刚	30
8	7-301-10915-6	电子线路 CAD	吕建平	34	55	7-301-12530-4	嵌入式 ARM 系统原理与实例开发	杨宗德	25
9	7-301-10764-1	数据通信技术教程	吴延海	29	56	7-301-13676-8	单片机原理与应用及 C51 程序设计	唐 颖	30
10	7-301-18784-5	数字信号处理(第 2 版)	阎 毅	32	57	7-301-13577-8	电力电子技术及应用	张润和	38
11	7-301-18889-7	现代交换技术(第 2 版)	姚 军	36	58	7-301-20508-2	电磁场与电磁波 (第 2 版)	邬春明	30
12	7-301-10761-4	信号与系统	华 容	33	59	7-301-12179-5	电路分析	王艳红	38
13	7-301-19318-1	信息与通信工程专业英语(第 2 版)	韩定定	32	60	7-301-12380-5	电子测量与传感技术	杨 雷	35
14	7-301-10757-7	自动控制原理	袁德成	29	61	7-301-14461-9	高电压技术	马永翔	28
15	7-301-16520-1	高频电子线路(第 2 版)	宋树祥	35	62	7-301-14472-5	生物医学数据分析及其 MATLAB 实现	尚志刚	25
16	7-301-11507-7	微机原理与接口技术	陈光军	34	63	7-301-14460-2	电力系统分析	曹 娜	35
17	7-301-11442-1	MATLAB 基础及其应用教程	周开利	24	64	7-301-14459-6	DSP 技术与应用基础	俞一彪	34
18	7-301-11508-4	计算机网络	郭银景	31	65	7-301-14994-2	综合布线系统基础教程	吴达金	24
19	7-301-12178-8	通信原理	隋晓红	32	66	7-301-15168-6	信号处理 MATLAB 实验教程	李 杰	20
20	7-301-12175-7	电子系统综合设计	郭 勇	25	67	7-301-15440-3	电工电子实验教程	魏 伟	26
21	7-301-11503-9	EDA 技术基础	赵明富	22	68	7-301-15445-8	检测与控制实验教程	魏 伟	24
22	7-301-12176-4	数字图像处理	曹茂永	23	69	7-301-04595-4	电路与模拟电子技术	张绪光	35
23	7-301-12177-1	现代通信系统	李白萍	27	70	7-301-15458-8	信号、系统与控制理论(上、下册)	邱德润	70
24	7-301-12340-9	模拟电子技术	陆秀令	28	71	7-301-15786-2	通信网的信令系统	张云麟	24
25	7-301-13121-3	模拟电子技术实验教程	谭海曙	24	72	7-301-23674-1	发电厂变电所电气部分(第2版)	马永翔	48
26	7-301-11502-2	移动通信	郭俊强	22	73	7-301-16076-3	数字信号处理	王震宇	32
27	7-301-11504-6	数字电子技术	梅开乡	30	74	7-301-16931-5	微机原理及接口技术	肖洪兵	32
28	7-301-18860-6	运筹学(第 2 版)	吴亚丽	28	75	7-301-16932-2	数字电子技术	刘金华	30
29	7-5038-4407-2	传感器与检测技术	祝诗平	30	76	7-301-16933-9	自动控制原理	丁 红	32
30	7-5038-4413-3	单片机原理及应用	刘 刚	24	77	7-301-17540-8	单片机原理及应用教程	周广兴	40
31	7-5038-4409-6	电机与拖动	杨天明	27	78	7-301-17614-6	微机原理及接口技术实验指导书	李干林	22
32	7-5038-4411-9	电力电子技术	樊立萍	25	79	7-301-12379-9	光纤通信	卢志茂	28
33	7-5038-4399-0	电力市场原理与实践	邹 斌	24	80	7-301-17382-4	离散信息论基础	范九伦	25
34	7-5038-4405-8	电力系统继电保护	马永翔	27	81	7-301-17677-1	新能源与分布式发电技术	朱永强	32
35	7-5038-4397-6	电力系统自动化	孟祥忠	25	82	7-301-17683-2	光纤通信	李丽君	26
36	7-301-24933-8	电气控制技术(第 2 版)	韩顺杰	28	83	7-301-17700-6	模拟电子技术	张绪光	36
37	7-5038-4403-4	电器与 PLC 控制技术	陈志新	38	84	7-301-17318-3	ARM 嵌入式系统基础与开发教程	丁文龙	36
38	7-5038-4400-3	工厂供配电	王玉华	34	85	7-301-17797-6	PLC 原理及应用	缪志农	26
39	7-5038-4410-2	控制系统仿真	郑恩让	26	86	7-301-17986-4	数字信号处理	王玉德	32
40	7-5038-4398-3	数字电子技术	李 元	27	87	7-301-18131-7	集散控制系统	周荣富	36
41	7-5038-4412-6	现代控制理论	刘永信	22	88	7-301-18285-7	电子线路 CAD	周荣富	41
42	7-5038-4401-0	自动化仪表	齐志才	27	89	7-301-16739-7	MATLAB 基础及应用	李国朝	39
43	7-301-25091-4	自动化专业英语(第 2 版)	李国厚	32	90	7-301-18352-6	信息论与编码	隋晓红	24
44	7-301-23081-7	集散控制系统(第 2 版)	刘翠玲	36	91	7-301-18260-0	控制电机与特种电机及其控制系统	孙冠群	42
45	7-301-19174-3	传感器基础(第 2 版)	赵玉刚	32	92	7-301-18493-6	电工技术	张 莉	26
46	7-5038-4396-9	自动控制原理	潘 丰	32	93	7-301-18496-7	现代电子系统设计教程	宋晓梅	36
47	7-301-10512-2	现代控制理论基础(国家级十一五规划教材)	侯媛彬	20	94	7-301-18672-5	太阳能电池原理与应用	靳瑞敏	25

序号	标准书号	书 名	主编	定价	序号	标准书号	书 名	主编	定价
95	7-301-18314-4	通信电子线路及仿真设计	王鲜芳	29	130	7-301-22111-2	平板显示技术基础	王丽娟	52
96	7-301-19175-0	单片机原理与接口技术	李升	46	131	7-301-22448-9	自动控制原理	谭功全	44
97	7-301-19320-4	移动通信	刘维超	39	132	7-301-22474-8	电子电路基础实验与课程设计	武 林	36
98	7-301-19447-8	电气信息类专业英语	缪志农	40	133	7-301-22484-7	电文化——电气信息学科概论	高 心	30
99	7-301-19451-5	嵌入式系统设计及应用	邢吉生	44	134	7-301-22436-6	物联网技术案例教程	崔逊学	40
100	7-301-19452-2	电子信息类专业 MATLAB 实验教程	李明明	42	135	7-301-22598-1	实用数字电子技术	钱裕禄	30
101	7-301-16914-8	物理光学理论与应用	宋贵才	32	136	7-301-22529-5	PLC 技术与应用(西门子版)	丁金婷	32
102	7-301-16598-0	综合布线系统管理教程	吴达金	39	137	7-301-22386-4	自动控制原理	佟 威	30
103	7-301-20394-1	物联网基础与应用	李蔚田	44	138	7-301-22528-8	通信原理实验与课程设计	邬春明	34
104	7-301-20339-2	数字图像处理	李云红	36	139	7-301-22582-0	信号与系统	许丽佳	38
105	7-301-20340-8	信号与系统	李云红	29	140	7-301-22447-2	嵌入式系统基础实践教程	韩 磊	35
106	7-301-20505-1	电路分析基础	吴舒辞	38	141	7-301-22776-3	信号与线性系统	朱明早	33
107	7-301-22447-2	嵌入式系统基础实践教程	韩 磊	35	142	7-301-22872-2	电机、拖动与控制	万芳瑛	34
108	7-301-20506-8	编码调制技术	黄 平	26	143	7-301-22882-1	MCS-51 单片机原理及应用	黄翠翠	34
109	7-301-20763-5	网络工程与管理	谢 慧	39	144	7-301-22936-1	自动控制原理	邢春芳	39
110	7-301-20845-8	单片机原理与接口技术实验与课程设计	徐懂理	26	145	7-301-22920-0	电气信息工程专业英语	余兴波	26
111	301-20725-3	模拟电子线路	宋树祥	38	146	7-301-22919-4	信号分析与处理	李会容	39
112	7-301-21058-1	单片机原理与应用及其实验指导书	邵发森	44	147	7-301-22385-7	家居物联网技术开发与实践	付 蔚	39
113	7-301-20918-9	Mathcad 在信号与系统中的应用	郭仁春	30	148	7-301-23124-1	模拟电子技术学习指导及习题精选	姚娅川	30
114	7-301-20327-9	电工学实验教程	王士军	34	149	7-301-23022-0	MATLAB 基础及实验教程	杨成慧	36
115	7-301-16367-2	供配电技术	王玉华	49	150	7-301-23221-7	电工电子基础实验及综合设计指导	盛桂珍	32
116	7-301-20351-4	电路与模拟电子技术实验指导书	唐 颖	26	151	7-301-23473-0	物联网概论	王 平	38
117	7-301-21247-9	MATLAB 基础与应用教程	王月明	32	152	7-301-23639-0	现代光学	宋贵才	36
118	7-301-21235-6	集成电路版图设计	陆学斌	36	153	7-301-23705-2	无线通信原理	许晓丽	42
119	7-301-21304-9	数字电子技术	秦长海	49	154	7-301-23736-6	电子技术实验教程	司朝良	33
120	7-301-21366-7	电力系统继电保护(第 2 版)	马永翔	42	155	7-301-23754-0	工控组态软件及应用	何坚强	49
121	7-301-21450-3	模拟电子与数字逻辑	邬春明	39	156	7-301-23877-6	EDA 技术及数字系统的应用	包 明	55
122	7-301-21439-8	物联网概论	王金甫	42	157	7-301-23983-4	通信网络基础	王 昊	32
123	7-301-21849-5	微波技术基础及其应用	李泽民	49	158	7-301-24153-0	物联网安全	王金甫	43
124	7-301-21688-0	电子信息与通信工程专业英语	孙桂芝	36	159	7-301-24181-3	电工技术	赵 莹	46
125	7-301-22110-5	传感器技术及应用电路项目化教程	钱裕禄	30	160	7-301-24449-4	电子技术实验教程	马秋明	26
126	7-301-21672-9	单片机系统设计与实例开发（MSP430）	顾 涛	44	161	7-301-24469-2	Android 开发工程师案例教程	倪红军	48
127	7-301-22112-9	自动控制原理	许丽佳	30	162	7-301-24557-6	现代通信网络	胡珺珺	38
128	7-301-22109-9	DSP 技术及应用	董 胜	39	163	7-301-24777-8	DSP 技术与应用基础(第 2 版)	俞一彪	45
129	7-301-21607-1	数字图像处理算法及应用	李文书	48	164	7-301-24812-6	微控制器原理及应用	丁筱玲	42

相关教学资源如电子课件、电子教材、习题答案等可以登录 www.pup6.cn 下载或在线阅读。

扑六知识网(www.pup6.com)有海量的相关教学资源和电子教材供阅读及下载(包括北京大学出版社第六事业部的相关资源)，同时欢迎您将教学课件、视频、教案、素材、习题、试卷、辅导材料、课改成果、设计作品、论文等教学资源上传到 pup6.com，与全国高校师生分享您的教学成就与经验，并可自由设定价格，知识也能创造财富。具体情况请登录网站查询。

如您需要免费纸质样书用于教学，欢迎登陆第六事业部门户网(www.pup6.com)填表申请，并欢迎在线登记选题以到北京大学出版社来出版您的大作，也可下载相关表格填写后发到我们的邮箱，我们将及时与您取得联系并做好全方位的服务。

扑六知识网将打造成全国最大的教育资源共享平台，欢迎您的加入——让知识有价值，让教学无界限，让学习更轻松。

联系方式：010-62750667，pup6_czq@163.com，szheng_pup6@163.com，欢迎来电来信咨询。